物質・材料テキストシリーズ　　藤原毅夫・藤森 淳・勝藤拓郎 監修

強 誘 電 体
基礎原理および実験技術と応用

上江洲 由晃 著

内田老鶴圃

本書の全部あるいは一部を断わりなく転載または複写(コピー)することは，著作権および出版権の侵害となる場合がありますのでご注意下さい．

物質・材料テキストシリーズ発刊にあたり

　現代の科学技術の著しい進歩は，これまでに蓄積された知識や技術が次の世代に引き継がれて発展していくことの上に成り立っている．また，若い世代が先達の知識や技術を真剣に学ぶ過程で，好奇心・探求心が刺激され新しい発想が芽生えることが科学技術をさらに発展させてきた．蓄積された知識や技術の継承は世代間に限らない．現代の分化し専門化した様々な学問分野は常に再編や融合を模索しており，複数の既存分野の境界領域に多くの新しい発見や新技術が生まれる原動力となっている．このような状況においては，若い世代に限らず第一線で活躍する研究者・技術者も，周辺分野の知識と技術を学ぶ必要性が頻繁に生じてくる．とくに，科学技術を基礎から支える物質科学，材料科学は，物理学，化学，工学，さらには生命科学にわたる広範な学問分野にまたがっているため，幅広い知識と視野が必要とされ，基礎的な知識の十分な理解が必須となってきている．

　以上を背景に企画された本テキストシリーズは，物質科学，材料科学の研究を始める大学院学生，新しい研究分野に飛び込もうとする若手研究者，周辺分野に研究領域を広げようとする第一線の研究者・技術者が必要とする質の高い日本語のテキストを作ることを目的としている．科学技術の分野は国際化が進んでおり学術論文は大部分が英語で書かれているので，教科書・入門書も英語化が時代の流れであると考えがちである．しかし，母国語の優れた教科書はその国の科学技術水準を反映したもので，その国の将来の発展のポテンシャルを示すものでもある．大学院生や他分野の研究者の入門を目的とした優れた日本語のテキストは，我が国の科学技術の水準，ひいては文化水準を押し上げる役目を果たすと考える．

　本シリーズがカバーする主題は，将来の実用材料として期待されている様々な物質，興味深い構造や物性を示す物質・材料に加えて，物質・材料研究に欠かせない様々な測定・解析手法，理論解析法に及んでいる．執筆はそれぞれの分野において活躍されている第一人者にお願いし，「研究室に入ってきた学生

に最初に読ませたい本」を目指してご執筆いただいている．本シリーズが，学生，若手研究者，第一線の研究者・技術者が新しい分野を基礎から系統的に学ぶことの助けとなり，我が国の科学技術の発展に少しでも貢献できれば幸いである．

監修　藤原毅夫　藤森　淳　勝藤拓郎

はじめに

　強誘電体という名前は半導体や強磁性体(磁石)ほど広く知られていない．しかし，われわれが日常生活で使用している電子機器では，強誘電体の高い誘電率や圧電性を利用した数多くの素子が使用されている．現代技術を影で支えている，目立たないが重要な役割を担っている物質である．一方，凝縮系科学の基礎分野においては，電子が主役を担っている他の分野に比較して，強誘電体は結晶格子という電子を支える舞台が大きな役割を果たしていることから，比較的地味な分野であった．しかしながらこの15年間において，大きな転換期を迎えている．強誘電体の電気分極自身が，波動関数の幾何学的な位相と密接に関連していることが明らかになり，古典的な描像から解放されて大きな発展をとげた．また強誘電性と磁性秩序が共存しているマルチフェロイック物質では，電子のスピンが強誘電性を直接誘起する現象も発見され，基礎科学としての興味だけではなく，磁場が強誘電性を制御し，電場が磁性を変えるクロス相関技術の現実性が高くなっている．さらにフェロイック物質に必然的に発生する分域，特にその境界(分域壁)でさまざまなエキゾチックな物性が次々に発見・観察されるようになった．これはピエゾ走査顕微鏡や電子顕微鏡における収差補正技術の発展，第1原理計算の進展によるところ大である．今まで何か理解できない現象が発生すると分域のせいにする風潮があったが，これをミクロに定量的に解釈することが可能となっている．いや，むしろ，この分域壁で起こる現象を積極的に利用しようとする機運が世界的に高まりつつある．今われわれは Domain boundary science & technology と呼ばれている新しいナノ科学の夜明けを迎えていると言ってよいであろう．

　強誘電体はその発見から100年近い歴史をもつ物質である．多くの碩学たちがその機構の解明に取り組み，大きな発展をとげた．今後，新たな発想を得るには，このパイオニアたちの研究をもう一度振り返ってみるのも重要なことではないかと考える．本教科書はこのような立場に立って，すでに定着している古典的な知識を辿りながら，一方で新しい動向をできるだけ盛り込むことを志した．また筆者自身は強誘電体の実験的研究に取り組んできたので，その経験に基づいて，実験の記述に比重を置くように努めた．これが今までにすでに出版されている強誘電体関係の優れた出版物の中で，本書のアイデンティティを主張できる点であると考えている．

　強誘電体という言葉(ferroelectrics)は，その発見の前から知られていた強磁性体

(ferromagnetics)に由来する．それが示す D-E 履歴曲線が鉄を代表とする強磁性体の M-H 履歴曲線と類似していることからきている．Ferroelectric という言葉を最初に用いたのは，量子力学の波動方程式で有名なシュレーディンガー(Schrödinger)であり，彼の 1912 年の論文に初めて登場する[*1]．

強誘電性が発見された年より大分前の論文であるが，シュレーディンガーは誘電体で知られている古典的なクラウジウス-モソッティの関係式から，強磁性体に類似した現象が起こることを予想した．"Ferro"は鉄に由来する言葉であるが，鉄は強誘電性を示さないので違和感を感じるかもしれない．一方，日本語訳の強誘電体を初めて使ったのは三宅靜男氏といわれている．これも強磁性体に由来するが，こちらの方が自然に受け入れられるであろう．

初めて発見された強誘電体はロッシェル塩であり，チェコスロヴァキアの Valasek が 1921 年に発見した．しかし初めての強誘電体がロッシェル塩であったということは強誘電体研究の進展にとってあまり幸福なことではなかったようである．というのは，ロッシェル塩は 2 つの温度に挟まれた領域で強誘電性を示す特異な強誘電体であるからである．またその構造も複雑で理論の発展に大きな壁となった．その後，1935 年にスイスのグループが水素結合をもつ強誘電体リン酸 2 水素カリ KH_2PO_4 を発見した．これは比較的簡単な構造をもち，重水素置換によってその強誘電相転移温度が大きく変わることで実験，理論両面から興味をもたれ，数多くの研究がなされた．強誘電体の分野を大きく発展させたのは，第 2 次世界大戦中に米国，ロシア，それから日本の研究者によって独立に発見されたチタン酸バリウム $BaTiO_3$ であろう．この物質は単位胞の中にわずか 1 分子すなわち 5 個の原子しか含んでおらず，構造も単純である．この酸化物は室温で安定であり，Ba や Ti のサイトにさまざまな遷移金属原子を置換できる．これらはペロブスカイト酸化物として分類され，強誘電性のみならず反強誘電性，磁性，超伝導性などさまざまな物性を示す，固体物理の中心となる物質の 1 つである．強誘電体のプロトタイプとなる物質でこの本でもたびたび取り上げられるであろう．図 P.1 に代表的な強誘電体の発見と強誘電体研究の発展をまとめて示す．

本著を書くにあたりいろいろな方から助言をいただきました．ここに深甚なる感謝の意を表します．勝藤拓郎早稲田大学教授にはこの本の執筆を勧めていただき，また原稿を読んで適切なコメントをいただきました．近桂一郎早稲田大学名誉教授からは

[*1] 石橋善弘氏のご教示による．

はじめに　v

```
                                        リラクサー
                                        マルチフェロイック   2000-10
                                        第1原理計算       多元要素時代
                       1979 量子常誘電体            1990-2000
                       A. Müller                  強誘電体の微細化時代
      ブリユアンゾーン境界型強誘電体                ナノ粒子, 薄膜
      整合-不整合相転移          1980-90
      非線形光学            1970-80  強誘電体の集積化時代
                          強誘電体の多様化時代
    1959 ソフトフォノン   1960-70
    W. Cochran, P. W. Anderson  強誘電体物理の高度化時代
    1960 トンネリングモデル    ソフトモード, トンネリングモデル
    R. Blinc      1950-60
                  強誘電体増殖時代        1951 反強誘電性の発見 PbZrO₃
          1940-50                      白根元, 沢口悦郎, 高木豊
          前期チタン酸バリウム時代
                        BaTiO₃の強誘電性の発見
     1930-40             1942 E. Wainer & A. N. Salomon (USA)
     水素結合強誘電体時代    1944 小川建男, 和久茂 (電気試験所)
     KH₂PO₄の発見 (1935)    1944 B. Wul (Inst. Phys. USSR)
1920-30
強誘電体の発見 (1921)
ロッシェル塩時代
```

図 P.1　強誘電体の発見と強誘電体研究の歴史.

電気磁気効果，磁性対称性に関して詳細な説明と文献をいただき，山田安定大阪大学名誉教授，石橋善弘名古屋大学名誉教授からも貴重な知識の提供をいただいています．Jean-Michel Kiat パリ大学サクレ校 SPMS 研究所所長，Jacques Bouillot サヴォア大学名誉教授，Boris Strukov モスクワ大学教授，Mike Glazer オックスフォード大学名誉教授とは 30 年以上にわたる共同研究を通した議論によって強誘電体の理解を深めることができました．福永守博士には図表の作成などを手伝ってもらいました．第 9 章, 1 の強誘電体の電気的測定には同博士のアイディアが盛り込まれています．その他にも筆者の研究室や学会においての若い研究者との議論がこの本を書く上での大きな糧となりました．最後になりますが，内田老鶴圃内田学社長には忍耐強く原稿の完成を待っていただき，出版の立場からいろいろな助言をいただきました．改めて感謝いたします．

2016 年 5 月

上江洲由晃

目次

物質・材料テキストシリーズ発刊にあたり……………………………………… i
はじめに……………………………………………………………………………… iii

I. 均一系としての強誘電体とその関連物質

第1章 誘電体と誘電率 …………………………………………………………… 1
　1.1　誘電体 ……………………………………………………………………… 1
　1.2　誘電現象 …………………………………………………………………… 1
　1.3　誘電体中の電場 …………………………………………………………… 4
　1.4　誘電分散と複素誘電率 …………………………………………………… 7
　1.5　双極子相互作用 ………………………………………………………… 10
　1.6　デバイ緩和 ……………………………………………………………… 11
　1.7　緩和時間 ………………………………………………………………… 15
　文献 …………………………………………………………………………… 16
　演習問題 ……………………………………………………………………… 17

第2章 代表的な強誘電体とその物性 ……………………………………… 19
　2.1　強誘電体の定義 ………………………………………………………… 19
　2.2　空間対称性と強誘電性 ………………………………………………… 20
　2.3　代表的な強誘電体の例 ………………………………………………… 21
　文献 …………………………………………………………………………… 36
　演習問題 ……………………………………………………………………… 38

第3章 強誘電体の現象論 …………………………………………………… 39
　3.1　ランダウ理論 …………………………………………………………… 39
　3.2　自発分極の温度依存性 ………………………………………………… 42
　3.3　電気感受率の温度依存性 ……………………………………………… 42
　3.4　キュリー定数による強誘電体の分類 ………………………………… 44
　3.5　比熱の温度依存性 ……………………………………………………… 45

viii　目　次

　3.6　1次相転移の現象論 ……………………………………………… 46
　3.7　3重臨界点 …………………………………………………………… 49
　3.8　チタン酸バリウムの逐次相転移の現象論 ……………………… 50
　文献 ……………………………………………………………………… 54
　演習問題 ………………………………………………………………… 55

第4章　特異な構造相転移を示す誘電体 …………………………… 57
　4.1　強弾性体 …………………………………………………………… 57
　4.2　間接型強誘電体 …………………………………………………… 60
　4.3　不整合-整合相転移 ……………………………………………… 64
　4.4　反強誘電体 ………………………………………………………… 69
　文献 ……………………………………………………………………… 71

第5章　強誘電相転移とソフトフォノンモード …………………… 73
　5.1　ソフトモードの概念 ……………………………………………… 73
　5.2　ソフトモードと誘電率―LSTの関係式― ……………………… 74
　5.3　$BaTiO_3$におけるフォノンの挙動 ……………………………… 77
　5.4　スレーターのカタストロフィー理論 …………………………… 78
　5.5　ブリユアン帯境界で凍結するモード …………………………… 78
　5.6　量子常誘電体 ……………………………………………………… 80
　文献 ……………………………………………………………………… 85
　演習問題 ………………………………………………………………… 85

第6章　強誘電体の統計物理 ………………………………………… 87
　6.1　秩序・無秩序相転移の2状態モデル …………………………… 87
　6.2　イジングモデル …………………………………………………… 91
　6.3　KH_2PO_4(KDP)のスレーター理論 ……………………………… 92
　6.4　KDPの理論の発展―プロトントンネルモデル― …………… 95
　文献 ……………………………………………………………………… 98
　演習問題 ………………………………………………………………… 98

第7章　強誘電体の量子論
第1原理計算によるアプローチ ………………………………………… 99
- 7.1　ベリー位相と電子分極 ………………………………………… 99
- 7.2　ボルン有効電荷 ………………………………………………… 101
- 7.3　ペロブスカイト強誘電体における共有結合性の重要さ
  —$BaTiO_3$ と $PbTiO_3$ の強誘電性の違い— ………………… 103
- 文献 ……………………………………………………………………… 105

第8章　強誘電性と磁気秩序が共存する物質
マルチフェロイック物質 ……………………………………………… 107
- 8.1　研究の歴史 ……………………………………………………… 107
- 8.2　磁気点群 ………………………………………………………… 108
- 8.3　電気磁気効果 …………………………………………………… 110
- 8.4　なぜマルチフェロイック物質は少ないのか—d^0 問題— …… 111
- 8.5　d^0 問題をもたないマルチフェロイック物質の創成 ………… 113
- 8.6　スピン間の相互作用による強誘電性 ………………………… 116
- 8.7　マルチフェロイック物質の分域構造 ………………………… 121
- 文献 ……………………………………………………………………… 122
- 演習問題 ………………………………………………………………… 124

第9章　強誘電体の基本定数の測定法
1　電気的測定 …………………………………………………………… 125
- 9.1　誘電率の測定 …………………………………………………… 125
- 9.2　D-E 履歴曲線の測定 ………………………………………… 128
- 9.3　焦電気電流の測定 ……………………………………………… 132
- 9.4　圧電定数の測定 ………………………………………………… 134
- 文献 ……………………………………………………………………… 140
- 演習問題 ………………………………………………………………… 140

第9章　強誘電体の基本定数の測定法
2　回折実験，光学実験，分域構造観察法 …………………………… 141
- 9.5　自発歪みの測定 ………………………………………………… 141
- 9.6　光学的性質の測定 ……………………………………………… 145

文献 ·· 164
　　演習問題 ··· 165

第 10 章　強誘電体のソフトモードの測定法　167
　10.1　光非弾性散乱法 ·· 167
　10.2　中性子非弾性散乱 ·· 174
　　文献 ·· 177
　　演習問題 ··· 177

II.　不均一系としての強誘電体とその関連物質

第 11 章　リラクサー強誘電体　179
　11.1　研究の歴史 ·· 179
　11.2　リラクサーの特徴 ·· 179
　11.3　リラクサーの組成 ·· 180
　11.4　リラクサーの誘電特性 ·· 181
　11.5　リラクサーの結晶構造 ·· 184
　11.6　リラクサーのモデル ·· 186
　11.7　リラクサーのフォノンの挙動 ·· 188
　11.8　PMN リラクサーの経歴依存性とスローダイナミクス ········ 189
　11.9　MPB での巨大圧電性とその起因 ·· 190
　　文献 ·· 194

第 12 章　分域と分域壁　197
　12.1　強誘電体と分域構造 ·· 197
　12.2　フェロイック物質で観測される分域構造の例 ···················· 198
　12.3　分域構造と対称性 ·· 204
　12.4　分域形成の熱力学 ·· 205
　12.5　分域成長の運動学 ·· 208
　12.6　分域の厚さ ·· 212
　12.7　分域壁の方位 ·· 214
　12.8　反位相境界 ·· 215
　12.9　分域壁および反位相境界における特異な物性 ···················· 217

  12.10 強誘電分域と磁区との違い……………………………………221
  12.11 分域反転のダイナミクス……………………………………222
  文献……………………………………………………………………222
  演習問題………………………………………………………………223

第13章 強誘電性薄膜 … 225
  13.1 薄膜成長における基板の重要性……………………………225
  13.2 薄膜作成法………………………………………………………229
  13.3 基板の表面処理…………………………………………………231
  13.4 超格子薄膜………………………………………………………232
  13.5 XRDを用いた薄膜評価………………………………………233
  13.6 薄膜の誘電的性質………………………………………………237
  文献……………………………………………………………………239
  演習問題………………………………………………………………239

III. 強誘電体の応用

第14章 強誘電体の応用 … 241
  14.1 セラミックコンデンサー………………………………………241
  14.2 不揮発性強誘電体メモリ………………………………………243
  14.3 擬似位相整合素子………………………………………………246
  文献……………………………………………………………………248

付　　録

 A.1 結晶テンソルについて……………………………………………249
 A.2 結晶光学……………………………………………………………251
  A2.1 結晶中を伝播する光……………………………………………251
  A2.2 屈折率曲面………………………………………………………255
  A2.3 光の偏光状態の記述……………………………………………256
  A2.4 ポアンカレ球……………………………………………………262
  文献……………………………………………………………………266

xii 目　次

演習問題解答……………………………………………………………267
総索引……………………………………………………………………281
欧字先頭語索引…………………………………………………………293

I. 均一系としての強誘電体とその関連物質

第1章

誘電体と誘電率

　この章では，誘電率という強誘電体において最も重要な物理量を古典的に説明する．キーワードは誘電体の中の分子が感じる局所的な電場(ローレンツ場)である．また誘電率は周波数に対して変化し，ある物質固有な振動数近傍で大きな変化を示す．この誘電分散と呼ばれている現象についても説明する．

1.1 誘 電 体

　物質を電気抵抗率の大きさ，あるいはキャリア濃度で分類すると，金属，半導体，絶縁体の3つになる(表1.1)．このうち内部に自由電荷が少ない物質，あるいは電気抵抗率が非常に高い物質を絶縁体と呼ぶ．このような物質に電場を加えても電流はほとんど流れない．しかし物質を構成する原子核と電子あるいは反対符号をもつイオンは電場を加えると反対方向に移動し電気双極子が作られる．このような現象に着目するとき，絶縁体のことを誘電体と呼ぶ．

表1.1　いろいろな物質の電気抵抗率とキャリア濃度．
(各物質の境界は明確に定義されているわけではないので数値は典型的な物質の値を示す)

	電気抵抗率 ρ (Ω cm)室温	キャリア濃度(cm^{-3})室温
金属	$\sim 10^{-6}$	$> 10^{22}$
半導体	$10^{-2} \sim 10^9$	$10^{13} \sim 10^{17}$
誘電体(絶縁体)	$\sim 10^{14}$	$< 10^{13}$

1.2 誘 電 現 象

(1) 電気双極子モーメント，電気分極の古典的な定義
　$+q$ と $-q$ の電荷が距離 l 離れて存在するとき，この系がもつ電気双極子モーメント p は次式で定義される．

$$p = ql \tag{1.1}$$

第1章 誘電体と誘電率

電荷の広がりを考えるときは，l は重心間の距離である．p は Cm（以下 SI 単位系を使用）の次元をもつ．単位体積当たりの電気双極子モーメントを電気分極あるいは分極 P と呼ぶ．すなわち

$$P = p/V = Np \tag{1.2}$$

ここで N は電気双極子の単位体積当たりの数である．P の次元は上式からすぐわかるように C/m^2 であり，表面電荷密度に対応する．誘電体内部では電気双極子を作る電荷が打ち消し合い，表面電荷だけが現れるためである．以上は古典的な電気分極の定義であるが，最近の量子論に基づいた理論（第1原理計算と呼ばれている）では，異なる定義を与えている．これについては第7章を参照のこと．

（**2**） 誘電率

一般に物質に電場，磁場，応力などの外場（X）を加えると，物質内には共役な物理量（x）が誘起される．その誘起されやすさを表す量を感受率（ξ）と呼び，x の揺らぎと関係した物性物理ではもっとも基本的な物理定数である．

誘電体に外から電場 E を加えると，電子と原子核，あるいは＋イオンと－イオンは反対方向に移動し，分極 P が形成される．P と E の関係は線形応答の範囲では

$$P = \varepsilon_0 \chi E \tag{1.3}$$

と書くことができる．ここで ε_0 は真空の誘電率（8.854×10^{-12} F/m）であり，χ を電気感受率と呼ぶ．χ は無次元の量である．

誘電体中では電気変位ベクトル D，電場 E，分極 P の間に次のような関係がある．

$$D = \varepsilon_0 E + P \tag{1.4}$$

D の単位は P と同じで C/m^2 である．(1.3)式を(1.4)式に代入すると

$$\begin{aligned} D &= \varepsilon_0(1+\chi)E = \varepsilon_0 \varepsilon^r E = \varepsilon E, \\ \varepsilon^r &= 1+\chi \end{aligned} \tag{1.5}$$

ここで ε^r は比誘電率（無次元量，以下では必要なければ r を省略），ε は誘電率と呼ばれている．

異方性をもつ誘電体（結晶）の場合には誘電率は2階の極性テンソルで表される．すなわち

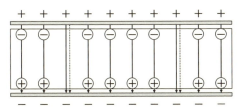

図1.1 誘電体中の D と E の関係.

$$D_i = \varepsilon_0 \sum_{j=1}^{3} \varepsilon_{ij} E_j \tag{1.6}$$

ここで $i, j (=1\sim3)$ は直交座標 (x, y, z) を表す添字である.

(3) 誘電率の物理的な意味

(1.5)式で表されるように, ε^r は電気変位ベクトルに対応する力線 (D/ε_0) と電場 E の作る力線の数の比を表す. 次の2つの場合を考えよう.

(電荷一定の場合) 面積 S, 極板間隔 d の平板コンデンサーに電場をかけて帯電させたのち電源を切る. このときコンデンサー上には正負の電荷(真電荷)が存在する. この状態で誘電体を挿入すると極板上の真電荷の数は変わらないが, その一部は誘電体の分極電荷に相殺されて誘電体の中の電場は小さくなる. D は真電荷だけで決まるので誘電体を挟む前と後では変化がない. 例えば図1.1に示すように, 誘電率5の誘電体を挿入すると, E の電気力線の数は1/5になる.

すなわち誘電率の大きな物質ほど, 誘電体中の電場の大きさは小さくなる. 電荷 Q と電圧 V の関係はコンデンサーの容量 C を用いて

$$Q = CV \tag{1.7}$$

で表される. 誘電体を挿入すると V が $(1/\varepsilon^r)$ 倍になり Q は変化しないので結局 C は ε^r 倍になる. すなわち

$$C = \varepsilon_0 \varepsilon^r (S/d) \tag{1.8}$$

(電圧一定の場合) これはコンデンサーにつねに電源を接続する場合である.

このとき誘電体で相殺された電荷は電源から供給される. 供給された電荷は誘電体の分極にコンデンサーの表面積を掛けたものなので, 結局この場合も誘電体を入れたときの C は(1.8)式で与えられる. すなわちコンデンサーの容量は誘電率に比例して

表1.2 いろいろな物質の室温における比誘電率[1].

	物質	比誘電率	測定周波数(Hz)	誘電損 $\tan\delta(\times 10^{-4})$
固体	雲母	7.0	$50\sim 10^8$	$10\sim 2$
	食塩	5.9	$10^3\sim 10^{10}$	$5\sim 1$
	水晶	4.5	10^3	2
	ソーダガラス	7.5	$10^6\sim 10^8$	$80\sim 100$
	天然ゴム	2.4	$10^6\sim 10^7$	$15\sim 100$
液体	水	87	低周波	
	アルコール	24.3	低周波	
	シリコンオイル	2.2	低周波	
気体	空気	1.0005	周波数依存性なし	
強誘電体(固体)	$BaTiO_3$	>5000	$1\sim 10^6$	

増加する．これは応用の観点から大事な結論であり，大きな誘電率をもつ誘電材料を用いると小型で大容量のコンデンサーを作ることが可能となる．

表1.2にいろいろな物質の室温における比誘電率の値を示す．

1.3 誘電体中の電場

誘電体の中の分子の感じる電場は外から加えた電場とは異なる．この電場を局所場と呼ぶ．この局所電場を見積もることは誘電現象を理解する上で重要である[2]．分子が感じる電場 $E_{\rm loc}$ は外部電場 E_0 と，E_0 によって誘起された電気双極子モーメント P が分子の場所に作る電場の和となっている．ここで周りの分子の電気双極子モーメントが作る電場は分極 P に比例すると考えてよいので

$$E_{\rm loc} = E_0 + \gamma P \tag{1.9}$$

ここで γ をローレンツ因子，γP をローレンツ場と呼ぶ．以下では等方的な物質の局所電場を見積もってみよう．1つの分子に働く電場の影響を，2つの部分に分けて考える．すなわち分子を中心とする球状の孔をくり抜き，この孔の外からの寄与は結晶の分極 P が孔の表面に誘起する電荷を考え，この電荷が中心に作る電場とする．一方孔の中については格子を考え，その格子点に双極子モーメントをおき，それが球の中心に作る電場 E_1 を計算する．このようなことが許されるのは，線形現象であるの

1.3 誘電体中の電場　5

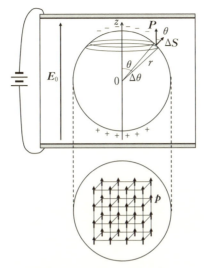

図1.2　ローレンツ場の計算.

で電場の重ね合わせの法則が成立するためである.

まず孔の外の寄与を考えよう. 孔の周囲には図1.2のような分極電荷がz方向を向いた外部電場E_0によって誘起されている[*1].

z軸からθ, および$\theta+\Delta\theta$の角度の間にある表面ΔSの電荷を計算してみよう. 孔の半径をrとすると

$$\Delta S = 2\pi r^2 \sin\theta \Delta\theta \tag{1.10}$$

この表面上に誘起される単位面積当たりの電荷σは, Pが表面電荷密度の大きさをもち, z方向に向いたベクトルであることに注意すると次式で与えられる.

$$\sigma = P\cos\theta \tag{1.11}$$

この電荷が中心に作る電場ΔE_1はクーロンの法則から

[*1] 電場に垂直な面をもつ平板状の誘電体コンデンサーを考えその両面に電極をつけVの電圧を加える. このとき$E_0 = V/d$.

$$\Delta E_1 = \frac{\sigma \Delta S}{4\pi\varepsilon_0 r^2} = P\cos\theta \sin\theta \Delta\theta/2\varepsilon_0 \tag{1.12}$$

したがって孔の周りに誘起された全電荷が中心に作る電場の z 成分は

$$E_1 = \int_0^\pi P(\cos\theta)^2 \sin\theta \Delta\theta/2\varepsilon_0 = \frac{P}{3\varepsilon_0} \tag{1.13}$$

次に孔の内部格子点にある双極子 p が中心に作る電場 E_2 を計算する．ここで孔の内部に立方型の格子を考え，その格子点に等価な p が存在すると考える．p から r 離れた場所に作られる電場 E_2 は次式で与えられる．

$$E_2 = -\left(\frac{1}{4\pi\varepsilon_0}\right)\left\{\frac{p}{r^3} - \frac{3(p\cdot r)r}{r^5}\right\} \tag{1.14}$$

格子点にあるすべての双極子からの寄与を考えなければならない．これは空間平均をとることに対応する．p は電場の方向すなわち z 軸を向いているので $p = (0, 0, p_z)$．また $r^2 = x^2 + y^2 + z^2$ より

$$\langle x^2 \rangle = \langle y^2 \rangle = \langle z^2 \rangle = \frac{r^2}{3}$$

$$\langle xy \rangle = \langle yz \rangle = \langle zx \rangle = 0 \tag{1.15}$$

ここで $\langle \ \rangle$ は空間平均を表す．(1.15)式を用いると

$$\langle E_x \rangle = \left(\frac{1}{4\pi\varepsilon_0}\right)\left\{\frac{3p_z \langle zx \rangle}{r^5}\right\} = 0$$

$$\langle E_y \rangle = \left(\frac{1}{4\pi\varepsilon_0}\right)\left\{\frac{3p_z \langle zy \rangle}{r^5}\right\} = 0$$

$$\langle E_z \rangle = -\left(\frac{1}{4\pi\varepsilon_0}\right)\left\{\frac{p_z}{r^3} - \frac{3p_z \langle z^2 \rangle}{r^5}\right\} = 0 \tag{1.16}$$

すなわち，孔の内部の双極子が中心に作る電場は 0 となる．したがって E_{loc} は

$$E_{\text{loc}} = E_0 + \frac{P}{3\varepsilon_0} \tag{1.17} \ *2$$

このように等方的な誘電体の場合はローレンツ因子は

$$\gamma = 1/3\varepsilon_0 \tag{1.18}$$

[*2] 今までの計算は全て SI 単位系で行ってきた．cgs 単位系の場合には (1.17) 式は次式で表される．

$$E_{\text{loc}} = E_0 + \frac{4\pi}{3}P \tag{1.17}'$$

となる．

1.4 誘電分散と複素誘電率

誘電率は外部電場の周波数に依存し，系のミクロな結合性を反映した特有な挙動を示す．この関係を古典的な 1 次元モデルで求めてみよう．原子をバネ定数 k のバネで結ばれた $+q$ の電荷の原子核と $-q$ の電荷の電子雲からなるとする．振幅 E_0 の交流電場を加えると，局所場 $\boldsymbol{E}_{\mathrm{loc}}$ によって原子核と電子雲は反対方向に移動する．電子の質量 m は，原子核に比較してはるかに小さいので電子雲の運動の相対運動のみを考えればよい．電子雲の重心の変位を z とすると電子の運動方程式は次のように書ける．

$$\frac{d^2 z}{dt^2} + 2\kappa \frac{dz}{dt} + \omega_0^2 z = \frac{q}{m} E_{\mathrm{loc}} \tag{1.19}$$

ここで κ は減衰係数で，電子と他のイオンおよび電子間の相互作用で決まる．$\omega_0^2 = k/m$ は系の固有角振動数である．外部電場の角周波数を ω，N を双極子密度とすると $P = Nqz$ であるから，(1.19)式を P を用いて書くと

$$\frac{d^2 P}{dt^2} + 2\kappa \frac{dP}{dt} + \omega_1^2 P = \frac{Nq^2}{m} E_0 \exp(i\omega t) \tag{1.20}$$

ここで ω_1 はローレンツ場を考慮した系の実効固有角振動数である．すなわち

$$\omega_1^2 = \omega_0^2 - \frac{Nq^2}{m}\gamma \tag{1.21}$$

局所場を考えると，系の固有振動数は低くなる．$P = P_0 \exp(i\omega t)$ とおいて(1.20)式に代入すると

$$P = \frac{Nq^2}{m(-\omega^2 + 2i\kappa\omega + \omega_1^2)} E \tag{1.22}$$

したがって比誘電率は複素数となり，次式で表すことができる．

$$\varepsilon = \varepsilon' - i\varepsilon'',$$
$$\varepsilon' = 1 + \frac{\chi_0 \omega_1^2 (\omega_1^2 - \omega^2)}{(\omega_1^2 - \omega^2)^2 + 4\omega^2 \kappa^2},$$
$$\varepsilon'' = \frac{2\chi_0 \omega_1^2 \kappa\omega}{(\omega_1^2 - \omega^2)^2 + 4\omega^2 \kappa^2} \tag{1.23}$$

8　第1章　誘電体と誘電率

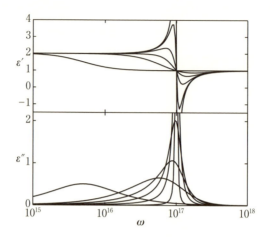

図1.3　共鳴型の誘電分散(計算値)．$\chi_0=1$, $\omega_1=10^{17}$ は固定．κ は $10^{18}, 10^{17}, 10^{16.7}, 10^{16.4}$, $10^{16}, 10^{15}$ として計算．$\kappa=10^{18}$ では緩和型に似ているが，小さくなると ω_1 付近の変化が鋭くなり，$\kappa=0$ で発散する．

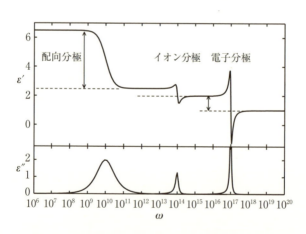

図1.4　広範囲の角周波数に対する誘電分散(計算値)．

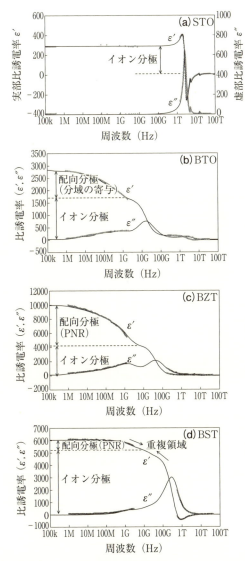

図 1.5 広範囲の角周波数に対する誘電分散(実測値). (a)$SrTiO_3$, (b)$BaTiO_3$, (c)$Ba(Zr_{0.25}Ti_{0.75})O_3$, (d)$(Ba_{0.6}Sr_{0.4})TiO_3$. いずれの試料もセラミックス[3]. 曲線は計算値, ○印は測定値.

ここで直流 ($\omega=0$) に対する感受率(静感受率)を χ_0 と書いた．すなわち

$$\chi_0 = \frac{Nq^2}{\varepsilon_0 m \omega_1^2} \tag{1.24}$$

ε' と ε'' の角周波数依存性を，いくつかの κ に対して図 1.3 に示す．

ε' は ω が ω_1 の近傍で最大最小の 2 つのピークをもち，一方 ε'' は ω_1 で最大値をとる(共鳴現象)．κ が大きくなると，ε' の 2 つのピークは小さくなり，ε'' のピーク幅は広がっていく．κ がさらに大きくなると ε' にはピークは見られなくなり，ω に対して単調に減少して緩和型に近づく．共鳴領域を除いて誘電率は周波数が高くなるにつれて小さくなり，光の周波数帯 (10^{15} Hz) での比誘電率 $\varepsilon = n^2$ (n は屈折率)に近づく．このモデルを共鳴型誘電分散と呼ぶ．

今までは原子核に対する電子の運動を考えたが，同じように $+q$ の電荷と $-q$ の電荷からなるイオン系を考えてもよい．この場合には質量 m は 2 つイオンの換算質量となる．一般に系が大きくなるにつれ κ は大きくなるので，ω_1 における分散はなだらかになる．実際の誘電体は電子(電子分極)，イオン(イオン分極)さらに大きな分域(配向分極)あるいは極性ナノ領域(PNR，第 11 章)などから成り立ち，誘電率はそれぞれの寄与の和として表される(図 1.4)．図 1.5 にはいくつかのペロブスカイト酸化物誘電体について 100 kHz から 100 THz にわたる広範囲の周波数に対する誘電分散の測定結果を示す[3]．測定は 10 MHz まではインピーダンス分析器，GHz 帯は平面型電極を用いたインピーダンス分析器，THz 帯はフーリエ変換型遠赤外分光器を用いている．それぞれの物質に特有な電気双極子の揺らぎによるイオン分極，分域あるいは極性ナノ領域による配向分極が観測されている．

1.5 双極子相互作用

双極子 $\boldsymbol{p}$ が $\boldsymbol{r}$ 離れた場所に作る電位 V は次式で与えられる．

$$V = \frac{\boldsymbol{p} \cdot \boldsymbol{r}}{4\pi\varepsilon_0 r^3} \tag{1.25}$$

$\boldsymbol{r}$ の位置に点電荷 q_0 をおいたときの相互作用エネルギー U は

$$U = q_0 V = \boldsymbol{p} \cdot \frac{q_0 \boldsymbol{r}}{4\pi\varepsilon_0 r^3} \tag{1.26}$$

したがって q_0 が双極子の中心に作る電場を $\boldsymbol{E}$ とすると，ベクトル $\boldsymbol{r}$ を逆向きにとるので

$$E = -\mathrm{grad}\left(\frac{q_0}{4\pi\varepsilon_0 r}\right) = -\frac{q_0 \boldsymbol{r}}{4\pi\varepsilon_0 r^3} \tag{1.27}$$

したがって U は

$$U = -\boldsymbol{p}\cdot\boldsymbol{E} \tag{1.28}$$

となる．これは双極子とその点に働く電場の相互作用を表している．r 離れた2つの双極子 p_1, p_2 間に働く相互作用 W（双極子相互作用）は

$$W = \frac{1}{4\pi\varepsilon_0}\left\{\left(\frac{\boldsymbol{p}_1\cdot\boldsymbol{p}_2}{r^3}\right) - \frac{3(\boldsymbol{p}_1\cdot\boldsymbol{r})(\boldsymbol{p}_2\cdot\boldsymbol{r})}{r^5}\right\} \tag{1.29}$$

ここであらたに p_1 と p_2 を結びつける2階のテンソル量 D_{ij} $(i,j=x,y,z)$ を導入すると上式は次のように書くことができる．

$$W = -\sum_{i,j} D_{ij} p_{1i} p_{2j} \tag{1.30}$$

2つの双極子が z 方向を向いている場合，D_{zz} 成分は次式で与えられる．

$$D_{zz} = \frac{1}{4\pi\varepsilon_0}\frac{3z^2 - r^2}{r^5} \tag{1.31}$$

これを極座標 (r,θ) で表すと

$$D_{zz} = \frac{1}{4\pi\varepsilon_0}\frac{3(\cos\theta)^2 - 1}{r^3} \tag{1.32}$$

これより，2つの双極子が双極子モーメントの方向に並んでいる場合には，2つが平行のときもっともエネルギーが低く安定である．一方，双極子モーメントの方向に垂直に並んでいる場合には，反平行に並んだときがもっともエネルギーが低くなる．

ここで，双極子相互作用 W の大きさを見積もってみよう．2つの電子（電荷 $e = 1.6\times 10^{-19}$ C）が1Å離れたとき作る双極子モーメントの大きさを1デバイ(D)という．1Dの2つの双極子が5Å離れたときの双極子相互作用エネルギーは(1.30)および(1.31)式を用いて 4×10^{-20} J = 3000 K となる．この値は同じ距離離れた磁気双極子の相互作用と比較すると10万倍大きい．誘電体では双極子相互作用が非常に重要であることがこれからも理解される．

1.6 デバイ緩和

1.4節では共鳴型モデルを用いて，誘電率の周波数依存性を導出した．この他に重

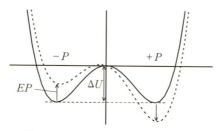

図 1.6 2極小ポテンシャルの模式図.

要なものとして，デバイ緩和として知られている周波数依存性がある．ここではこの周波数依存性を考える[4]．

今，系のエネルギーが上向き分極と下向き分極に対して極小をもつと仮定する．上向き，下向き分極状態間のポテンシャル障壁の高さを ΔU とする(図 1.6)．

ΔU は活性化エネルギーと呼ばれている．熱浴の中で，分子は一方の極小状態から他方の極小状態に飛び移る．この熱運動の単位時間当たりの確率 $(1/2\tau)$ は，ボルツマン因子を用いて次のように書くことができる．

$$\frac{1}{2\tau} = A \exp\left(-\frac{\Delta U}{kT}\right) \tag{1.33}$$

電場を上向き分極の方向に加えると，分極が上向きの状態の極小値は pE だけ減少し，一方下向きは pE 増加するので，上向きから下向きになる確率は

$$w_1 = A \exp\left(-\frac{(\Delta U + pE)}{kT}\right) = \frac{1}{2\tau} \exp\left(-\frac{pE}{kT}\right) \tag{1.34}$$

下向きから上向きになる確率は

$$w_2 = A \exp\left(-\frac{(\Delta U - pE)}{kT}\right) = \frac{1}{2\tau} \exp\left(\frac{pE}{kT}\right) \tag{1.35}$$

となる．したがって状態の時間変化を表すレート方程式は，N_1 および N_2 をそれぞれ上向き状態の数，下向き状態の数として次式で表される．

$$\frac{dN_1}{dt} = -w_1 N_1 + w_2 N_2,$$

$$\frac{dN_2}{dt} = w_1 N_1 - w_2 N_2 \tag{1.36}$$

(1.34)，(1.35)式を(1.36)式に代入し，exp の項を1次まで展開すると

$$\frac{dN_1}{dt} = -\frac{1}{2\tau}\left(1-\frac{pE}{kT}\right)N_1 + \frac{1}{2\tau}\left(1+\frac{pE}{kT}\right)N_2,$$

$$\frac{dN_2}{dt} = \frac{1}{2\tau}\left(1-\frac{pE}{kT}\right)N_1 - \frac{1}{2\tau}\left(1+\frac{pE}{kT}\right)N_2 \tag{1.37}$$

これより空間について平均した双極子モーメント$\langle p(t)\rangle$は次式で与えられる.

$$\langle p(t)\rangle = \frac{N_1-N_2}{N_1+N_2}p = \frac{N_1-N_2}{N}p \tag{1.38}$$

ここで単位体積当たりの双極子の数をNとおいた. (1.37)式と(1.38)式から

$$\frac{d\langle p(t)\rangle}{dt} = \frac{(dN_1/dt)-(dN_2/dt)}{N}p$$

$$= \left(\frac{p}{N}\right)\left(-\frac{1}{\tau}\left(1-\frac{pE(t)}{kT}\right)N_1 + \frac{1}{\tau}\left(1+\frac{pE(t)}{kT}\right)N_2\right)$$

$$= \left(\frac{p}{N}\right)\left(-\frac{1}{\tau}(N_1-N_2)+\left(\frac{pE(t)}{\tau kT}\right)N\right)$$

$$= -\frac{1}{\tau}\left\{\langle p(t)\rangle - \frac{p^2 E(t)}{kT}\right\} \tag{1.39}$$

ここで定常状態の場合,左辺は0,したがって分極率をαとすると

$$\langle p(t)\rangle = \alpha E(t) = (p^2/kT)E(t)$$

と書けるので,p^2/kTは分極率αであることがわかる. 結局(1.39)式は

$$\frac{d\langle p(t)\rangle}{dt} = -\frac{1}{\tau}\{\langle p(t)\rangle - \alpha E(t)\} \tag{1.40}$$

となる. この微分方程式は$p(t)=p_0\exp(-i\omega t)$, $E(t)=E_0\exp(-i\omega t)$とおいて解くことができ,

$$p = \frac{\alpha}{1-i\omega\tau}E \tag{1.41}$$

となる. これより分極Pは単位体積当たりの双極子の数をNとして

$$P = \frac{\alpha N}{1-i\omega\tau}E \tag{1.42}$$

したがって比誘電率ε^rは

$$\varepsilon(\omega) = 1 + \frac{\alpha N/\varepsilon_0}{1-i\omega\tau} \tag{1.43}$$

ここで静的な誘電率($\omega\to 0$)を$\varepsilon(0)$とし,高周波の誘電率を$\varepsilon(\infty)=1$とおくと(1.43)式から

14　第1章　誘電体と誘電率

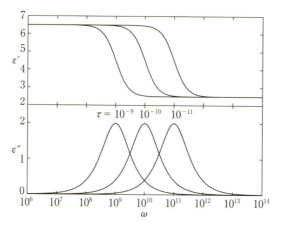

図1.7　緩和型の誘電分散(計算値). $\varepsilon_\infty - \varepsilon(0) = 4$, $\varepsilon_\infty = 2.5$ として計算.

$$\varepsilon(0) = 1 + \alpha N/\varepsilon_0 = \varepsilon_\infty + \alpha N/\varepsilon_0 \quad \text{したがって} \quad \varepsilon(0) - \varepsilon_\infty = \alpha N/\varepsilon_0$$

これを(1.43)式に代入して次式を得る.

$$\varepsilon(\omega) - \varepsilon_\infty = \frac{\varepsilon(0) - \varepsilon_\infty}{1 - i\omega\tau} \tag{1.44}$$

これをデバイ型の誘電分散と呼ぶ．誘電率は複素数であり，これを共鳴型と同様に $\varepsilon = \varepsilon' - i\varepsilon''$ とおくと，

$$\varepsilon'(\omega) - \varepsilon_\infty = \frac{\varepsilon(0) - \varepsilon_\infty}{1 + (\omega\tau)^2} \tag{1.45}$$

$$\varepsilon''(\omega) = \frac{\{\varepsilon(0) - \varepsilon_\infty\}\omega\tau}{1 + (\omega\tau)^2} \tag{1.46}$$

となる．ε' と ε'' の周波数依存性をいくつかの緩和時間 τ に関して図1.7に示す．ε' は周波数に対して単調に減少するが，ε'' は $\omega = 1/\tau$ で最大値をもつ．τ が大きくなるにつれ，ε' と ε'' は低周波側にシフトする．

　誘電率の虚部と実部の比を誘電損と定義する．すなわち

$$\tan\delta = \frac{\varepsilon''}{\varepsilon'} \tag{1.47}$$

この値は誘電体内のエネルギーの損失の目安であり，応用上重要な物理量である．で

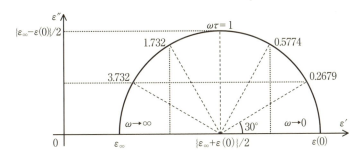

図 1.8 コール・コールプロット(計算値).

きるだけ小さな誘電損をもつことが誘電材料に求められている．通常は1%以下である．

(1.45)式および(1.46)式から $\omega\tau$ を消去すると次式が得られる．

$$\left\{(\varepsilon'(\omega)-\varepsilon_\infty)-\frac{1}{2}(\varepsilon(0)-\varepsilon_\infty)\right\}^2+(\varepsilon''(\omega))^2=\left\{\frac{1}{2}(\varepsilon(0)-\varepsilon_\infty)\right\}^2 \qquad (1.48)$$

横軸を実部 ε'，縦軸を虚部 ε'' にとり上式の関係を描くと円となる(図1.8)．
このプロットを**コール・コール**(Cole-Cole)**プロット**と呼ぶ．この円は実軸と ε_∞ および $\varepsilon(0)$ で交わり，円の頂点は $\omega\tau=1$ を与える．これから緩和時間 τ が決定できる．上式は緩和時間が1つの単分散系の誘電分散を示す．実際の物質はいくつかの緩和時間をもつ多分散系であるが，この場合でも誘電分散は異なる τ，ε'' および ε' をもつ系の重ね合わせで表すことができる．

1.7 緩和時間

前節で登場した時間の次元をもつ物理量 τ は，緩和時間と呼ばれる．このことは(1.40)式から次のようにしてわかる．今，$t=0$ で加えた電場を直流電場 E_0 とする．この解は簡単に求まり次式で与えられる．

$$p=\alpha E_0\{1-\exp(-t/\tau)\} \qquad (1.49)$$

これより，τ は電場のもとで p が平衡状態に達する時間を特徴付ける量であることがわかる．τ は活性化エネルギー ΔU と次式のような関係で表されることが多い．

$$\tau = \tau_0 \exp\left(\frac{\Delta U}{kT}\right) \tag{1.50}$$

この関係式をアレニウス(Arrhenius)の式と呼ぶ．

ここで，誘電率がなぜ複素数となるのかを考えてみよう．物質に電場を加えると，誘起される分極には遅れが生じる．$E = E_0 \cos(\omega t)$ の周期電場を加えたときの D の位相のずれを δ とすると

$$D = D_0 \exp i(\omega t - \delta) = D_0 \exp(-i\delta)\exp(i\omega t)$$
$$= D_0\{\cos(\delta) - i\sin(\delta)\}\exp i(\omega t) = \frac{D_0}{E_0}\{\cos\delta - i\sin\delta\}E \tag{1.51}$$

したがって

$$\frac{\varepsilon'}{\varepsilon_0} = \frac{D_0}{E_0}\cos\delta, \qquad \frac{\varepsilon''}{\varepsilon_0} = \frac{D_0}{E_0}\sin\delta \tag{1.52}$$

これより位相の遅れ δ は誘電損失角 $\delta (= \tan^{-1}(\varepsilon''/\varepsilon'))$ に等しいことがわかる．この量は電気的エネルギーの一部がジュール熱となることを表すが，これは次式からわかる．すなわち単位時間，単位体積当たりに発生する熱量 u は

$$u = \frac{1}{T}\int_0^T E\frac{\partial D}{\partial t}dt = \frac{1}{2}\varepsilon_0\varepsilon''\omega E_0^2 = \frac{1}{2}\varepsilon_0\varepsilon'\omega E_0^2(\tan\delta) \tag{1.53}$$

で与えられ，$\tan\delta$ に比例するからである．一方 u は電気伝導率 σ を用いて書くと

$$u = \frac{1}{2}\sigma E_0^2 \tag{1.54}$$

(1.53)式と(1.54)式から次式を得る．

$$\varepsilon'' = \frac{\sigma}{\varepsilon_0 \omega} \tag{1.55}$$

すなわち誘電率の虚部は電気伝導率(を測定角振動数で割った値)と等価である．ε'' を電気伝導率に対応させる場合は，ε' と同じ大きさの電場がかかるため「並列」と考える．一方，ε'' が絶縁抵抗に対応する場合は，直列につないだ抵抗で表す(第9章，問題9.2と9.3)．

文　献

[1] 国立天文台編，理科年表，p.425，丸善(2016)．
[2] 上江洲由晃，電磁気学，第3章，2版，産業図書(2007)．
[3] T. Tsurumi, J. Li, T. Hoshina, H. Kakemoto, M. Nakada, and J. Akedo, Appl. Phys.

Lett. **91**, 182905 (2007).

[4] 徳永正晴, 誘電体, 新物理学シリーズ 25, 第 4 章, 培風館 (1991).

演習問題

問題 1.1
(1.5)式から誘電率 ε の単位は SI 単位系で F/m となることを示せ.

問題 1.2
電圧が一定の場合, および電荷が一定の場合にいずれもコンデンサーの容量は(1.8)式で与えられることを導け.

問題 1.3
静電場に関するガウスの法則を用いて, 電子分極率 α は原子の半径を a としたとき次式で表されることを示せ.
$$\alpha = 4\pi a^3$$

問題 1.4
（1） 誘電体内の原子では電場 E によって電気双極子モーメント p が誘起される. $p = \varepsilon_0 \alpha E$ と定義される電子分極率 α を用いると, α と比誘電率 ε^r の間には次のような関係式があることを導け.
$$\frac{N\alpha}{3} = \frac{\varepsilon^r - 1}{\varepsilon^r + 2}$$

この式を**クラウジウス-モソッティ**(Clausius-Mossotti)**の式**と呼ぶ.

上式の ε^r を屈折率 n で表せば
$$\frac{N\alpha}{3} = \frac{n^2 - 1}{n^2 + 2}$$

となる. この式を**ローレンツ**(Lorentz)**の式**と呼ぶ.

（2） 酸素の電子分極率を気体酸素の誘電率 $= 1.0005$ を用いて計算せよ. また酸素分子の半径を 1 Å として問題 1.3 で求めた式を用いて計算した分極率と比較せよ.

問題 1.5
(1.23)式で, 実部 ε' は $\omega = \omega_1 \pm \kappa$ において極大値, 極小値をとることを示せ.

問題 1.6
(1.29)式を導け. また(1.30)式の D_{ij} の各成分を求めよ.

問題 1.7
デバイ型の誘電分散((1.45)および(1.46)式)において, ε'' は $\omega = 1/\tau$ で最大値をもつことを示せ. また緩和時間 τ がアレニウスの式((1.50)式)で与えられるとき, ε' と ε'' の温度依存性を描け.

I. 均一系としての強誘電体とその関連物質

2

第2章

代表的な強誘電体とその物性

いくつかの代表的な強誘電体を取り上げ，その構造，相転移，誘電応答特性を説明する．

2.1 強誘電体の定義

次のような物性を示す物質を**強誘電体**(ferroelectrics)と呼ぶ*1．外部電場 E が 0 でも**電気分極** P（**自発分極** P_s, spontaneous polarization）が存在し*2，P_s は E を反転することによって向きを変える．すなわち D–E 履歴曲線を示す．この現象は，磁場 H によって自発磁化 M_s の向きを変えることができる**強磁性体**(ferromagnetics)や，応力 X によって自発歪み x_s を反転させることができる**強弾性体**(ferroelastics)と類似している．これらを総称して**フェロイック物質**(ferroics)と呼ぶ．この中で強誘電体と強磁性体は記憶素子として応用上重要な物質群である．

自発分極は正負イオンの相対的な変位によって生じるが，この原子変位は非常に小さい（例えば $BaTiO_3$ の正方晶の場合にはイオンの変位は格子定数の約 1～2%）．温度を上げると $P_s = 0$ の常誘電(paraelectric)相となる．この温度を強誘電転移温度あるいはキュリー温度（T_C）と呼んでいる．強誘電性を理解するためには，相転移の発現機構を理解しなければならない．したがって強誘電体研究と相転移の研究は大きな絆で結ばれている．P_s の大きさは大体～$\mu C/cm^2 (= 10^{-2} C/cm^2)$ オーダであるが，最近は 100 $\mu C/cm^2$ を超えるものも見つかっている．

D–E 履歴曲線は P_s の向きの異なる分域（強磁性体の磁区に相当）が外部電場のもとで電場の方向に揃っていく過程である（**図 2.1**）．多分域の状態では，P は互いに打ち

---

*1 強誘電体の定義は分極が電場によって反転すること，すなわち納得のいく D–E 履歴曲線が観測されることであるが，抗電場 E_c が非常に高い，あるいは電気伝導率が高いために D–E 履歴が観測できないことがある．歴史的にも $LiNbO_3$ は E_c が非常に高かったので強誘電体ではないといわれた時期もあった．第1原理計算では2極小ポテンシャルをもてば強誘電体と判断している．高い電気伝導率の場合にその効果を差し引いて D–E 履歴曲線を求める実験的な方法が開発されている（第9章，1 電気的測定参照）．

*2 自発分極の単位は慣習として $\mu C/cm^2$ を用いることが多い．しかし最近は C/m^2 ($= 10^{-2} \mu C/cm^2$) を使うことも増えてきた．

20　第 2 章　代表的な強誘電体とその物性

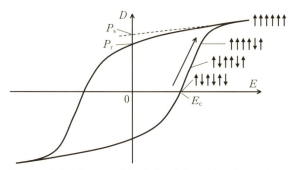

図 2.1　強誘電体の D-E 履歴曲線．矢印は分極の向きを表す．

消し合って全体としては 0 となる．電場を加えていくとその向きの分域が発達していき，ある電場以上では P はほぼ飽和する．D-E 履歴曲線において負の P が正になる（あるいはその逆）臨界電場を抗電場 E_c と呼ぶ．通常 E_c は T_C 近傍で小さく，低温になるほど大きくなる．$E = 0$ での P の値を**残留分極**（remnant polarization）P_r と呼び P_s と区別する [*3]．

2.2　空間対称性と強誘電性

結晶の対称性は 32 個の点群に分類される．点群は結晶の方向に関する対称性といってよい．すなわち，結晶構造をある特別な方向から見た場合に同じであるような対称操作を分類したものである．例えばその方向に螺旋軸 2_1 がある場合，これは螺旋がない 2 回回転軸 2 と区別しない．3 次元的結晶構造は 230 個の空間群で記述されるが，マクロな物性の対称性は点群の対称性に従う．これをノイマン（Neumann）の法則と呼ぶ．32 の点群は，中心対称性をもつ 11 個の点群ともたない 21 個の点群に分類される．さらに中心対称性をもたない点群は，極性をもつ 10 個の点群 $\{1, 2, m, mm2, 3, 3m, 4, 4mm, 6, 6mm\}$ と，極性をもたない 11 個の点群 $\{222, \bar{4}, 422, \bar{4}2m, 32, \bar{6}, 622, \bar{6}2m, 23, 432, \bar{4}3m\}$ からなる．強誘電体すなわち自発分極を許す点群

[*3]　P_s は分域が単分域状態の P であり，原子変位と直接関係した物理量である．理論から導かれるのは P_s である．実験的には D-E 履歴曲線を $E = 0$ に外挿した値となる．これは電場を加えると P_s に感受率を介して発生する分極 $\Delta P = \varepsilon_0 \chi E$ が付加されるためである．理想的な強誘電体では P_s と P_r は一致するが，実際の材料ではさまざまな要因で P_r は P_s よりも小さくなる．

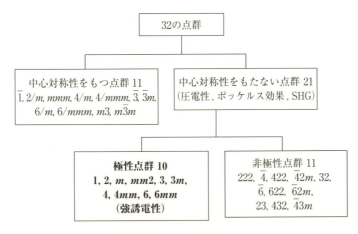

図 2.2 点群の分類.

は，この 10 個であり，これを極性点群という (図 2.2).

強誘電体においては点群と並んで空間対称性も重要な概念である．第 3 章で詳しく説明するように，強誘電相転移を現象論的に記述するランダウ (Landau) 理論はその対称性の変化に着目する．高温相を母相として低温相はその部分群であり，それを実現する高温相の既約表現の基底が秩序変数となる．構造相転移に関して並進周期性が変化しないときには点群の既約表現が用いられるが，並進周期性の変化を伴う場合には空間群の既約表現を使用しなくてはならない．

2.3 代表的な強誘電体の例

以下にいくつかの代表的な強誘電体の結晶構造，強誘電相転移，誘電特性を説明する[1~4]．いずれも，後で述べるランダウの現象論でよく記述できる．

（**1**）硫酸グリシン $((CH_2NH_2COOH)_3 \cdot H_2SO_4,\ TGS)$

TGS の強誘電性は 1956 年に米国で発見された[5]．水溶液から単結晶が簡単に育成されること，室温で強誘電性を示すことなどから基礎，応用両面で多くの研究がなされた．ただし潮解性があるので取り扱いには注意が必要である．

TGS は C, N, O, H, S 原子のみからなる分子性強誘電体であり，図 2.3 に示す

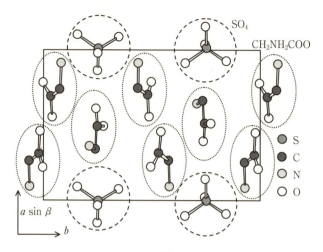

図 2.3 TGS の結晶構造[6]．H は省略されている．

ように結晶構造は複雑である．単位胞に 2 つの分子を含むが，自発分極に寄与するのは主にグリシン分子 CH_2NH_2COOH である．典型的な 2 次の相転移を示す．49℃に T_C をもち，それ以上の高温では極性をもたない単斜晶相 $P2_1/m$，それ以下では b 軸方向に P_s をもつ強誘電相 $P2_1$ となる．P_s は T_C で発生し，温度下降とともに単調に増加して飽和する．飽和自発分極の値は約 3 μC/cm^2 である．P_s の温度依存性は

$$P_s \propto (T_C - T)^{1/2} \tag{2.1}$$

に従う．TGS の実部誘電率 ε'（a）およびその逆数（b）の温度依存性を**図 2.4** に示す．誘電率の温度依存性は次式でよく説明できる．

$$\begin{aligned}&\varepsilon' = C/(T - T_C) \quad (T > T_C), \\ &\varepsilon' = 2C/(T_C - T) \quad (T \leq T_C)\end{aligned} \tag{2.2}$$

この関係式をキュリー–ワイス（Curie-Weiss）則，定数 C をキュリー定数と呼ぶ．図 2.4 から求めた C は約 3000℃である．

（2）　チタン酸バリウム（$BaTiO_3$，BTO）

BTO は第 2 次世界大戦中（1942〜44 年）に米国，旧ソ連邦および日本で独立に発見された．日本の強誘電体研究はこの発見に端を発し，基礎応用両方面で世界をリード

2.3 代表的な強誘電体の例　23

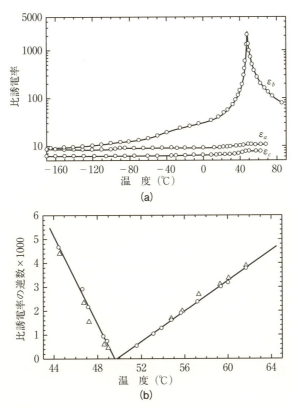

図2.4 TGSの誘電率(a)と逆誘電率(b)の温度依存性[7]．(b)において○，△は異なる試料についての実測値を，実線は(2.2)式を用いた計算値を示す．

してきた[8]．*4．

　BTOの初期の研究は全てセラミックス試料を用いて行われた．一般に強誘電体セラミックス酸化物(ABO_3)は粉末状態のA酸化物とB酸化物を混合して(BTOの場合には BaO および TiO_2)高温で固相反応させて得られる．BTO単結晶は**トップシー**

---

*4　発見当時の経緯，当時の日本の固体物理の碩学者たちがいかに情熱をもって研究開発に取り組んできたかは「驚異のチタバリ，村田製作所編」に詳しいが，残念ながら絶版になっている．

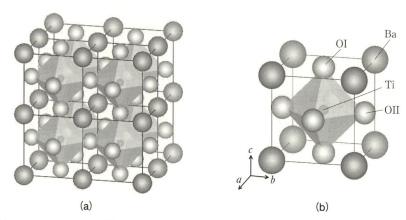

図2.5 ペロブスカイト構造 ABO_3 の結晶構造．（a）8格子を取り出して描いたもの．Ba の12個の配位数と Ti の6個の配位数がわかる[9]．（b）は正方晶単位胞の中での独立な原子（Ba, Ti, OI, OII）を示す．各イオンの大きさはイオン半径に比例して描いてある．VESTA を使用．K. Momma and F. Izumi, "VESTA 3 for three-dimensional visualization of crystal, volumetric and morphology data," J. Appl. Crystallogr. **44**, 1272 (2011).

ド溶液法(TSSG, top seeded solution growth) *5 で数 cm^3 角のものが得られている．
BTO は1次相転移を示す酸化物強誘電体である．その結晶構造を図2.5に示す．単位胞は1分子を含み，単位胞の頂点（A サイト）には Ba^{2+} イオン，体心（B サイト）には Ti^{4+}，面心には O^{2-} イオンが入る．酸素は Ti イオンを中心にした酸素八面体を形成する．Ba^{2+} の配位数（最近接の酸素の数）は12，Ti^{4+} は6である．この構造をペロブスカイト(perovskite)型構造と呼ぶ．いろいろな価数の金属イオンが全体の電荷中和性を保って A や B サイトに入ることができる．強誘電性だけではなく，磁性，超伝導性など多彩な物性を示す．化学的にも安定であり，さまざまなデバイスとして使用されている応用上でもっとも重要な物質群の1つである．
BTO は温度下降とともに3つの構造相転移（逐次相転移）を示す．すなわち立方晶→正方晶→直方晶→三方晶となる．正方晶，直方晶，三方晶の対称性はいずれも立方晶の部分群となっている．ただし直方晶および三方晶はすぐ上の相の部分群にはなっ

---

*5 TSSG 法はフラックス溶液(BTO の場合は $BaO + BaTiO_3$)を用いて溶融温度を低くし，種結晶を核として単結晶を育成させる方法である．融点が非常に高い単結晶育成に適している．

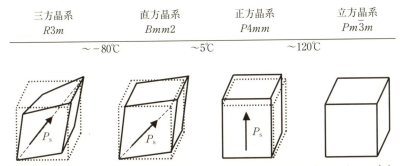

図 2.6 チタン酸バリウムの対称性(空間群), 相転移温度, 格子変形および P_s の向き.

ていない. したがって正方晶→直方晶→三方晶は全て1次相転移である.

BTO の逐次相転移における対称性(空間群), 相転移温度, 格子の変形, および P_s の向きを**図 2.6** に示す.

BTO の格子は逐次相転移によって変形するが, 並進周期性は変化しない. P_s の向きは正方晶では立方晶の $\langle 001 \rangle$ を向くが, 直方晶では $\langle 101 \rangle$, 三方晶では $\langle 111 \rangle$ 方向を向く. P_s は陽イオン Ba, Ti および陰イオン O の相対的な変位によってもたらされる. それぞれの相対的な原子変位は, 格子振動(フォノン)のモードの組み合わせで記述される. 強誘電性は最低振動数をもつ光学フォノンが温度を下げるとその振動数が小さくなり, ある温度で不安定になって低い対称性をもつ相に転移することによって発生する. このタイプの相転移を変位型と呼ぶ(第5章参照). これに対して分子が永久双極子をもち, 高温ではその方向がいくつかの可能な方向を取り得るために全体として P_s は発生しないが, ある温度以下では双極子を揃えようとするエネルギーが熱運動に打ち勝って P_s が発生する強誘電体がある. このタイプの強誘電体を秩序・無秩序型と呼ぶ(第6章を参照). 代表例は亜硝酸ソーダ($NaNO_2$)である.

BTO の自発分極の温度依存性を**図 2.7** に示す. P_s の大きさは立方晶の [001] 方向で測定したものが示されている. したがってその本来の大きさは, 正方晶ではそのまま, 直方晶では $\sqrt{2}$ 倍, 三方晶では $\sqrt{3}$ 倍しなければならない. この値をとれば, P_s の大きさは相転移によってほとんど変化せず, ただ方位が回転していることがわかる.

格子定数の温度依存性を**図 2.8** に示す. これを見ても単位胞の体積は熱膨張の効果を除けば, 逐次相転移ではあまり変化していないことがわかる.

BTO の実部誘電率の温度依存性を**図 2.9** に示す. ここで測定方位は互いに垂直な

26　第2章　代表的な強誘電体とその物性

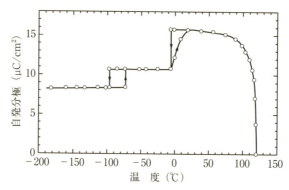

図 2.7　チタン酸バリウム BTO の自発分極の温度依存性[10]．立方晶 [001] 方向で測定した値を示す．BTO はいずれの相転移温度でも 1 次の相転移を示すので，温度履歴がある．ただしこの図では立方晶 ⇄ 正方晶の温度履歴は示されていない．

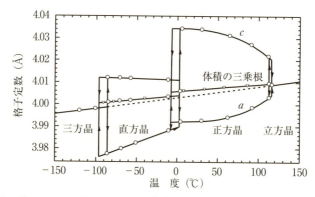

図 2.8　チタン酸バリウムの格子定数の変化[11]．それぞれの相の格子体積の三乗根(立方晶軸でとった体積)も示されている．

立方晶軸 $a /\!/$ [100]，$c /\!/$ [001](この方向が正方晶の P_s の方向)が選ばれている．立方晶において誘電率は約 120℃ の強誘電相転移温度に向かって急激に大きくなっている．前節で見た TGS と違う点は，TGS の誘電率は発散的に増大するが，BTO の場合には発散する前に正方晶への相転移が起こってしまうことである．これは TGS が 2 次の相転移を示すのに対して，BTO は 1 次相転移を示すためである．これらは第 3

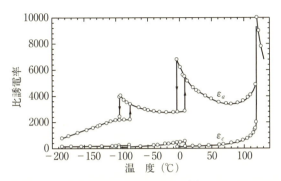

図 2.9 チタン酸バリウムの実部誘電率の温度依存性[9]. 軸は正方晶軸を選んである.

章で詳しく説明する. BTO では TGS とは異なり, 強誘電相では分極軸方向の誘電率 ε_c よりも, それに垂直な方向の誘電率 ε_a が大きいことに注意が必要. PbTiO$_3$ も同じ挙動を示す.

この他にも基礎・応用上いくつかの重要な物理量がある. それらは一般的に n 階テンソルとして記述される. 0 階テンソルはスカラーで座標系の変換に不変な量である. 温度, 物質の密度など. 1 階のテンソルはベクトルで座標と同じように変換される物理量, P_s はその代表例である. n 階テンソルは座標の n 回積と同じ様に変換される量として定義される(付録, A.1 を参照).

BTO の正方晶の点群 $4mm$ を例にとって, それぞれ独立なテンソル成分を**表 2.1**に示す.

(3) その他のペロブスカイト型強誘電体

ペロブスカイト酸化物 ABO$_3$ はさまざまな種類の A, B イオンの組み合わせが可能であり, その組み合わせで多様な物性(強誘電性, 反強誘電性, 量子常誘電性, 強弾性, 磁気秩序, 強誘電性と磁気秩序の交差相関を示すマルチフェロイックなど)を示す. BTO によく似た逐次相転移をする強誘電体としてニオブ酸カリ(KNbO$_3$)がある. 立方晶 ⇄ 正方晶 ⇄ 直方晶 ⇄ 三方晶の相転移温度はそれぞれ高温から 435℃, 225℃, $-10℃$ であり, 対称性の変化も BTO と同じである. 一方, チタン酸鉛 (PbTiO$_3$, PTO)は 490℃ (T_C)において立方晶 $m\bar{3}m$ から正方晶 $4mm$ への強誘電相転移を示すが, この正方晶は極低温まで安定で逐次相転移は示さない. P_s の値は室温で約 50 μC/cm^2 で, BTO に比較して大きい. これは各イオンの変位が BTO より

表 2.1 正方晶点群 $4mm$ の独立なテンソル成分 (x,y,z は結晶軸に平行)[12].

2 階テンソル(誘電率):独立な成分は 2 個 ($\varepsilon_1, \varepsilon_3$)

$$\begin{bmatrix} \varepsilon_1 & 0 & 0 \\ 0 & \varepsilon_1 & 0 \\ 0 & 0 & \varepsilon_3 \end{bmatrix}$$

3 階テンソル(ピエゾ定数,ポッケルス定数,SHG 定数):独立な成分は 3 個 (d_{15}, d_{31}, d_{33})

$$\begin{bmatrix} 0 & 0 & 0 & 0 & d_{15} & 0 \\ 0 & 0 & 0 & d_{15} & 0 & 0 \\ d_{31} & d_{31} & d_{33} & 0 & 0 & 0 \end{bmatrix}$$

4 階テンソル(弾性率,電歪定数):独立な成分は 6 個 ($c_{11}, c_{12}, c_{13}, c_{33}, c_{44}, c_{66}$)

$$\begin{bmatrix} c_{11} & c_{12} & c_{13} & 0 & 0 & 0 \\ c_{12} & c_{11} & c_{13} & 0 & 0 & 0 \\ c_{13} & c_{13} & c_{33} & 0 & 0 & 0 \\ 0 & 0 & 0 & c_{44} & 0 & 0 \\ 0 & 0 & 0 & 0 & c_{44} & 0 \\ 0 & 0 & 0 & 0 & 0 & c_{66} \end{bmatrix}$$

表 2.2 BTO および PTO の正方晶における原子の相対変位[1] (ここで O(I) は 4 回回転軸上にある酸素).

結晶	Δz_{Ba} または Δz_{Pb}	Δz_{Ti}	$\Delta z_{O(I)}$
BTO	$+0.05$ Å	$+0.10$ Å	-0.04 Å
PTO	$+0.47$ Å	$+0.30$ Å	0.00 Å

も大きいためである.**表 2.2** に BTO と PTO の室温(正方晶)における原子変位の値を示す.この値は (x,y) 平面にある酸素 O(II) の座標を $(0,0,1/2)$ に固定した相対的な値である.

PTO の $\Delta z_{O(I)}$ は 0 なので,これより PTO の酸素八面体は相転移に際して変形していないことがわかる.一方,BTO では c 軸方向に伸びている.PTO の軸比 c/a の値は室温で 1.06 であり,この値は BTO の 1.01 に比較してはるかに大きい.T_C で 1 次相転移を示し,軸比は 2% と大きく変化する.したがって結晶は T_C を通過するとクラックが入り砕けてしまう.BTO と PTO の室温における構造と強誘電特性を比較して**表 2.3** に示す.

BTO と PTO の違いについては,量子論に基づいた第 1 原理計算で説明される(第

表2.3 BTOとPTOの室温における構造と誘電特性.

物質	格子定数	軸比 c/a	トレランス因子	比誘電率	自発分極
BTO	$a=b=3.992$ Å $c=4.036$ Å	1.01	1.07	$\varepsilon_a \sim 4000$ $\varepsilon_c \sim 200$	25 μC/cm²
PTO	$a=b=3.903$ Å $c=4.144$ Å	1.06	1.03	$\varepsilon_a \sim 200$ $\varepsilon_c \sim 100$	75 μC/cm²

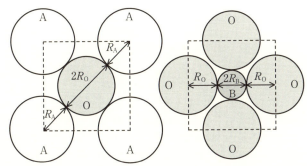

図2.10 酸素八面体を構成する原子のイオン半径とトレランス因子の関係. 単位格子内でOとA, およびのOとBの中心を通る正方形の面を考えて, その面内でそれぞれの円が接する状態を描くと図のようになる.

7章を参照).

ペロブスカイト型酸化物 ABO_3 の構造安定性を議論するときに次の式で表されるトレランス (tolerance) 因子が目安となることがある. R_A, R_B および R_O をそれぞれAサイトイオン, Bサイトイオンおよび O^{2+} のイオン半径とすると

$$t = \frac{R_A + R_O}{\sqrt{2}(R_B + R_O)} \quad (2.3)$$

図2.10に示すように $t=1$ のときに ABO_3 は各イオンが互いに接した立方晶構造をとる. Bイオンが小さいとき, $t>1$ となってBイオンは酸素八面体の中を動く空間があり強誘電体となりやすいが, Aイオンが小さいときは, $t<1$ となり酸素八面体が回転しやすくなる. また $0.8 < t < 1.1$ のときにペロブスカイト構造をとるといわれているが, これらはあくまで目安であって, 晶系, 強誘電性の可能性はこの因子だ

表2.4 いくつかのペロブスカイト酸化物のトレランス因子と構造の特徴.

物質	トレランス因子	特徴
$KNbO_3$	1.05	立方晶 ⇌ 正方晶,強誘電体
$KTaO_3$	1.05	極低温まで立方晶
$SrTiO_3$	1.01	立方晶 ⇌ 直方晶,酸素八面体の回転(強弾性体)
$CaTiO_3$	0.98	立方晶 ⇌ 直方晶,酸素八面体の回転(強弾性体)
$PbZrO_3$	0.97	立方晶 ⇌ 直方晶,酸素八面体の回転(反強誘電体)

けでは決まらない.シャノン(Shannon)のイオン半径[13]を用いて計算したいくつかのペロブスカイト酸化物の t の値を表2.4に示す.

(4) ペロブスカイト構造のグレーザー(Glazer)表記[14]

相転移に際して酸素八面体が回転するペロブスカイト結晶が数多く見られる.グレーザーはこれを次のように分類して表記する方法を考案した.

a.3つの結晶軸の周りの回転を abc で表す.回転角が同じならば同一の記号を用いる.例えば $a=b$ の場合には aac と書く.

b.次の層の八面体が同一方向に回転するときは + を,反対方向に回転する場合は − を,回転しない場合には0を上付きで書く.例えば $a^+a^+c^-$ は a 軸の周りの回転と b 軸の周りの回転角は同一でどの層も同じ向きであるが,c 軸の周りの回転角は a 軸とは異なり,また次の層は逆向きに回転する.

例えば $SrTiO_3$ の構造相転移は $a^0a^0c^-$,$CaTiO_3$ の構造相転移は $a^+a^+c^-$ と表記される.BTOやPTOは相転移に際して酸素八面体は回転しないので $a^0a^0c^0$ である.

(5) ニオブ酸リチウム($LiNbO_3$,LN)およびタンタル酸リチウム($LiTaO_3$,LT)

両結晶とも1949年に米国でその強誘電性が発見された[15].T_C はLNが〜1200℃,LTは〜700℃,P_s はLNが〜70 μC/cm^2,LTは〜50 μC/cm^2 である*6.

化学式は ABO_3 であるが,結晶構造はペロブスカイトとは異なる.常誘電相は三

---

*6 NbあるいはTaを含む同位体の強誘電体では,Nb化合物がTa化合物よりも T_C が非常に高い.例えばKNO,KTO同位体では,KNOは高温で強誘電体とあるがKTOは極低温まで常誘電体のままである.イオン半径が同じで,分極率も変わらない両イオンを含む化合物の T_C がなぜ大きく異なるかはいまだ解決されていない.

2.3 代表的な強誘電体の例

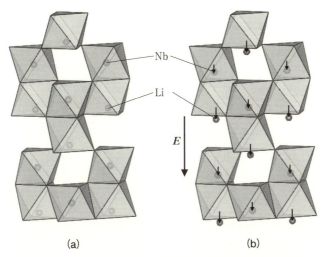

図2.11 LiNbO$_3$の結晶構造[16]．(a)常誘電相，(b)強誘電相．

方晶$R\bar{3}c$，強誘電相は同じく三方晶の$R3c$である．両晶の結晶構造を**図2.11**に示す．ペロブスカイト結晶ではAイオンの配位数(最近接の酸素の数)は12であるがLN，LTではLiの配位数は6である．結晶構造は3種類の酸素八面体(Nb^{5+}を含むもの，Li^+を含むもの，空のもの)で特徴づけられる．これらの八面体は稜あるいは面を共有して3次元的につながっている．常誘電相においてNbは酸素八面体(NbO_6)の中心にあり，Liはそれに接する酸素八面体の底面にある．強誘電相の下向き分域ではNbはc軸方向に沿って下向きに変位し，それに押し出されるようにLiは下の空の酸素八面体の中に移動する．電場を反転させると，NbはNbO_6の中で上向きに変位し，Liは上の八面体の中に移動する．このようにこれらの結晶ではペロブスカイト強誘電体に比較して原子変位が非常に大きい．

またLi/Nb(Ta)の組成比は理想的な値の1よりもずれ，NbがLiサイトに入り，Liの欠損を作ってしまう．これらがLNやLTの抗電場を非常に大きくする理由であるが，最近日本において定比組成(化学量論的組成)をもつ単結晶を育成することに成功し，抗電場を大幅に小さくすることができるようになった[17]．

LN，LTは強誘電体の応用分野でもっとも重要な結晶の1つである．圧電効果を利用した表面波フィルター，電気光学効果を利用した光スイッチ，非線形光学素子などに応用されデバイス化されている(強誘電分域構造を利用した高効率レーザー光波

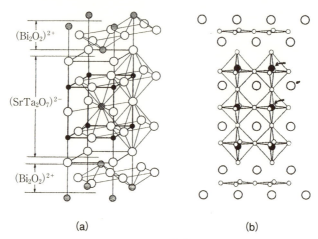

図2.12 Bi層状強誘電体の結晶構造．(a)SBT[19]，(b)BIT[20]．(b)において，○はBi原子，○はO原子，●はTi原子を表す．

長変換素子に関しては第14章を参照）．

(6) Bi層状酸化物 $SrBi_2Ta_2O_9$(SBT)

化学式 $Bi_{2m}A_{n-m}B_nO_{3(n+m)}$ で表されるBi層状酸化物(Aurivillius相)の1つである．1961年に強誘電性が発見された[18]．$T_C=335℃$ であり，室温の空間群は直方晶 $A2_1am$，P_s は層に垂直な a 軸を向く．P_s の大きさは $5\,\mu C/cm^3$ である．図2.12(a)に示すように，ペロブスカイト様の $(SrTa_2O_7)^{2-}$ が $(Bi_2O_2)^{2+}$ 層に挟まれている層状構造をとる．強誘電体メモリー(FeRAM)の材料として有望であり，とくに薄膜の特性について多数の研究がある．抗電場が比較的小さく，疲労耐性，インプリント特性が高いなどの特徴を有している．Pt電極を用いても特性は変わらないという利点もある．

$Bi_4Ti_3O_{12}$(BIT)も SBTと同じような層状酸化物強誘電体である．結晶構造を図2.12(b)に示す．$T_C=675℃$．空間群は室温で単斜晶 Ba に属する[20]．P_s はb面内にあり a 軸方向で $50\,\mu C/cm^2$，c 軸方向が $4\,\mu C/cm^2$ である．BITのBiを一部Laに置き変えた系がFeRAM材料として注目されている．

(7) 水素結合型強誘電体：リン酸2水素カリ(KDP, KH_2PO_4)

強誘電性は1935年にスイスのグループによって発見された[21]．ロッシェル塩の

2.3 代表的な強誘電体の例

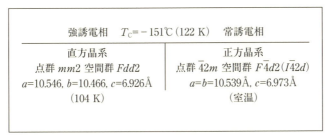

図 2.13 KDP の強誘電相転移の特徴.

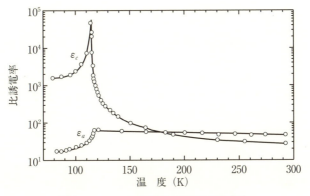

図 2.14 KDP の誘電率の温度依存性 [22].

発見につぐ強誘電体であるが,その構造や相転移はロッシェル塩に比較すればわかりやすく,しかも水溶性のために蒸発法や温度降下法で水溶液から良質な単結晶が作成しやすいので多くの研究がなされてきた. 122 K の強誘電相転移に際する構造変化の特徴を図 2.13 に示す. 1 次相転移を示し,P_s の飽和値は約 5 μC/cm^2 である.実部誘電率の温度依存性を図 2.14 に示す.

室温では強誘電性は示さないが圧電性をもち,光第 2 高調波を発生するのでレーザーの第 2 高調波発生 (SHG) 素子としても使用されている*7.

---

*7 良質で大型の KDP 単結晶を育成することができる.これを利用してレーザー核融合の光源の波長変換器として用いられた.

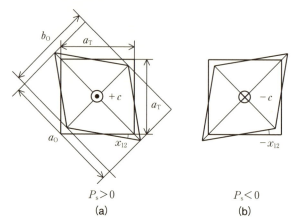

図 2.15 常誘電相と強誘電相の単位胞の関係．(a)と(b)は P_s の向きが逆の2つの分域に対応．$x_{12}(=x_6)$ はすべり歪みを表す．

結晶構造は単位胞が4分子を含むように選べば常誘電相の空間群は $F\bar{4}d2$，強誘電相は $Fdd2$ であるが，結晶軸は c 軸の周りに45°回転している**図 2.15**．構造を比較するためには常誘電相で面心格子Fの代わりに体心格子Iをとることがある．ただし並進対称性は変化しない．

KDPの結晶構造を**図 2.16** に示す[23]．結晶構造の特色は $(PO_4)^{3-}$ 四面体が水素結合によって結ばれ3次元的な網目構造をしていることである．K^+ は c 軸に沿ってこの四面体の上に位置する．中性子散乱実験からプロトンの位置が決定された[24]．それによると常誘電相ではプロトンはOを結ぶ水素結合の中心に存在し，強誘電相単分域では非対称な位置を占める．これはプロトンが T_C 以下で2つの等価な位置のどちらかを占有することを示している．これはこの実験が行われるはるか前にスレーター(Slater)によって提案したプロトンの秩序・無秩序モデル[25]を実験的に裏付けたといえる．しかしKDPの相転移はより複雑で，その後も議論が続いている．

表 2.5 に示すように，KイオンをRbにまた PO_4 を AsO_4 に置換すると結晶構造は同じで T_C の異なる強誘電体となる．ただし CsH_2PO_4 は $T_C = 154$ K の強誘電体であるが，結晶構造は単斜晶 $P2_1$ でありKDP族とは異なる．水素結合も3次元ではなく2次元的な網目構造をとる[26]．また K^+ を $(NH_4)^+$ に置換すると転移温度148 Kの反強誘電体となる．KDP族は大きな水素同位体効果をもつ．すなわちHを重水素Dに置換すると T_C が著しく上昇する．この結果はスレーターモデルでは説明できな

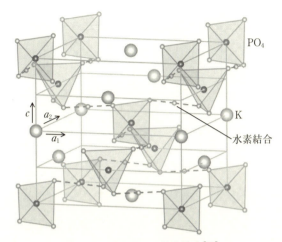

図2.16 KH_2PO_4 の結晶構造[23].

表2.5 KDP族結晶の重水素置換効果.

結晶	キュリー温度(K)	重水素置換結晶	キュリー温度(K)
KH_2PO_4	122	KD_2PO_4	214
KH_2AsO_4	96	KD_2AsO_4	162
RbH_2PO_4	146	RbD_2PO_4	218
RbH_2AsO_4	110	RbD_2AsO_4	178
CsH_2AsO_4	144	CsD_2AsO_4	212

い.これを説明するためにブリンツ(Blinc)はプロトンが2極小ポテンシャルの間を量子力学的なトンネル運動をしているというモデルを提案した[27].これにより赤外吸収やNMRなどの実験結果を説明した.Hを質量2倍のDで置換したときにT_Cが増加する効果はDのトンネル振動数が質量効果によって減少し,ポテンシャルの極小値に落ち込みやすいためとして説明できる.しかし水素結合は強誘電軸であるc軸にほぼ垂直な平面内にあるので,このモデルでもP_sの大きさを説明することはできない.これを説明するためにいろいろな実験とモデルが提案されてきた.詳しくは文献[28]を参照.

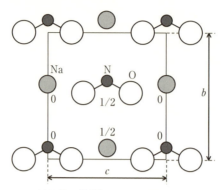

図 2.17　$NaNO_2$ の結晶構造[1, 30]．図中の数値は a 軸方向の位置を表す．

（**8**）　亜硝酸ソーダ（$NaNO_2$）

1958 年に日本でその強誘電性が発見された[29]．$T_C = 160$ ℃．常誘電相の空間群は直方晶 *Immm*，強誘電相は同じ直方晶の *Im2m* であり，b 軸方向に $\sim 6\,\mu C/cm^2$ の P_s をもつ．強誘電相の結晶構造を図 2.17 に示す[1, 30]．NaO^{2-} は直線状ではなく，それ自身 b 軸を向いた双極子をもっている．この NO^{2-} は高温では上向きと下向きの確率が同じで全体としては P_s を発生させないが，強誘電相では双極子相互作用によって分極の向きを揃え，巨視的な P_s が発生する．典型的な秩序・無秩序型の相転移を示す．$NaNO_2$ は T_C 直上で不整合相をもつが，詳しい相図に関しては文献[31]を参照．

文　　献

[1]　F. Jona, and G. Shirane, *Ferroelectric Crystals*, Pergamon Press (1962).
[2]　三井利夫，達崎達，中村英二，強誘電体，槇書店 (1969)．
[3]　Y. Shiozaki, E. Nakamura, and T. Mitsui, (Ed), *Ferroelectrics and Related Substances*, Landolt-Boernstein, new series Ⅲ/**36A1** (2001), Ⅲ/**36A2** (2002), Ⅲ/**36B1** (2004), Springer-Verlag.
[4]　高重正明，物質構造と誘電体入門，物性科学入門シリーズ，裳華房 (2003)．
[5]　B. T. Matthias, C. E. Miller, and J. P. Remeika, Phys. Rev. **104**, 849 (1956).
[6]　S. Hoshino, Y. Okaya, and R. Pepinsky, Phys. Rev. **115**, 323 (1959).

[7]　S. Hoshino, T. Mitsui, F. Jona, and R. Pepinsky, Phys. Rev. **107**, 1255(1959).
[8]　日本の小川，和久，米国の Wainer, Salomon, 旧ソ連邦の Wul が BTO の発見者として知られている．高木豊，田中哲郎監修，驚異のチタバリ―世紀の新材料・新技術―，丸善(1990)．
[9]　L. Eyraud(Ed.), *Dielectriques Solides Anisotropes et Ferroelectricite*, Gautier-Villars (1967).
[10]　W. J. Merz, Phys. Rev. **76**, 1221(1949).
[11]　H. F. Kay, and P. Vouden, Phil. Mag. **40**, 1019(1949).
[12]　J. F. Nye, *Physical Properties of Crystals*, Oxford(1957).
[13]　R. D. Shannon and C. T. Prewitt, Act. Cryst. **B25**, 925(1969).
[14]　A. M. Glazer, Acta Cryst. **B28**, 3384(1972).
[15]　B. T. Matthias, and J. P. Remeika, Phys. Rev. **76**, 1886(1949).
[16]　北村健二，寺部一弥，S & T Journal 2002 年 10 月号；北村健二，応用物理 **68**, 511 (2000)．
[17]　K. Kitamura Y. Furukawa, K. Niwa, V. Gopalan, and T. E. Mitchell, Appl. Phys. Lett. **73**, 3073(1998).
[18]　G. A. Smolensky, V. A. Isupov, and A. I. Agranovskaya, Fiz. Tverdogo Tela **3**, 895 (1961).
[19]　B. Aurívillius, Arkiv Kem **1**, 463(1949).
[20]　A. D. Rae, J. G. Thompson, R. L. Withers, and A. C. Willis, Acta Cryst. **B46**, 474 (1990).
[21]　G. Busch, and P. Scherrer, Naturwiss. **23**, 737(1935).
[22]　G. Busch, Helv. Phys. Acta **24**, 326(1951).
[23]　J. West, Zeits. f. Krist. **74**, 306(1930).
[24]　G. E. Bacon, and R. S. Pease, Proc. Roy. Soc.(London) **A220**, 397(1953).
[25]　J. C. Slater, J. Chem. Phys. **9**, 16(1941).
[26]　Y. Uesu, and J. Kobayashi, Phys. Stat. Sol.(a) **34**, 475(1976).
[27]　R. Blinc, and D. Hadzi, Molec. Phys. **1**, 391(1958).
[28]　富永靖徳，徳永正晴，固体物理 **18**, 2(1983)．
[29]　S. Sawada, S. Nomura, S. Fujii, and I. Yoshida, Phys. Rev. Lett. **1**, 320(1958).
[30]　M. I. Kay, and B. C. Frazer, Acta Cryst. **14**, 56(1961).
[31]　D. Durand, F. Denoyer, D. Lefur, R. Currat, and L. Bernard, J. Physique Lett. **44**, L207(1984).

演習問題

問題 2.1

点群 $\bar{4}2m$ の 2 階および 3 階テンソルを c 軸の周りに $45°$ 回転させた座標で見た独立なテンソル成分をすべて求めよ．これを点群 $mm2$ のテンソル表と比較せよ．これは強誘電体 KDP および GMO の常誘電相と強誘電相の物性を比較するときに役に立つ．

点群 $\bar{4}2m$ のテンソル成分 (x, y は鏡映面に対して $45°$ 傾いた 2 回回転軸に平行，$z/\!/4$ 回回反軸)．

$$\begin{bmatrix} \varepsilon_1 & 0 & 0 \\ 0 & \varepsilon_1 & 0 \\ 0 & 0 & \varepsilon_3 \end{bmatrix}, \quad \begin{bmatrix} 0 & 0 & 0 & d_{14} & 0 & 0 \\ 0 & 0 & 0 & 0 & d_{14} & 0 \\ 0 & 0 & 0 & 0 & 0 & d_{36} \end{bmatrix}$$

点群 $mm2$ のテンソル成分 ($x, y /\!/$ 鏡映面，$z/2$ 回回転軸)．

$$\begin{bmatrix} \varepsilon_1 & 0 & 0 \\ 0 & \varepsilon_2 & 0 \\ 0 & 0 & \varepsilon_3 \end{bmatrix}, \quad \begin{bmatrix} 0 & 0 & 0 & 0 & d_{15} & 0 \\ 0 & 0 & 0 & d_{24} & 0 & 0 \\ d_{31} & d_{32} & d_{33} & 0 & 0 & 0 \end{bmatrix}$$

問題 2.2

次のシャノンのイオン半径を用いていくつかの ABO_3 酸化物のトレランス因子を計算し，何か傾向を見つけることができるか自分なりに考えてみよう．単位は Å．

Li^+: 0.74, K^+: 1.60, Ca^{2+}: 1.35, Sr^{2+}: 1.44, Ba^{2+}: 1.60, Pb^{2+}: 1.49, Sn^{2+}: 1.21, Sn^{4+}: 0.69, Ti^{4+}: 0.605, Zr^{4+}: 0.72, Ta^{5+}: 0.68, Nb^{5+}: 0.69, O^{2-}: 1.35.

I．均一系としての強誘電体とその関連物質

第3章

強誘電体の現象論

　前章で見てきた強誘電体を特徴付ける物性はどのようにして説明できるのであろうか．強誘電体分野でもミクロな理論（第1原理計算による量子論的な取り扱い）が最近急速に発達しているが，強誘電性を個々の結晶によらず普遍的に説明するのにもっとも有効な取り扱いはランダウ(Landau)理論による現象論である．この章ではこの理論を中心に強誘電体の構造相転移とそれに伴う物性変化について説明する．

3.1　ランダウ理論

　ランダウ理論の本質は，相転移に伴う対称性の変化に着目することにある．相転移に際して構造の変化はわずかであるが，対称性は明確に変化する．
　この理論を理解するための重要なポイントは以下の通りである[1]．
（1）　第2種の相転移を考える：低温相の対称群は，高温相（母相あるいはプロトタイプ相と呼ばれる）の対称群の部分群になっている．すなわち低温相の対称要素はすべて高温相に含まれ，新しく発生する対称要素はない．このような相転移を第2種と名付ける．チタン酸バリウムの130℃における常誘電相⇔強誘電相の相転移は格子定数や自発分極に飛びがあり，また温度履歴もあるので1次相転移であるが，対称性の観点からは下の相（正方晶）は高温相（立方晶）の部分群であるので，第2種の相転移である．第2種の相転移ではない相転移（低温相が高温相の部分群ではないもの）も存在するが，この場合はたまたま高温相と低温相の自由エネルギーが交差する点で相転移が起こり，ランダウ理論は適応できない．
（2）　秩序変数について：低対称相の構造は高対称相の原子をわずかに変位させることによってもたらされる．この原子変位（あるいは相転移をもたらすフォノンの振幅）が秩序変数となる．
（3）　秩序変数の決定：高温相と低温相の対称性がわかれば高温相の既約表現の中で低温相の対称性を実現する表現の基底が秩序変数となる．
（4）　自由エネルギー F は，高対称相 G_0 の全ての対称要素 R の変換に対して不変でなければならない．すなわち秩序変数を η とすると

$$R \ni G_0, \quad R\eta = \eta^*$$

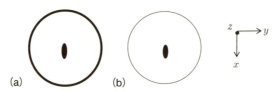

図 3.1 点群 $2/m$ (a) および点群 2 (b) の対称要素のステレオ図. ここで ● は紙面に垂直な 2 回回転軸を表し, 太線の円は紙面内にある鏡映面を表している. 座標 (x, y, z) は直交座標系なので, 単斜晶の結晶軸 (a, b, c) とは z 軸 $(/\!/\, c)$ を除いて一致しない.

表 3.1 点群 $2/m(C_{2h})$ の対称要素 (E, C_2, σ_h, i) による直交座標 (x, y, z) の変換.

C_{2h}-$2/m$	E	C_2	σ_h	i
z	$+z$	$+z$	$-z$	$-z$
x	$+x$	$-x$	x	$-x$
y	$+y$	$-y$	y	$-y$
z^2	z^2	z^2	z^2	z^2

の変換に対して

$$F(\eta) = F(\eta^*) \tag{3.1}$$

が成立する.

　例えば中心対称性をもつ単斜晶の点群 $2/m$ (母相) から同じく単斜晶の極性をもつ点群 2 への相転移を考える (TGS がその例). $2/m$ の対称要素は**図 3.1**(a) で示される.

　点群 $2/m$ は 4 つの対称要素すなわち, なにもしない変換 $1(E)$, 2 回回転軸 $2(C_2)$, 鏡映面 $m(\sigma_h)$ および反転対称 $\bar{1}(i)$ をもつ. **表 3.1** はこれらの対称要素により直交座標 (x, y, z) および z^2 がどのように変換されるかを示したものである. 一方点群 2 の対称要素は図 3.1(b) に示されているように E と C_2 しか含んでいない. したがって点群 2 への相転移を引き起こす秩序変数 (基底) は母相の対称要素の中で E と C_2 に着目し, これらに関して符号を変えないものである. 表 3.1 からすぐわかるように, これは z である. このとき秩序変数は座標 z と同じように変換する物理量, すなわち分極ならば P_3 成分となる. もっと一般的には既約表現を用いればよい. 点群 $2/m$ の既約表現の指標を**表 3.2** に示す. この点群は 4 個の 1 次元既約表現 A_g,

表 3.2 点群 C_{2h}-$2/m$ の既約表現の指標.

C_{2h}	E	C_2	σ_h	i	基底
A_g	1	1	1	1	x^2, y^2, z^2, xy, R_z
B_g	1	-1	-1	1	yz, zx, R_x, R_y
A_u	1	1	-1	-1	z
B_u	1	-1	1	-1	x, y

B_g, A_u, B_u をもつ．この中で恒等表現である A_g を除き，低温相である点群 2 の対称要素 E と C_2 に関して符号が変わらないのは A_u であり，この既約表現が強誘電相転移を引き起こし，その基底 z と同じように変換する分極 P_3 が秩序変数となる．

自由エネルギー F は，母相の対称変換によって不変，すなわち既約表現 A_g の基底関数でなければならない．表 3.2 より A_u の基底 z を使ってこれを実現する最小の冪は z^2 すなわち P_3^2 であり，次の高次の項は P_3^4 である．すなわち F は $P(=P_3)$ を用いて次のように展開できる．

$$F = \frac{1}{2}\alpha P^2 + \frac{1}{4}\beta P^4 \tag{3.2}$$

係数 α と β は一般的に温度の関数である．しかし $T > T_C$ (T_C は転移温度またはキュリー温度) で $P=0$，$T \leq T_C$ で $P \neq 0$ であることから，F は転移温度上では $P=0$ で極小をもち，一方転移温度以下では $P = \pm P_s$ で極小値をとる．これは α が $T > T_C$ で正，$T \leq T_C$ で負であればよい．このような関数でもっとも簡単なものは α_0 を正の定数として

$$\alpha = \alpha_0(T - T_C) \tag{3.3}$$

である．これは第 6 章，6.1 節に示すようにワイス(Weiss)の平均場理論からくる．これを用いると (3.2) 式は次のように書くことができる．

$$F = \frac{1}{2}\alpha_0(T - T_C)P^2 + \frac{1}{4}\beta P^4 \tag{3.4}$$

ここで β は $T \leq T_C$ で P が有限の値で最小値をもつためにその符号は正でなければならない．自由エネルギー F と P の関係を，温度 T をパラメータにして**図 3.2** に示す[1]．

---

[1] ここでは分域の存在は考えていない．分域の存在は強誘電体において本質的であるがその現象論的な扱いは第 12 章を参照のこと．

42　第3章　強誘電体の現象論

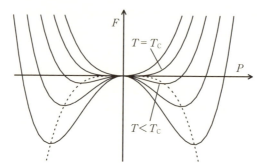

図3.2 2次相転移の場合の自由エネルギー $F(P)$. 温度をパラメータとして示す. 点線は F の極小値を与える P の値を結んだもの.

3.2 自発分極の温度依存性

F を極小にする P が自発分極 P_s である. F の P に関する極小条件は

$$\frac{\partial F}{\partial P} = \alpha_0(T - T_C)P + \beta P^3 = 0 \tag{3.5}$$

でかつ

$$\frac{\partial^2 F}{\partial P^2} = \alpha_0(T - T_C) + 3\beta P^2 > 0 \tag{3.6}$$

(3.5)式より

$$P_s = 0 \quad \text{あるいは} \quad P_s = \pm\sqrt{\frac{\alpha_0}{\beta}(T_C - T)}$$

(3.6)式の条件を考慮すると結局

$$T > T_C \text{ で } P_s = 0,$$
$$T \leq T_C \text{ で } P_s = \pm\sqrt{\frac{\alpha_0}{\beta}(T_C - T)} \tag{3.7}$$

が得られる. P_s の符号 $\pm$ は2つの分域に対応する. この結果を図3.3に示す.

3.3 電気感受率の温度依存性

電気感受率 χ は電場を結晶に加えたときの分極の変化により表すことができる. すなわち

3.3 電気感受率の温度依存性

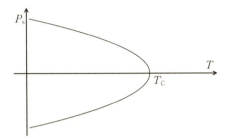

図 3.3 2 次相転移の場合の P_s の温度依存性.

$$\varepsilon_0 \chi = \frac{\partial P}{\partial E} \tag{3.8}$$

また電場が加わったときの自由エネルギーは静電エネルギー項 $-PE$ を付加して

$$F = \frac{1}{2}\alpha_0(T-T_C)P^2 + \frac{1}{4}\beta P^4 - PE \tag{3.9}$$

F の極小条件は

$$E = \alpha_0(T-T_C)P + \beta P^3 \tag{3.10}$$

これより χ は (3.8) 式を用いて

$$(\varepsilon_0 \chi)^{-1} = \frac{\partial E}{\partial P} = \alpha_0(T-T_C) + 3\beta P^2 \tag{3.11}$$

ここで P は (3.7) 式で与えられるので

$$T > T_C \text{ で} (\varepsilon_0\chi)^{-1} = \alpha_0(T-T_C), \quad T \leq T_C \text{ で} (\varepsilon_0\chi)^{-1} = 2\alpha_0(T_C-T) \tag{3.12}$$

逆感受率 $(\chi)^{-1}$ の温度依存性を**図 3.4** に示す. χ は高温から近づいても低温から近づいても T_C に向かって発散する. $(\chi)^{-1}$ の温度勾配は低温側では高温側の 2 倍となっている. この非対称性は低温側で自発分極が発生するためである.

通常, 実験結果は強誘電相転移に関係しない部分を ε_∞ として, $T > T_C$ で次の式を用いて整理する. T_C 以下では分域構造の影響を受けることが多いので (3.12) 式では説明できない場合がある.

$$\varepsilon = \varepsilon_\infty + \frac{C}{T-T_C} \tag{3.13}$$

ここで

第3章 強誘電体の現象論

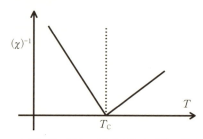

図 3.4 2次相転移の場合の逆感受率 $(\chi)^{-1}$ の温度依存性.

$$C = (\varepsilon_0 \alpha_0)^{-1} \tag{3.14}$$

C をキュリー定数,この関係式をキュリー-ワイス(Curie-Weiss)則と呼ぶ[*2].

3.4 キュリー定数による強誘電体の分類

 C の値は強誘電体によって大きく異なる.BTO のような変位型の構造相転移を示すペロブスカイト酸化物強誘電体の場合は 10^5 のオーダーをもち,$NaNO_2$ のような秩序・無秩序型の相転移を示す強誘電体の場合には 10^3 のオーダーをもつことが知られている[2,3].第6章,6.1 節に示すように秩序・無秩序相転移の2状態モデルでは C および T_C は次式で与えられる.

$$C = Np^2/\varepsilon_0 k,$$
$$T_C = Np^2\gamma/k = \varepsilon_0 \gamma C \tag{6.10}$$

ここで N は単位体積当たりの双極子の数,p は双極子モーメント,γ はローレンツ係数,k はボルツマン定数である.秩序・無秩序型の $NaNO_2$ について実測の $P_s \sim 6\,\mu C/cm^2$ を用いて計算した C の値は約 10^3 であり,この場合には実測値を説明する.しかし変位型の場合にはこの理論は適用できない.上式はまた C と T_C が比例することを示している.一般的に C が大きいと T_C も高くなるが,その比例定数は物質によって大きく変わる.これが強誘電体の特徴であるといってよい.一方強磁性体のワイス理論ではキュリー定数 C は

[*2] P_s および ε の温度依存性は(3.3)式の平均場近似の結果であり,転移温度の極近傍では成立しないことが知られている.

$$C = N\mu^2/3k$$

あるいは量子論的にはボーア磁子 μ_B, g 因子, 全角運動量量子数 J を用いて

$$C = N\mu_B^2 g^2 J(J+1)/k$$

と書ける. 強磁性体の場合には実験的に求めた C から磁気モーメントの大きさを見積もることがよくなされている.

3.5 比熱の温度依存性

2次相転移を示す強誘電相転移に伴う比熱を(3.4)式と(3.7)式から求めてみよう. 熱力学第1法則[*3]からエントロピーを S, 定圧比熱を c とすると

$$S = -\left(\frac{\partial F}{\partial T}\right)_{X,E}, \quad c = T\left(\frac{\partial S}{\partial T}\right)_{X,E} \tag{3.15}$$

これを計算すると

$$c = 0, \quad (T > T_C),$$
$$c = \frac{\alpha_0^2}{\beta} T, \quad (T \leq T_C) \tag{3.16}$$

[*3] 自由エネルギーとして Gibbs の自由エネルギー F を考える.

$$F = U - TS - Xx - EP \tag{*}$$

ここで内部エネルギーを U, 温度を T, エントロピーを S, 応力を X, 歪みを x, 電場を E, 分極を P とする. 系になされた仕事を W, 加えられた熱量を Q とすると熱力学第1法則より内部エネルギーの変化は

$$dU = d'Q + d'W$$

ここで

$$d'W = Xdx + EdP$$
$$d'Q = TdS$$

したがって

$$dU = TdS + Xdx + EdP$$

(*)式を用いれば

$$dF = -SdT - xdX - PdE$$

これより

$$S = -\left(\frac{\partial F}{\partial T}\right)_{X,E}, \quad x = -\left(\frac{\partial F}{\partial X}\right)_{T,E}, \quad P = -\left(\frac{\partial F}{\partial E}\right)_{T,X}$$

が得られる.

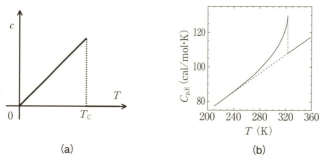

図 3.5 (a) 2 次相転移のランダウ理論で求めた比熱の温度依存性, (b) TGS の比熱の温度依存性[4].

すなわち相転移にかかわる比熱は T_C で飛びを示して λ 型になる(図 3.5(a)). 実際に観察される比熱は, これにデバイ(Debye)型の比熱を足した温度依存性を示す. 一例を図 3.5(b)に示す.

3.6　1 次相転移の現象論

1 次相転移では, 分極 P, 格子定数(歪み)x, エントロピー S, 格子体積 V などが相転移温度において不連続な変化(飛び)を示す. 一方, 2 次相転移では上記の量は連続的に変化する. しかしその温度勾配は不連続となる. 一般に転移の次数に関して, エーレンフェスト(Ehrenfest)は次のように定義している.

「n 次の相転移とは, 自由エネルギーを微分して得られる物理量において, $(n-1)$ 階微分量が転移温度において連続で, n 階微分が不連続となる相転移をいう」

1 次相転移の特徴は, ランダウ理論では熱力学関数を 6 次の項まで展開し, その中で 4 次の項の係数 β を負にすることによって得られる.

$$F = \frac{1}{2}\alpha_0(T-T_C)P^2 + \frac{1}{4}\beta P^4 + \frac{1}{6}\delta P^6 - PE \quad (3.17)$$

ここで $\beta < 0$ かつ $\delta > 0$. 温度 T をパラメータとして, $F(P)$ を図 3.6 に示す.

1 次相転移の特色は上に挙げたような物理量が転移温度で飛びを示すことであるが, もう 1 つの特色として相転移温度付近で温度下降と上昇時に異なる経路を辿る, すなわち温度履歴を伴うことが挙げられる. この現象は, 以下のようにして説明できる.

3.6 1次相転移の現象論 47

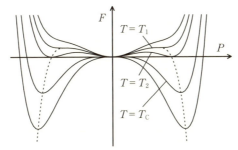

図 3.6 温度 T をパラメータとして描いた自由エネルギー F の P 依存性. 点線は F を極小にする P の値を結んだもの.

平衡条件から

$$0 = \frac{\partial F}{\partial P} = \alpha_0(T - T_C)P + \beta P^3 + \delta P^5 - E \tag{3.18}$$

が得られ，安定条件は次式で与えられる．

$$\frac{\partial^2 F}{\partial P^2} = \alpha_0(T - T_C) + 3\beta P^2 + 5\delta P^4 > 0 \tag{3.19}$$

外場 $E = 0$ のときの解は (3.18) 式から

$$P_s = 0 \quad （安定条件より T \geq T_C で成り立つ）$$

$T < T_C$ のとき

$$P_s^2 = \frac{-\beta \pm \sqrt{\beta^2 - 4\alpha_0\delta(T - T_C)}}{2\delta} \tag{3.20}$$

ここで安定条件を満たすよう (3.20) 式中の $\pm$ は $+$ をとる必要がある．(3.17)〜(3.20) 式より相転移を特徴付ける 3 つの特性温度 T_1, T_2, T_C がある．T_1 は P_s の実数条件から求まるが，F が $P = 0$ 以外で極小値をとり始める温度である (図 3.6 参照)．この温度以下では 3 つの極小値が存在する．T_2 はこの 3 つの極小値が同じ値をとる温度であり，一方 T_C 以下では極小値は $\pm P_s$ の 2 つしか存在しない．

特性温度 T_1, T_2 は次式で与えられる．

$$T_1 = T_C + \frac{\beta^2}{4\alpha_0\delta}, \quad T_2 = T_C + \frac{3\beta^2}{16\alpha_0\delta} \tag{3.21}$$

P_s の温度依存性を図 3.7 に示す．温度履歴は T_1 と T_C の間で起こる．したがって

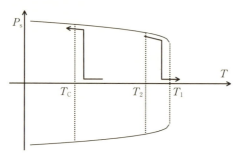

図 3.7 1次相転移の場合の P_s の温度依存性.

最大の温度履歴幅 ΔT_h は次式で与えられる.

$$\Delta T_h = \frac{\beta^2}{4\alpha_0 \delta} \qquad (3.22)$$

ΔT_h 内のどの温度で P_s が発生するかは温度変化速度や結晶中の不純物や欠陥に依存し,熱力学的には説明できない.ただし相転移が発生する温度は同一試料では,温度下降時は温度上昇時よりも必ず低い.特性温度での自発分極の値は次のようになる.

$$P_s(T_1)^2 = -\frac{\beta}{2\delta}, \quad P_s(T_2)^2 = -\frac{\beta}{4\delta}, \quad P_s(T_C)^2 = -\frac{\beta}{\delta} \qquad (3.23)$$

次に電気感受率 χ の温度依存性を求めてみよう.(3.18)式より

$$(\varepsilon_0 \chi)^{-1} = \frac{\partial E}{\partial P} = \alpha_0 (T - T_C) + 3\beta P^2 + 5\delta P^4 \qquad (3.24)$$

感受率は高温側 χ^+ と低温側 χ^- の2つのブランチがある.χ^+ は (3.24)式で $P=0$ とおいて簡単に求まり,この結果は2次相転移と変わりない.すなわちキュリー–ワイス則が成り立つ.一方 χ^- は P_s の高次の冪を含んでいるため2次相転移と異なり直線にはならない.特性温度での値は次式で与えられる.

$$T = T_C : \frac{1}{\chi^+} = 0, \quad \frac{1}{\chi^-} = \frac{2\beta^2}{\delta}$$

$$T = T_2 : \frac{1}{\chi^+} = \frac{3}{16}\frac{\beta^2}{\delta}, \quad \frac{1}{\chi^-} = \frac{3}{4}\frac{\beta^2}{\delta}$$

$$T = T_1 : \frac{1}{\chi^+} = \frac{1}{4}\frac{\beta^2}{\delta}, \quad \frac{1}{\chi^-} = 0 \qquad (3.25)$$

感受率および逆感受率の温度依存性を図 3.8 に示す.高温側から温度を下げてくる

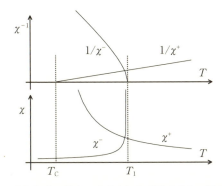

図3.8 1次相転移の場合の感受率および逆感受率の温度依存性.

と χ^+ は T_C に向かって増大するが,発散する前に P_s が発生しその増大を妨げて低温側のブランチに移行する.温度上昇時には χ^- は T_1 に向かって増大するが,発散する前に高温ブランチに移行する.

3.7 3重臨界点

(3.17)式で与えられる熱力学関数で β が負のときは1次相転移となった.一方 β が正のときには $T > T_C$ では $P_s = 0$, $T \leq T_C$ で P_s が連続的に発生し2次相転移となる.高次の項が入ったために前節で議論した結果が,強誘電相転移温度以下で修正されるが本質的には変わらない.それでは $\beta = 0$ のときにはどのようなことになるか.P_s および χ の温度依存性は(3.17)式から簡単に計算でき次式で与えられる.

$$P_s^4 = \frac{\alpha_0}{\delta}(T_C - T)$$

$$T > T_C, \quad \frac{1}{\varepsilon_0 \chi} = \alpha_0(T - T_C),$$

$$T \leq T_C, \quad \frac{1}{\varepsilon_0 \chi} = 4\alpha_0(T - T_C) \tag{3.26}$$

相転移は連続して起こるが,P_s の発達は T_C 以下で急激に成長し,また逆感受率の温度依存性も強誘電相では常誘電相の傾きの4倍となる.したがってより1次転移に近い挙動を示す.すなわち $\beta = 0$ のとき,相転移は2次と1次の中間の様相を示す.この温度は **3重臨界点** (tri-critical point)と呼ばれている.3重臨界点は物質の相図を

温度だけでなく電場，組成，圧力などの多元パラメータ空間で記述したときによく見られる現象である．この温度近傍で大きな物性を示すことも知られている[5]．

3.8 チタン酸バリウムの逐次相転移の現象論

代表的な強誘電体である $BaTiO_3$ の逐次相転移を説明するデヴォンシャー(Devonshire)の現象論を以下に紹介する[6]．

第2章，図2.6に示すように自発分極 P_s の向きは立方軸を用いて

立方晶：$P_s=0 \to$ 正方晶：$P_s /\!/ [001] \to$ 直方晶：$P_s /\!/ [110] \to$ 三方晶：$P_s /\!/ [111]$

と変化するので，秩序変数(分極) P はスカラーではなく3つの成分 (P_1, P_2, P_3) をもつベクトルとなる．そこでこの $P_i(i=1\sim3)$ を用いて自由エネルギーを展開する．

立方晶系 $m\bar{3}m$ から正方晶 $4mm$ への相転移は，表3.3 に示すように $m\bar{3}m$ の10個の既約表現のうち3次元表現 T_{1u} が関与する．この基底は (x,y,z) であり，これは極性ベクトル成分 (P_1, P_2, P_3) に対応する．チタン酸バリウムの逐次相転移は，立方晶で3重に縮退したモード $(P_1=P_2=P_3)$ が，次々に縮退がほどけていく過程として見ることができる．

自由エネルギー F は，静電気エネルギー F_s，弾性エネルギー F_e，結合エネルギー F_c からなるので

$$F = F_s + F_e + F_c \tag{3.27}$$

それぞれは，$P_i(i=1\sim3)$ と歪みテンソル成分 $x_j(j=1\sim6)$ を用いて

表3.3 点群 O_h-$m\bar{3}m$ の既約表現の指標[7]．

O_h	I	$8C_3$	$6C_2$	$6C_4$	$3C_4^2 \equiv 3C_2''$	$S_2 \equiv i$	$6S_4$	$8S_6$	$3\sigma_h$	$6\sigma_d$	基底
A_{1g}	+1	+1	+1	+1	+1	+1	+1	+1	+1	+1	
A_{1u}	+1	+1	+1	+1	+1	−1	−1	−1	−1	−1	
A_{2g}	+1	+1	−1	−1	+1	+1	−1	+1	+1	−1	
A_{2u}	+1	+1	−1	−1	+1	−1	+1	−1	−1	+1	
E_g	+2	−1	0	0	+2	+2	0	−1	+2	0	
E_u	+2	−1	0	0	+2	−2	0	+1	−2	0	
T_{1g}	+3	0	−1	+1	−1	+3	+1	0	−1	−1	R_x, R_y, R_z
T_{1u}	+3	0	−1	+1	−1	−3	−1	0	+1	+1	x, y, z
T_{2g}	+3	0	+1	−1	−1	+3	−1	0	−1	+1	
T_{2u}	+3	0	+1	−1	−1	−3	+1	0	+1	−1	

3.8 チタン酸バリウムの逐次相転移の現象論

$$F_s = \frac{1}{2}\alpha(P_1^2 + P_2^2 + P_3^2) + \frac{1}{4}\beta_1^*(P_1^4 + P_2^4 + P_3^4) + \frac{1}{4}\beta_2^*(P_1^2 P_2^2 + P_2^2 P_3^2 + P_3^2 P_1^2)$$
$$+ \frac{1}{6}\delta(P_1^6 + P_2^6 + P_3^6)$$
$$F_e = \frac{1}{2}c_{11}^P(x_1^2 + x_2^2 + x_3^2) + c_{12}^P(x_1 x_2 + x_2 x_3 + x_3 x_1) + \frac{1}{2}c_{44}^P(x_4^2 + x_5^2 + x_6^2)$$
$$F_c = q_{11}(x_1 P_1^2 + x_2 P_2^2 + x_3 P_3^2) + q_{12}\{x_1(P_2^2 + P_3^2) + x_2(P_3^2 + P_1^2) + x_3(P_1^2 + P_2^2)\}$$
$$+ q_{44}(x_4 P_2 P_3 + x_5 P_3 P_1 + x_6 P_1 P_2) \tag{3.28}$$

今, 外部応力 X を 0 とすると, 歪みに関する極値条件

$$X_j = 0 = \frac{\partial F}{\partial x_j} \tag{3.29}$$

より次式を得る.

$$c_{11}^P x_1 + c_{12}^P(x_2 + x_3) + q_{11} P_1^2 + q_{12}(P_2^2 + P_3^2) = 0$$
$$c_{11}^P x_2 + c_{12}^P(x_3 + x_1) + q_{11} P_2^2 + q_{12}(P_3^2 + P_1^2) = 0$$
$$c_{11}^P x_3 + c_{12}^P(x_1 + x_2) + q_{11} P_3^2 + q_{12}(P_1^2 + P_2^2) = 0$$
$$c_{44}^P x_4 + q_{44} P_2 P_3 = 0$$
$$c_{44}^P x_5 + q_{44} P_3 P_1 = 0$$
$$c_{44}^P x_6 + q_{44} P_1 P_2 = 0 \tag{3.30}$$

この式を各 x_j について解くと

$$x_1 = Q_{11} P_1^2 + Q_{12}(P_2^2 + P_3^2)$$
$$x_2 = Q_{11} P_2^2 + Q_{12}(P_3^2 + P_1^2)$$
$$x_3 = Q_{33} P_3^2 + Q_{12}(P_1^2 + P_2^2)$$
$$x_4 = Q_{44} P_2 P_3$$
$$x_5 = Q_{44} P_3 P_1$$
$$x_6 = Q_{44} P_1 P_2 \tag{3.31}$$

ここで

$$Q_{11} = \frac{-q_{11}(c_{11}^P + c_{11}^P) + 2q_{12} c_{12}^P}{(c_{11}^P - c_{12}^P)(c_{11}^P + 2c_{12}^P)}$$

$$Q_{12} = \frac{q_{11} c_{12}^P - q_{12} c_{11}^P}{(c_{11}^P - c_{12}^P)(c_{11}^P + 2c_{12}^P)}$$

52　第3章　強誘電体の現象論

$$Q_{44} = -\frac{q_{44}}{c_{44}^P} \tag{3.32}$$

(3.31)式を F_e および F_c に代入すると，自由エネルギー F は分極 P のみで書き下すことができる．

$$F = \frac{1}{2}\alpha(P_1^2 + P_2^2 + P_3^2) + \frac{1}{4}\beta_1(P_1^4 + P_2^4 + P_3^4) + \frac{1}{4}\beta_2(P_1^2 P_2^2 + P_2^2 P_3^2 + P_3^2 P_1^2)$$
$$+ \frac{1}{6}\delta(P_1^6 + P_2^6 + P_3^6) \tag{3.33}$$

ここで係数 β_1, β_2 は，束縛状態 $(P=0)$ の弾性率 c_{ij} や電歪定数 $q_{ij}(i, j = 1 \sim 6)$ を用いて次式で表される．

$$\beta_1 = \beta_1^* + 2\frac{-q_{11}(c_{11}^P + c_{12}^P) + 4q_{11}q_{12}c_{12}^P - 2q_{12}^2 c_{11}^P}{(c_{11}^P - c_{12}^P)(c_{11}^P + 2c_{12}^P)}$$
$$\beta_2 = \beta_2^* + 2\frac{q_{11}^2 c_{12}^P - 2q_{11}q_{12}c_{11}^P + q_{12}^2(-c_{11}^P + 2c_{12}^P)}{(c_{11}^P - c_{12}^P)(c_{11}^P + 2c_{12}^P)} - \frac{q_{44}^2}{c_{44}^P} \tag{3.34}$$

自由エネルギーの分極 P に関する極値条件

$$\frac{\partial F}{\partial P_i} = 0 \quad (i = 1, 2, 3) \tag{3.35}$$

より次式を得る．

$$\alpha P_1 + \beta_1 P_1^3 + \beta_2 P_1 (P_2^2 + P_3^2) + \delta P_1^5 = 0$$
$$\alpha P_2 + \beta_1 P_2^3 + \beta_2 P_2 (P_3^2 + P_1^2) + \delta P_2^5 = 0$$
$$\alpha P_3 + \beta_1 P_3^3 + \beta_2 P_3 (P_1^2 + P_2^2) + \delta P_3^5 = 0 \tag{3.36}$$

したがって

$$P_1 = 0, \quad \alpha + \beta_1 P_1^2 + \beta_2 (P_2^2 + P_3^2) + \delta P_1^4 = 0$$
$$P_2 = 0, \quad \alpha + \beta_1 P_2^2 + \beta_2 (P_3^2 + P_1^2) + \delta P_2^4 = 0$$
$$P_3 = 0, \quad \alpha + \beta_1 P_3^2 + \beta_2 (P_1^2 + P_2^2) + \delta P_3^4 = 0 \tag{3.37}$$

この解の組み合わせの中で $BaTiO_3$ の逐次相転移を説明するものは次の4つである．

$$P_1 = P_2 = P_3 = 0$$
$$P_1 = P_2 = 0, \quad \alpha + \beta_1 P_3^2 + \delta P_3^4 = 0$$
$$P_1 = 0, \quad P_2 = P_3, \quad \alpha + (\beta_1 + \beta_2) P_3^2 + \delta P_3^4 = 0$$
$$P_1 = P_2 = P_3, \quad \alpha + (\beta_1 + 2\beta_2) P_3^2 + \delta P_3^4 = 0 \tag{3.38}$$

3.8 チタン酸バリウムの逐次相転移の現象論　53

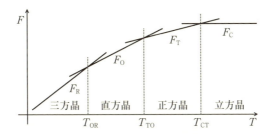

図 3.9 BaTiO₃ の自由エネルギーの温度依存性．(3.39)式で P_3 の温度変化まで考えると複雑だが，P_3 が温度によらず一定とすると，$F(T)$ はいずれも T の1次式になる．そして F_C, F_T, F_O, F_R それぞれの直線の傾きを考えると，F_T との比で $0, 1, 2, 3$ と順に大きくなる．P_3 の温度依存性を考えた場合は，演習問題 3.5 を参照．

これはそれぞれ上から立方晶，正方晶，直方晶，三方晶に対応する．
このときそれぞれの自由エネルギー F_C, F_T, F_O, F_R は次式で与えられる．

$$F_C = 0$$
$$F_T = \frac{1}{2}\alpha P_3^2 + \frac{1}{4}\beta_1 P_3^4 + \frac{1}{6}\delta P_3^6$$
$$F_O = \alpha P_3^2 + \frac{1}{2}(\beta_1 + \beta_2)P_3^4 + \frac{1}{3}\delta P_3^6$$
$$F_R = \frac{3}{2}\alpha P_3^2 + \frac{3}{4}(\beta_1 + 2\beta_2)P_3^4 + \frac{1}{2}\delta P \quad (3.39)$$

ここで P^2 の係数 α が

$$\alpha = \alpha_0(T - T_C)$$

で表される温度依存性をもつと仮定し係数の大きさを適当に選べば，**図 3.9** に示すように BaTiO₃ の逐次相転移を説明する．すなわちこれら4つの F の中で，もっとも小さな値をもつ相が安定となるため，$T \geqq T_{CT}$ では立方晶，$T_{CT} \geqq T \geqq T_{TO}$, では正方晶，$T_{TO} \geqq T \geqq T_{OR}$ では直方晶，$T_{OR} \geqq T$ では三方晶となる．ここで正方晶 $\rightleftarrows$ 直方晶 $\rightleftarrows$ 三方晶の逐次相転移は，たまたま F が交差した温度で発生するので，1次相転移となる．このことは直方晶 $mm2$，三方晶 $3m$ の点群がその直上の相の点群の部分群にはなっていないことからも明らかである．ただし正方晶 $4mm$ を含めた3つの相はいずれも立方晶 $m\bar{3}m$ の部分群であることに注意せよ（演習問題 3.5）．

(3.39)式はいずれも (3.17)式の形になっているので，誘電率，自発分極，比熱など

は3.6節で導いた結果と本質的に変わらない．いずれも相転移温度で熱履歴を伴う異常を示し，図2.7，図2.9で示した温度依存性を定性的に説明する．格子歪み $x_i (i=1\sim6)$ については(3.31)および(3.38)式より

正方晶では

$$x_1 = x_2 = Q_{12}P_3^2, \quad x_3 = Q_{11}P_3^2, \quad x_4 = x_5 = x_6 = 0 \qquad (3.40)$$

直方晶では

$$x_1 = 2Q_{12}P_3^2, \quad x_2 = x_3 = (Q_{11}+Q_{12})P_3^2, \quad x_4 = Q_{44}P_3^2, \quad x_5 = x_6 = 0 \qquad (3.41)$$

三方晶では

$$x_1 = x_2 = x_3 = (Q_{11}+2Q_{12})P_3^2, \quad x_4 = x_5 = x_6 = Q_{44}P_3^2 \qquad (3.42)$$

となる．いずれも格子歪みは自発分極の2乗に比例する．このような歪みを電歪と呼ぶ．なお(3.41)式を見ると，直方晶相ではすべり歪み x_4 が生じるが，直方晶の単位胞の2つの軸を立方相の対角軸にとれば3軸の長さの異なる直交単位胞となる．

実験的に決定したランダウ理論の係数は主要なペロブスカイト酸化物(BTO, STO, PZT, PTO, LN, LT, SBT, SBN)について文献[8]にまとめて示されている．

文　献

[1] ランダウ，リフシッツ著，小林秋男他訳，統計物理学 下，第14章，岩波書店(1980)．
[2] 三井利夫他，強誘電体，p.151，槙書店(1976)．
[3] 徳永正晴，誘電体，新物理学シリーズ25，p.189，培風館(1991)．
[4] B. A. Strukov, S. A. Taraskin, V. A. Fedorikhin, and K. A. Minaeva, J. Phys. Soc. Japan **49** Suppl. 7(1980).
[5] Z. Kutnjak, J. Petzelt, and R. Blinc, Nature **441**, 956(2006).
[6] A. F. Devonshire, Philos. Mag. **40**, 1040(1949), ibid. **42**, 1065(1951).
[7] 犬井鉄郎，田辺行人，小野寺嘉孝，応用群論，p.393，裳華房(1976)．
[8] K. Rabe, Ch. H. Ahn, and J.-M. Triscone (Ed.), *Physics of Ferroelectrics, Modern Perspective*, Springer (2007). Long-Qing Chen, Appendix A-Landau Free-Energy Coefficients.

演習問題

問題 3.1
（1） 2次相転移の場合比熱が(3.16)式で与えられることを導け．
（2） 3重臨界点近傍の比熱の温度依存性を求めよ．

問題 3.2
表 3.1 および表 3.2 を参照して，点群 $2/m$ から m への強誘電相転移を引き起こす既約表現および秩序変数を見つけよ．

問題 3.3
1 次相転移における特性温度 T_1, T_2 が(3.21)式で与えられることを示せ．

問題 3.4
$NaNO_2$ について(6.10)式からキュリー定数 C の値を見積もってみよ．$P_s = 6\ \mu C/cm^2$，格子定数 $a = 5.4$ Å，$b = 5.6$ Å，$c = 3.6$ Å，$n = 2$（図 2.17 に示した $NaNO_2$ の結晶構造より）を用いよ．

問題 3.5
(3.38)式を用いて正方晶，直方晶，および三方晶における P_s の温度依存性を求めよ．またこの結果を用いて各相の自由エネルギーの温度依存性を求め，BTO の逐次相転移を再現させよ．

I. 均一系としての強誘電体とその関連物質

第4章

特異な構造相転移を示す誘電体

　この章では主に秩序変数が分極以外の構造相転移を示す誘電体を取り扱う．格子歪みを秩序変数とする強弾性体，構造相転移がブリユアン帯境界あるいは内部の点で発生する間接型強誘電体，整合-不整合相転移，反強誘電体を主にランダウ現象論を用いて説明する．

4.1 強弾性体

　いろいろな種類の鉱物，結晶，合金，最近では高温超伝導体においてもツイン構造と呼ばれている分域構造が見られ，その中にはわずかな応力で構造が変化するものがあることは昔から知られていた．この分域構造の大きさは普通の光学顕微鏡でも観察できる巨視的な大きさをもっている．また応力に対して歪みが履歴特性を示すものがあり，これは強誘電体や強磁性体が示す D-E 履歴や M-H 履歴と類似していることから，このような特性を示す物質群は**強弾性体**(ferroelastics)と呼ばれている．典型的な強弾性体の歪み (x)-応力 (X) 履歴曲線を図4.1に示す．

　大きな応力を加えると，その応力に共役な歪みは飽和する．この状態(自発歪み)から逆向きに応力を加えると，臨界応力で歪みは反転し始め，抗応力で正負分域の体積は同じになって巨視的な歪みは0となる．さらに X を増していくと逆向きの歪みだ

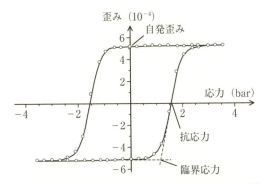

図4.1　強弾性体 $Pb_3(P_{0.8}V_{0.2}O_4)_2$ の強弾性履歴曲線[1]．

けの状態となる．自発歪みは温度を上げていくと小さくなり，ある温度 T_C で 0 となる．T_C を強弾性転移温度，自発歪みが有限の相を強弾性相，発生しない相を常弾性相と呼ぶ[*1]．

現象論では自由エネルギー F を極性 2 階テンソルである歪み x_{ij} ($i, j = 1 \sim 3$) で展開すればよい．この手続きは強誘電体の場合と同じである．このような強弾性体を真性強弾性体と呼ぶ．秩序変数が歪みではなく，強弾性は他の秩序変数と歪みとの結合によって生じる例もある．以下にまず真性強弾性体，次に秩序変数が分極の場合（圧電性強誘電体）の場合を説明する．

（1） 真性強弾性体

自由エネルギーは次のように書くことができる．

$$F = \frac{1}{2}cx^2 + \frac{1}{4}\beta x^4 + \frac{1}{6}\delta x^6 \tag{4.1}$$

弾性率 c が

$$c = \alpha_0(T - T_C) \tag{4.2}$$

のような温度変化をすれば，前章の強誘電体のランダウ理論と同じように強弾性相における x-X 履歴曲線，自発歪みの温度依存性，弾性定数の温度依存性などが導かれる．電気感受率は T_C で変化を示さない[*2]．

x と分極 P との双 1 次結合があれば強誘電体になる．電気感受率，弾性定数の温度依存性は（2）で述べる圧電性強誘電体と同じ手続きで求められる．

[*1] 自発歪みは発生しても，本質的に応力によって反転できない構造をもつ物質群が存在する．代表例はカルサイト（$CaCO_3$）である．カルサイトは $T_C = 1250$ K で構造相転移を起こし自発歪みが発生する．CO_3 基は T_C 上では c 軸の周りの 2 つの等価な回転角度をもつ．一方，自発歪みは T_C 以下で CO_3 基が交互に反対方向に回転する構造をもつために生じる．したがって自発歪みを反転させる応力は存在しない．このような構造相転移を**共弾性**(co-elastic)あるいは**超塑性**(hyperplastic)と呼んで強弾性と区別する[1]．

[*2] 弾性率 c_{ijkl} は単位歪み当たりの応力，一方，弾性コンプライアンス s_{ijkl} は単位応力当たりの歪みで次式で定義される．

$$X_{ij} = \sum_{k=1}^{3}\sum_{l=1}^{3} c_{ijkl} x_{kl}, \quad x_{ij} = \sum_{k=1}^{3}\sum_{l=1}^{3} s_{ijkl} X_{kl}$$

c_{ijkl} と s_{ijkl} は 4 階テンソル成分なので単純な逆数の関係にはない．

(2) 圧電性強誘電体

秩序変数が分極である圧電性強誘電体を考える．典型的な例は KH_2PO_4 (KDP) である．相転移を引き起こす秩序変数は分極 P であるが，F には静電エネルギーの他に弾性エネルギーと P と x の双 1 次形の結合エネルギーが付加される．

$$F = \frac{1}{2}\alpha_0(T-T_C)P^2 + \frac{1}{4}\beta P^4 + \frac{1}{2}c^P x^2 + aPx \quad (4.3)$$

ここで c^P は束縛状態(分極一定)の弾性率であり，a は圧電定数である．x に関する極値条件より

$$\frac{\partial F}{\partial x} = 0 = c^P x + aP,$$
$$x = -(a/c^P)P \quad (4.4)$$

これを(4.3)式に代入すると

$$F = \frac{1}{2}\alpha_0(T-T_0)P^2 + \frac{1}{4}\beta P^4 \quad (4.5)$$

ここで，

$$T_0 = T_C + \frac{a^2}{\alpha_0 c^P} \quad (4.6)$$

したがって束縛電気感受率 χ^x と自由電気感受率 χ^X はそれぞれ次式で与えられる．

$$(\chi^x)^{-1} = \frac{1}{2}\alpha_0(T-T_C),$$
$$(\chi^X)^{-1} = \frac{1}{2}\alpha_0(T-T_0) \quad (4.7)$$

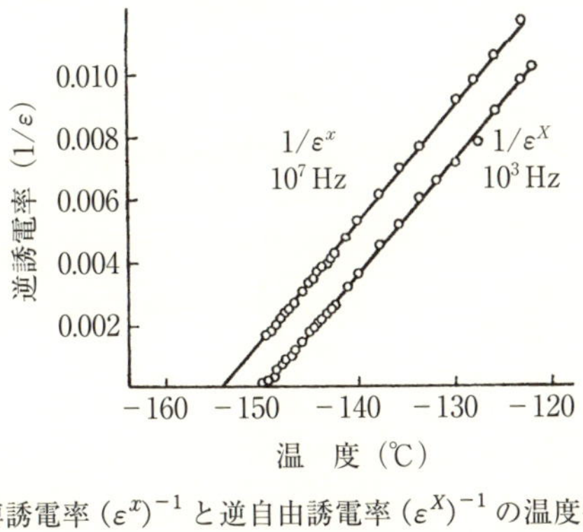

図 4.2 KDP の逆束縛誘電率 $(\varepsilon^x)^{-1}$ と逆自由誘電率 $(\varepsilon^X)^{-1}$ の温度依存性．KDP の場合には 10 MHz の周波数で歪みの動きは束縛される[2, 3]．

60　第4章　特異な構造相転移を示す誘電体

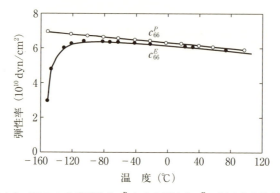

図 4.3　KDP の束縛弾性率 c_{66}^P と自由弾性率 c_{66}^E の温度依存性[4].

係数 α_0 と弾性率 c^P は正の値をとるので T_0 は T_C より高く，χ^X (低周波で得られる感受率) は χ^x よりも常に高い温度に向かって発散する (**図 4.2**).
(4.3)式を x で展開することもできる．このとき

$$F = \frac{1}{2}\alpha_0\left(\frac{c^P}{a}\right)^2(T-T_0)x^2 + \frac{1}{4}\beta\left(\frac{c^P}{a}\right)^4 x^4 \tag{4.8}$$

したがって自由状態 (電場一定) での弾性率 c^E は次式で与えられる．

$$c^E = \alpha_0\left(\frac{c^P}{a}\right)^2(T-T_0) \tag{4.9}$$

すなわち自由状態の弾性率 c^E は逆自由電気感受率 $(\chi^E)^{-1}$ と同じく T_0 に向かって 0 に近づく．しかし束縛状態の弾性率 c^P は温度依存性を示さない (**図 4.3**).
　圧電結合がある場合の強弾性体 (秩序変数は歪み) と圧電強誘電体 (秩序変数は分極) を実験的に区別するためには，束縛状態の電気感受率や圧電定数を正確に測定しなければならない[*3].

4.2　間接型強誘電体

　今まで述べた強誘電体は秩序変数が分極，あるいは巨視的な分極を担うフォノン

---

*3 秩序変数が歪みである圧電強弾性体の例として $LiNH_4C_4H_4O_6 \cdot H_2O$ (LAT) があげられる[5].

4.2 間接型強誘電体

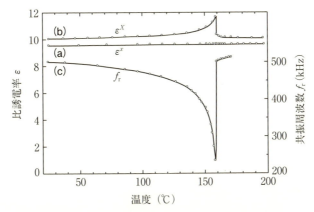

図 4.4 GMO の強誘電軸 c 方向の束縛誘電率 ε^x(a), 自由誘電率 ε^X(b), ピエゾ共振周波数 f_r(弾性率 c_{66} と同じ挙動を示す)(c)の温度依存性[8].

モード, すなわち無限大の波長をもつ光学フォノンの振幅であった. 無限大の波長をもつモードは逆格子空間ではブリユアン帯原点($k=0$ の点, すなわち Γ 点)の波である. 一方, 秩序変数が Γ 点ではなく, ブリユアン帯境界で凍結するモードの振幅であって, 強誘電性はこのモードと分極との結合により生じるような強誘電体が存在する. このような強誘電体は特異な誘電的性質を示すことが知られ, **間接型強誘電体** (improper ferroelectrics) と呼ばれている. 代表的な例はボラサイト ($M_3B_7O_{13}X$, $M=Cr, Fe, Co, Ni$ などの 2 価の金属, $X=Cl, Br, I$ などのハロゲン)*4 とモリブデン酸ガドリニウム ($Gd_2(MoO_4)_3$, GMO) である. ここでは GMO を中心に説明する.

GMO は $T_C = 159$ ℃ で正方晶(空間群 $P\bar{4}2_1m$)から直方晶(空間群 $Pba2$)へと 1 次相転移する[6,7]. T_C 以下で通常の強誘電体と同じく D-E 履歴曲線を示すが, 自発分極の値は約 0.3 μC/cm^2 と BaTiO$_3$ の 10 分の 1 以下で, 実部誘電率も約 10 と非常に小さい. さらに, 誘電率は高温相でキュリー-ワイス則に従わず, 圧電性強誘電体とは異なり束縛誘電率は温度変化をしない. これらの物性を図 4.4 および図 4.5 に示す.

---

*4 ボラサイトは強誘電性と強磁性が共存するマルチフェロイック物質としても知られている.

62   第4章 特異な構造相転移を示す誘電体

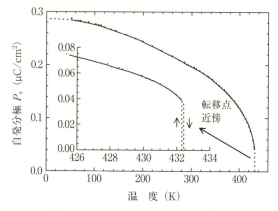

図 4.5　GMO の P_s の温度依存性[9].

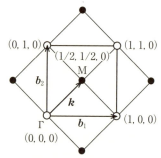

図 4.6　GMO の常誘電相および強誘電相の逆格子の関係．●は強誘電相で現れる超格子反射，○は常誘電相基本格子のブラッグ反射を示している．

構造変化にも特徴がある．点群の変化 ($\bar{4}2m \rightleftarrows mm2$) は圧電性強誘電体 KDP と同じであるが，X 線回折や中性子散乱から単位胞の体積が 2 倍になることが見出された．この点が KDP とは異なり，相転移によって並進周期性が変化する．図 4.6 に高温相(常誘電相)と低温相(強誘電相)の逆格子が示されている．これを見るとわかるように，低温相では(001)面内の面心に新しく超格子点が発生する．この点は正方晶の格子定数を a とすると，ブリユアン帯境界の M 点 ($\boldsymbol{b}_1 = \pi/a, \boldsymbol{b}_2 = \pi/a, 0$) であり，次式で与えられる波数をもつフォノンが相転移を引き起こす．

4.2 間接型強誘電体

$$k = (b_1 + b_2)/2 \tag{4.10}$$

中性子非弾性散乱実験が $Tb_2(MoO_4)_3$ (TMO) 単結晶を使用して行われ，確かに M 点のフォノンが T_C に向かってソフトになる (振動数が 0 に近づく) ことが観察された[10]．*5．

このような並進周期性の変化を伴う構造相転移を記述するには，点群ではなく空間群の既約表現を考えなければならない．高温相の $k = (b_1 + b_2)/2$ に属する既約表現のうちの 2 次元表現 T_1 が GMO の相転移を引き起こすことがわかる．

2 重縮退した T_1 表現モードの振幅 q_1, q_2 を用いて自由エネルギーは次式のように書くことができる[11]．

$$F = \frac{1}{2}\alpha(T)(q_1^2 + q_2^2) + \frac{1}{4}\beta_1(q_1^4 + q_2^4) + \frac{1}{2}\beta_2 q_1^2 q_2^2 + \beta_3 q_1 q_2(q_1^2 - q_2^2)$$
$$+ \frac{1}{6}\xi(q_1^2 + q_2^2)^3 + \frac{1}{2}\chi^{-1}P_3^2 + \gamma_1 P_3 q_1 q_2 + \gamma_2 P_3(q_1^2 - q_2^2) + F_e + F_{ec} \tag{4.11}$$

ここで F_e および F_{ec} はそれぞれ弾性エネルギー，および秩序変数，分極と歪みとの結合エネルギーを表す．

$$F_e = \frac{1}{2}c_{11}(x_1^2 + x_2^2) + \frac{1}{2}c_{33}x_3^2 + \frac{1}{2}c_{66}x_6^2 + c_{12}x_1 x_2 + c_{13}(x_1 + x_2)x_3$$
$$F_{ec} = a_{36}P_3 x_6 + \delta_1 x_3(q_1^2 + q_2^2) + \delta_2(x_1 + x_2)(q_1^2 + q_2^2) + \delta_3 x_6 q_1 q_2 + \delta_4 x_6(q_1^2 - q_2^2)$$
$$\tag{4.12}$$

(4.11)式を用いて q_1, q_2 および P_3 に関する自由エネルギー F の極値条件を求める．

$$\frac{\partial F}{\partial x_i} = \frac{\partial F}{\partial P_3} = 0, \quad (i = 1 \sim 6) \tag{4.13}$$

これらの式から分極と歪みを秩序変数 q_1, q_2 で表すことができ，これを(4.11)式に代入すると自由エネルギーを秩序変数だけで表すことができる．この式で現れる係数は弾性的に束縛されていない自由な状態の係数である．

$$F = \frac{1}{2}\alpha(T)(q_1^2 + q_2^2) + \frac{1}{4}\beta_1'(q_1^4 + q_2^4) + \frac{1}{2}\beta_2' q_1^2 q_2^2 + \beta_3' q_1 q_2(q_1^2 - q_2^2)$$
$$+ \frac{1}{6}\xi(q_1^2 + q_2^2)^3 \tag{4.14}$$

---

*5 同形体の TMO が使用された理由は，GMO 結晶中の Gd 原子の中性子吸収断面積が非常に大きいので中性子非弾性散乱実験には適していないからである．

この関数の極値条件および平衡条件から秩序変数 q_1, q_2 の温度依存性が求まり，分極と歪みの式に代入して自発分極や自発歪み，誘電率，弾性率の温度依存性などが求まる．これらの式は適当に係数を選べば図 4.4，4.5 に示した実測値を説明する[12]．

4.3 不整合-整合相転移

強誘電体の中には常誘電相から強誘電相に相転移するときに特異な超格子構造を示す中間相をもつものがある．この相の周期は常誘電相(このような相転移系列を議論するときにはノーマル(N)相と呼ばれることが多い)の周期とは異なり，しかも有理数では表せない数をかけたものとなっている．このような相を不整合相(IC 相，incommensurate phase)と呼んでいる．さらに温度が下がると，この周期は長くなり，ミクロなドメイン状態であるディスコメンシュレート相(DC, discommensuration)を経由して周期が常誘電相と同じか，その整数倍になっている整合(C, commensurate)強誘電相へ転移(ロックイン転移，lock-in transition)する．図 4.7 では簡単のために x 軸方向に変調構造をもつ 1 次元構造を考えている．(a)は周期 a をもつ N 相の基本格子，(b)は周期が a とは整合しない IC 相，(c)は IC 相の DC 状態，(d)は格子の周期が N 相の 3 倍となっている C 相を表している．図 4.8(a)には強誘電体 K_2SeO_4 の中性子散乱実験から得られた波数 $k = (1-\delta)a^*/3$ をもつ衛星反射の温度依存性を，また図 4.8(b)には δ の温度依存性を示す．IC 相($T_i = 93\,\text{K} < T < T_C = 130\,\text{K}$)において波数 $k = (1-\delta)a^*/3$ をもつ Σ モードが温度下降とともに $\delta \to 0$ となり，ノーマル相の 3 倍周期をもつ整合相にロックイン転移する様子がわかる．

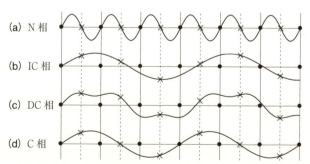

図 4.7 N 相→IC 相→DC 相→C 相の構造の特色．●は基本格子，×は IC 周期を示す原子を表している．結晶は基本周期が 3 倍の C 相にロックイン転移する．

4.3 不整合-整合相転移　65

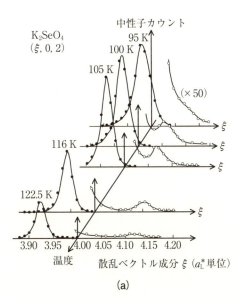

(a)

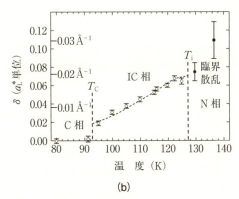

(b)

図 4.8　(a) K_2SeO_4 の中性子散乱の衛星反射プロファイルの温度依存性. ●が1次の衛星反射 $k=(1-\delta)a^*/3$ で, ○は2次の衛星反射 $k=(1-2\delta)a^*/3$ を示す. (b) (a) から求めた δ の温度依存性[13].

IC 相の特色をまとめると
（1） 平均対称性は N 相と同じである．したがって巨視的な自発分極は発生しない．
（2） 変調波の波数 k は N 相-IC 相転移温度（T_i）において，$k=0$ から有限な値へと不連続に変化する．この k は IC 相内では連続的に変化して，C 相の値（ブリユアン帯原点か境界）に近づく．
（3） C 相に近づくと高調波が発生し，その結果，局所的な分域状態（ディスコメンシュレーション）が形成される．
（4） N 相から IC 相への相転移における物性の変化は非常に小さいが，IC 相特有の現象が観測されることもある．IC 相に転移することを結論するには回折実験がもっとも強力な実験手段となる．

格子振動の立場からいえば，結晶格子内の N 個の原子の相互作用から $3N$ 次元の動力学的行列を解くことにより，格子振動のエネルギー（振動数）の波数に関する分散関係が得られる．最低エネルギーをもつフォノンに着目すると，そのエネルギーの最小値は必ずしもブリユアン帯原点（Γ 点）や境界にはなくともよい．このモードが k 軸と接する点が対称性をもたない一般点 k にある場合が IC 相に対応する．このときこの位置は対称性をもたないので温度や圧力などの外場で変化し，最後には対称性をもつ（N 相の整数倍の周期性をもつ）ブリユアン帯境界で凍結して C 相となる．

いろいろなタイプの IC 相が存在するが [14]，以下では C 相の体積が N 相の 2 倍となる場合すなわちブリユアン帯境界に関与する相転移を考える [15]．このとき秩序変数は IC 相の波数 $\pm k_0$ をもつ格子波の基準座標 $q(k_0)$ および $q(-k_0)$ になる．ここで並進対称性を考えると $q(-k_0)$ は $q(k_0)$ の複素共役 $q^*(k_0)$ となっていることがわかる．自由エネルギーの中で可能な項は並進対称性を満たしていなければならない．これより 2 次の項は qq^* となる．さらに IC 相では次の項が導入される．いずれも $x \to -x$ にしたときに $q \rightleftarrows q^*$ と変換されるので不変項となっている．

$$\frac{1}{2}\delta \frac{\partial q}{\partial x}\frac{\partial q^*}{\partial x}, \quad \frac{1}{2}i\gamma\left(q\frac{\partial q^*}{\partial x} - q^*\frac{\partial q}{\partial x}\right) \qquad (4.15)$$

ここで $\delta>0$, $\gamma>0$ である．第 1 項は不均一相のエネルギーであり，係数 δ が正のために IC 相の出現をエネルギー的に不利にする．第 2 項はリフシッツ（Lifshitz）不変項と呼ばれ IC 相を引き起こす重要な項である．

自由エネルギー F から IC 相の特徴を引き出すのは，q を極座標表示したほうがわかりやすい．そこで

$$q = \rho e^{i\varphi} \qquad (4.16)$$

とおく．このときエネルギー密度関数 $f(x)$ は次式となる．

$$f(x) = \frac{1}{2}\alpha\rho^2(x) + \frac{1}{2}\beta\rho^4(x) + \frac{1}{2}\delta\left(\frac{\partial\rho(x)}{\partial x}\right)^2 + \frac{1}{2}\delta\rho^2(x)\left(\frac{\partial\varphi(x)}{\partial x}\right)^2 - \gamma\rho^2(x)\frac{\partial\varphi(x)}{\partial x} \quad (4.17)$$

最後の項がリフシッツ項である．ここで

$$\left(\frac{\partial q}{\partial x}\right)\left(\frac{\partial q^*}{\partial x}\right) = \left(\frac{\partial\rho}{\partial x}\right)^2 + \rho^2\left(\frac{\partial\varphi}{\partial x}\right)^2, \quad i\left(q^*\frac{\partial q}{\partial x} - q\frac{\partial q^*}{\partial x}\right) = -2\rho^2\frac{\partial\varphi}{\partial x} \quad (4.18)$$

を用いた．自由エネルギーは (4.17) 式から

$$F = \frac{1}{L}\int_{-L/2}^{L/2} f(x)\,dx$$

で与えられる．ここで L は変調周期を表す．座標 x に依存するのは位相 φ だけと仮定しよう．この F を最小にするような φ を求めればよい．すなわち，

$$\delta F = 0 \quad (4.19)$$

変分法を用いれば次のようなオイラー方程式が導かれる．

$$\frac{\partial}{\partial x}\left(\frac{\partial f}{\partial(\partial\varphi/\partial x)}\right) - \frac{\partial f}{\partial\varphi} = 0 \quad (4.20)$$

これより

$$\frac{\partial^2\varphi}{\partial x^2} = 0 \quad (4.21)$$

したがって

$$\varphi = \kappa x + \varphi_0 \quad (4.22)$$

を得る．ここで κ は変調波数，φ_0 は定数である．これは変調構造を正弦波で記述できることを示している．(4.22) 式を (4.17) 式に代入し，φ に関する安定条件を求めると次式を得る．

$$\kappa = \gamma/\delta \quad (4.23)$$

これが N 相-IC 相転移温度 (T_i) における変調波数を与える．(4.23) 式を求めるのに (4.17) 式で φ に依存する項のみを考えた．このことは C 相がブリユアン境界のどの点で凍結するかには関係しない．別の言葉でいえば C 相の超格子構造の周期には依存しない．以下では C 相が 3 倍超格子をとる K_2SeO_4 の場合を考えよう．この場合には

第4章 特異な構造相転移を示す誘電体

$$\frac{\sigma_1}{6}(qq^*)^3$$

は既約表現の全対称表現の基底となり得るので，自由エネルギー密度にはこの項が入る．さらに6次の項

$$\frac{\sigma_2}{12}(q^6+q^{*6})$$

まで考慮すると極座標表示の自由エネルギー密度関数は次式となる．

$$f = \frac{1}{2}\alpha\rho^2 + \frac{1}{2}\beta\rho^4 + \frac{1}{6}(\sigma_1 + \sigma_2 \cos 6\varphi)\rho^6$$
$$+ \frac{1}{2}\delta\left(\frac{\partial\rho}{\partial x}\right)^2 + \frac{1}{2}\delta\rho^2\left(\frac{\partial\varphi}{\partial x}\right)^2 - \gamma\rho^2\frac{\partial\varphi}{\partial x} \tag{4.24}$$

(4.21)式を導いたときと同様，オイラー方程式より次式が得られる．

$$\delta\left(\frac{\partial^2\varphi}{\partial x^2}\right)^2 = -\sigma_2\rho^4 \sin 6\varphi \tag{4.25}$$

これより $\sigma_2 = 0$ のときは(4.25)式は(4.21)式と同じになり，(4.23)式で与えられる波数をもつ1つの正弦波が変調構造を決める．しかし σ_2 が0でないときは，この非線形方程式(サイン-ゴードン方程式)の解が変調構造を与える．この解は様々な高調波の足し合わせになっていて，局所的に q の値が一定な分域を形成する．これが図4.7に示したDC構造であり，IC相がC相に近づくと発現する．すなわち(4.24)式で表される自由エネルギー密度はN相—IC相—DC状態—C相の特異な構造変化の

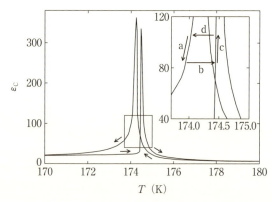

図 4.9 $(NH_4)_2BeF_4$ の IC 相 $\rightleftarrows$ N 相付近の誘電率の温度依存性[16]．

特徴を説明するのである．

この相転移に伴う物性の変化は (4.17) 式あるいは (4.24) 式に秩序変数 q, 分極 P_i, 歪み x_{ij} の結合項を入れオイラー–ラグランジュ方程式を解けば得られる[14]．

N 相から IC 相への相転移の際に特異な現象が発現することがある．$(NH_4)_2BeF_4$ の誘電率は図 4.9 に示すように IC 相から C 相へと相転移するとき (この結晶では C 相の並進周期は N 相と同じである) 温度履歴を伴う[16]．この現象は相転移が 1 次であることを考えれば当然である．しかし温度を下降させ誘電率のピーク温度の下で温度を止め (挿入図中の矢印 a)，次に上昇させると誘電率は下降曲線には乗らず，温度軸にほぼ平行に上昇曲線に移行する (b)．再びピーク温度の手前で温度を止め (c)，温度を下げ始めるとまた平行移動して元の下降曲線に移動する (d)．この理由については IC 相内での分域壁の不可逆な動きと関係しているとの指摘がある[15]．

4.4 反強誘電体

磁性体には，単位胞の中に向きの異なるスピンが同数存在し，全体として磁気モーメントが打ち消されてしまう物質が存在する．これらの磁性体を反強磁性体と呼ぶ．代表例は酸化クロム (Cr_2O_3) である．スピンを電気双極子モーメントに置き換えた構造をもつ誘電体が存在し，反強誘電体と呼ばれている．今までに約 100 個の反強誘電体が見つかっている．代表例はジルコン酸鉛 (PZO, $PbZrO_3$) であり，その反強誘電性は日本において 1951 年に発見された[17]．*6．

PZO の基本結晶構造は BTO と同じペロブスカイト構造である．230℃で誘電率の鋭いピークを示す (図 4.10) が，室温では D-E 履歴を示さず，したがって P_s は発生しない．

室温の結晶構造は直方晶であり，その c 軸は立方晶軸と一致するが，a, b 軸は立方晶軸から 45° 傾く．直方晶の格子定数は

$$a = 5.88 \text{ Å}, \quad b = 2a, \quad c = 8.20 \text{ Å}$$

であり，立方晶に比較して c 軸が約 2 倍，a 軸は $\sqrt{2}$ 倍，b 軸は $2\sqrt{2}$ 倍となっている．b 軸は a 軸のちょうど 2 倍となっているので擬正方晶と見なすこともできる．しかし X 線構造解析から，Pb イオンは立方晶の $\langle 110 \rangle$ 方向 (直方晶軸に平行) に反平行

---

*6 PZO と PTO との混晶系 $Pb(ZrTi)O_3$ は PZT と呼ばれている．大きな圧電効果をもつために超音波プローブやアクチュエーターなどとして基幹産業で広く用いられている応用上重要な材料である．

70   第4章　特異な構造相転移を示す誘電体

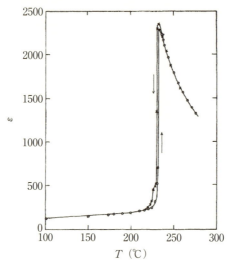

図 4.10　PZO の誘電率の温度依存性[17]．誘電率ピークの下の狭い温度領域で観察される誘電異常は，強誘電相の発現によるものと考えられる．

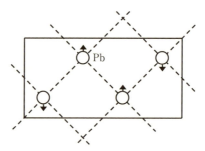

図 4.11　PZO の常誘電相(点線)と反強誘電相(実線)の結晶格子の比較[18,19]．矢印は Pb 原子の変位を示す．

に変位しているので結晶格子は直方晶の対称性をもつ(図 4.11)．

　PZO は 2 つの非極性相の間の相転移であるが，相転移温度で強誘電体と同じく，誘電率の大きな増大が見られる．この現象をどのように説明するかが長い間，懸案の事項であった．最近は次のように考えられている．すなわち，反強誘電性を引き起こ

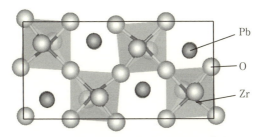

図4.12 PZOの反強誘電相の結晶構造[19].

すには，ほぼ同じ温度で不安定になる少なくとも2つのモードが存在することが必要である．1つは誘電率の発散を起こすΓ点のソフトモード，もう1つはΓモードとは独立な構造変化を引き起こすモードである．Γモードはキュリー温度T_0に向かって格子振動の振動数が減少し不安定になる．これに伴い誘電率は増大する．しかしΓモードと他の秩序変数の相互作用の結果，ΓモードはT_0の上の温度T_Aでソフト化が阻害され，T_A以下で振動数は増大し誘電率は減少し始める．これは次のような現象論で記述できる[20]．

$$F(P,\eta) = \frac{1}{2}A(T-T_C)P^2 + \frac{1}{2}\delta P^2\eta^2 + \frac{1}{2}B(T-T_1)\eta^2 \tag{4.26}$$

ここでPは分極，ηはもう1つのモードの秩序変数である．PZOの場合はより複雑で，Γ点のソフトモードに他に，ブリユアン帯の異なる2つの点(Σ点とR点)に属する秩序変数の存在が構造変化を説明するために必要である．Γモードは酸素八面体とPbイオンの相対的なシフトで結晶全体に極性をもたらすが，ΣモードはPbイオンの反強誘電的なシフト(図4.11)，一方Rモードは図4.12に示されているような酸素八面体の回転モードである．これらの3つのモードの結合が，実際のPZOの複雑な相転移を引き起こす．実際にPZOは高温の立方相からまず強誘電相になりすぐに反強誘電体になることが報告されている．

文献

[1] E. K. H. Salje, *Phase transitions in ferroelastic and co-elastic crystals*, Cambridge University Press (1990).

[2] H. Baumgartner, Helv. Phys. Acta **24**, 326 (1951).

第4章 特異な構造相転移を示す誘電体

[3]　三井利夫，達崎達，中村英二，強誘電体，槇書店(1969)．
[4]　W. P. Mason, Phys. Rev. **69**, 173(1946).
[5]　S. Sawada, M. Udagawa, and T. Nakamura, Phys. Rev. Lett. **39**, 829(1979).
[6]　H. J. Borchardi, and P. E. Bierstedt, J. Appl. Phys. **38**, 2057(1967).
[7]　W. Jeitschko, Acta Cryst. **B28**, 60(1972).
[8]　L. E. Cross, A. Fouskova, and S. E. Cummins, Phys. Rev. Lett. **21**, 812(1968).
[9]　E. Sawaguchi, and L. E. Cross, J. Appl. Phys. **44**, 2541(1973).
[10]　J. D. Axe, B. Dorner, and G. Shirane, Phys. Rev. Lett. **26**, 519(1971).
[11]　V. Dvorak, phys. stat. sol. (b)**45**, 147(1971).
[12]　V. Dvorak, phys. stat. sol. (b)**46**, 763(1971).
[13]　M. Iizumi, J. D. Axe, G. Shirane, and K. Shimaoka, Phys. Rev. **B15**, 4392(1977).
[14]　中村輝太郎編，強誘電体と構造相転移，第6章，裳華房(1988)．
[15]　B. A. Strukov, and A. P. Levanyuk, *Ferroelectric Phenomena in Crystals*, Chap. 11, Springer(1998).
[16]　B. A. Strukov, V. M. Artyunova, and Y. Uesu, Fiz. Tverd. Tela **24**, 3061(1982).
[17]　E. Sawaguchi, G. Shirane, and Y. Takagi, J. Phys. Soc. Japan **6**, 333(1951).
[18]　G. Shirane, E. Sawaguchi, and Y. Takagi, Phys. Rev. **84**, 476(1951).
[19]　H. Fujishita, and S. Hoshino, J. Phys. Soc. Japan **53**, 226(1984).
[20]　X-K. Wei, A. K. Tagantsev, A. Kvasov, K. Roleder, C-L, Jia, and N. Setter, Nature Commun. **5**, 303(2013).

I. 均一系としての強誘電体とその関連物質

第5章

強誘電相転移とソフトフォノンモード

　この章では強誘電性の発現機構の1つであるソフトフォノンモード(ソフトモード)について述べる。この機構は、最低エネルギーをもつ光学分枝の振動数が高温相のブリユアン帯の特殊な点で温度とともに減少し、ついには0となって凍結し、低温相に転移するというものである。結晶を構成する分子のダイナミクス、格子振動が重要な物理である。ブリユアン帯のΓ点 ($k=0$) で凍結するソフトモードをもつ $BaTiO_3$ を中心に説明し、さらにソフトモードが零点振動によって凍結を阻止される、量子常誘電体についても触れる。

5.1　ソフトモードの概念

　どのようにして結晶が強誘電性をもつようになるかについて、その起因を大きく分類すると2つのカテゴリーがある。カテゴリー(1)は**変位型**(displacive type)、(2)は**秩序・無秩序型**(order-disorder type)と呼ばれている。このうち、(2)のもっとも典型的な例は $NaNO_2$ であり、双極子モーメントをもつ NO_2 基がキュリー温度 T_C 以上では上向き、下向きが等確率で存在し、平均の自発分極は0である。しかし T_C 以下ではいずれかの向きが次第に優勢となり、十分低温では同一の向きとなり巨視的な自発分極が発現する。このような秩序・無秩序型相転移は、磁性体のワイス理論に相当し、統計力学的モデル(第6章)で記述される。あるいは各サイトにダイポールが上向きの場合に $+1$、下向きの場合には -1 を対応させたイジング(Ising)スピンモデルで記述できる。

　一方(1)の変位型では、横波光学的格子振動モード(正と負の電荷をもつイオンが異なる振幅をもち、格子波の伝播する方向に垂直に振動するモード)が関与する。このモード(TOフォノン)のうち最低エネルギーをもつモードの振動数が T_C に近づくにつれ減少し、ついに0となって格子は不安定となり別の相へと転移する。TOフォノンでは正負イオンの重心が相対的に変位して対称性が低下し、自発分極を発生させる。これをソフトモードと呼ぶ。このように強誘電相転移に格子振動が本質的な役割を果たすことを最初に指摘したのは、コクラン(W. Cochran)とアンダーソン(P. W. Anderson)であった[1,2]。この後、中性子非弾性散乱により、ソフトモードがいくつかの強誘電体で実際に観測された(第10章参照)*1。

5.2 ソフトモードと誘電率―LSTの関係式―

ここではソフトモードがいかに強誘電相転移をもたらすかを，図5.1に示すような簡単な1次元モデルで考えてみよう．

まず2原子分子の一般的な横波格子振動を考えよう．この格子振動の波長が∞であることは後で考慮する．ここでUは電荷 $+Ze$，質量 m のイオン，Vは電荷 $-Ze$，質量 M のイオンとし，横波格子振動を考えよう．U, V原子の変位 (y 方向) をそれぞれ U_i, V_j で表すと，運動方程式は次式で表される．α はバネ定数ですべてのボンドで同じであり，振幅はイオン間距離に比較してはるかに小さいと仮定している．

$$m\frac{d^2U_n}{dt^2} = \alpha(V_{n+1} + V_n - 2U_n) + Ze(E + \gamma P),$$

$$M\frac{d^2V_n}{dt^2} = \alpha(U_n + U_{n-1} - 2V_n) - Ze(E + \gamma P) \tag{5.1}$$

各イオンに働く局所電場 γP を考えた(第1章，1.3節を参照)．ここで全イオンの変位は一様である，すなわち格子振動の波の波長は無限大，波数 k は 0(ブリユアン帯原点の Γ 点)であるとする．このとき $U_n = U$，$V_n = V$ とおけるので

$$m\frac{d^2U}{dt^2} = 2\alpha(V - U) + Ze(E + \gamma P),$$

$$M\frac{d^2V}{dt^2} = 2\alpha(U - V) - Ze(E + \gamma P) \tag{5.2}$$

上式の解を $U = U_0 \exp(i\omega t)$，$V = V_0 \exp(i\omega t)$ とおくと

$$-\omega^2 mU = 2\alpha(V - U) + Ze(E + \gamma P),$$

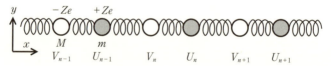

図5.1 2原子分子の格子振動モデル(原子は y 方向に振動)．

---

*1 実際の結晶においては変位型か秩序・無秩序型かを明白に区別できる強誘電体は少ない．あくまで強誘電相転移のプロトタイプと考えたほうがよい．

5.2 ソフトモードと誘電率—LST の関係式—

$$-\omega^2 MV = 2\alpha(U-V) - Ze(E+\gamma P) \tag{5.3}$$

ここで換算質量 $\mu = mM/(m+M)$, イオンの相対シフト $W = U-V$ を用いると, (5.3)式から次式が導かれる.

$$-\omega^2 \mu W = -2\alpha W + Ze(E+\gamma P) \tag{5.4}$$

電気分極を P, 局所電場がない場合の固有振動数を ω_0, 単位体積当たりの双極子の数を N とすると

$$P = N(Ze)W, \quad \frac{2\alpha}{\mu} = \omega_0^2 \tag{5.5}$$

これらの関係式を(5.4)式に代入すると次式を得る.

$$P\left\{-\omega^2 + \omega_0^2 - \frac{N(Ze)^2}{\mu}\gamma\right\} = \frac{N(Ze)^2}{\mu}E \tag{5.6}$$

今

$$\omega_T^2 = \omega_0^2 - \frac{N(Ze)^2}{\mu}\gamma \tag{5.7}$$

とおくと, (5.6)式より誘電率と格子振動の振動数の関係を与える次式が得られる.

$$\varepsilon(\omega) - 1 = \frac{N(Ze)^2}{\varepsilon_0 \mu} \frac{1}{(\omega_T^2 - \omega^2)} \tag{5.8}$$

$$\varepsilon(0) = 1 + \frac{N(Ze)^2}{\varepsilon_0 \mu \omega_T^2} \tag{5.9}$$

ここで $\varepsilon(\infty) \sim 1$ とおくと

$$\varepsilon(\omega) = \varepsilon(\infty) + \frac{\omega_T^2\{\varepsilon(0) - \varepsilon(\infty)\}}{\omega_T^2 - \omega^2} \tag{5.10}$$

この誘電率のフォノン角振動数に対する分散関係を図示すると**図 5.2** のようになる. (5.10)式は共鳴型の誘電分散式と同一(第1章, (1.23)式)である.

絶縁体結晶中を伝播する格子波を考える. 真電荷は0であるから div $\boldsymbol{D} = 0$. したがって一様な(誘電率が場所に依存しない)結晶中では

$$\text{div } \boldsymbol{D} = \varepsilon_0 \varepsilon(\omega) \text{div } \boldsymbol{E} \tag{5.11}$$

格子波が横波の場合には, $(\boldsymbol{k} \cdot \boldsymbol{E}) = 0$ より div $\boldsymbol{E} = 0$. しかし, 縦波の場合には div $\boldsymbol{E} \neq 0$ であるので, (5.11)式を満たすためには $\varepsilon(\omega) = 0$ でなければならない. こ

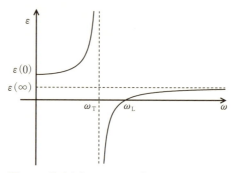

図 5.2 誘電率とフォノンの角振動数との関係.

れより (5.10)式で $\varepsilon(\omega) = 0$ となる角振動数は光学縦波フォノンの角振動数 ω_L に対応するので

$$0 = \varepsilon(\infty) + \frac{\omega_T^2 \{\varepsilon(0) - \varepsilon(\infty)\}}{\omega_T^2 - \omega_L^2} \tag{5.12}$$

これより,

$$\frac{\omega_T^2}{\omega_L^2} = \frac{\varepsilon(\infty)}{\varepsilon(0)} \tag{5.13}$$

この式は **LST**(Lyddane-Sachs-Teller)**の関係式**と呼ばれている[3]. これはソフトモードの振動数 ω_T と低周波誘電率の関係を示したもので, ω_T が 0 に近づくと低周波誘電率 $\varepsilon(0)$ は発散する. すなわち強誘電相転移が引き起こされることを示している.

TO フォノンはどのようなときにソフトになるのだろうか. (5.7)式から, ω_T は, 原子変位をもとに戻そうとする弾性短距離力(第1項)と, さらにイオンを変位させようとする静電長距離力(第2項)の拮抗により生じている. 転移温度に近づくと長距離力が大きくなり, その結果 ω_T は 0 に近づく. これがソフトモードの起因である. ここで $\omega_T^2 = \alpha(T - T_0)$ とおこう. このとき(5.9)式, (5.10)式より, 低周波の場合 $\omega \ll \omega_T$ なので次式を得る.

$$\varepsilon(\omega) \approx \varepsilon(\infty) + \frac{N(Ze)^2}{\varepsilon_0 \mu} \frac{1}{\omega_T^2} = \varepsilon(\infty) + \frac{N(Ze)^2}{\varepsilon_0 \mu} \frac{1}{\alpha(T - T_0)} \tag{5.14}$$

これはキュリー-ワイス則を表している.

フォノンは単位胞が N 個の原子からなるとき $3N$ 個の分枝をもつ．このうち 3 個が音響フォノンであり，残りの $(3N-3)$ 個は光学フォノンである．この中である特定の TO フォノンの振動数が他のものに比較して著しく低いものが存在する．このように励起エネルギーの低い状態が存在することは，基底状態が不安定で相転移しやすいことを意味している．

5.3 BaTiO$_3$ におけるフォノンの挙動

第 3 章，3.8 節で述べたように，BaTiO$_3$ の場合は高温相で 3 重に縮退した $T_{1u}(\Gamma_{15})$ モード ($\boldsymbol{k}=(0,0,0)$) が関与している．BaTiO$_3$ の逐次相転移はこの 3 重に縮退したモードが次々とほどけていく過程である．

BaTiO$_3$ の各フォノンに関係した原子変位は，群論の射影演算子法を用いて求めることができる．これによると T_{1u} モードはスレーター (Slater) モード (a)，ラスト (Last) モード (b)，および酸素八面体変形モード (変形モード) (c) の 3 つの基準振動モードの重ね合わせとなっている．図 5.3 はこの 3 つのモードについて，ある瞬間の原子変位のスナップショットを示している．スレーターモードとラストモードでは酸素八面体は変形せずに，Ti あるいは Ba に対して $-c$ 軸方向に変位している．一方変形モードは酸素八面体が変形するモードである．

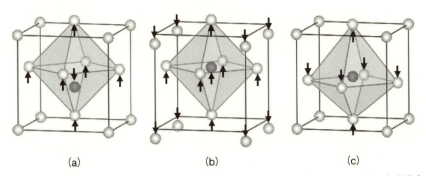

図 5.3 BaTiO$_3$ の基準振動モード．(a) スレーターモード，(b) ラストモード，(c) 酸素八面体変形モード．

5.4 スレーターのカタストロフィー理論

誘電体中で1分子が感じる局所場 E_{loc} は次式で与えられることを第1章で学んだ．

$$E_{\text{loc}} = E_0 + \gamma P \tag{5.15}$$

ここで E_0 は外部電場である．これより分極 P は単位体積当たりの双極子の数を N，分極率を α とすると

$$P = N\alpha(E_0 + \gamma P) \tag{5.16}$$

したがって

$$\varepsilon_0 \chi = P/E_0 = \frac{N\alpha}{1 - N\alpha\gamma} \tag{5.17}$$

転移温度に近づくと非調和性のために $N\alpha\gamma$ は大きくなり1に近づく．したがって誘電率は発散する．この考えは最初にスレーターが提案したので，スレーターのカタストロフィー理論と呼ばれている[4]．この考え方ではローレンツ因子 γ が本質的な役割を果たす．実際の結晶では γ は $(1/3\varepsilon_0)$ ではなくそれからずれる．この補正因子を L とすると

$$E = E_0 + \left(\frac{1}{3\varepsilon_0} + L\right)P \tag{5.18}$$

L の値は，単位胞内の原子の位置による．ローレンツ因子の強誘電相転移に及ぼす主要な効果を以下にまとめる[5]．
（1）γ が大きいイオンでは，$N\alpha$ の温度依存性が小さくても γ により大きく増幅され1に近づきやすい．例えばペロブスカイト結晶の B サイトにある Ti では，γ は理想的な立方対称の場合の $1/(3\varepsilon_0)$ より約8倍大きくなる[6]．
（2）分極率 α が $T \to T_C$ で大きくなる理由は，イオンの感じるポテンシャルの非調和性に由来する．非調和性が大きくなると，イオンは外場によって大きく変位するので分極率は大きくなる．

5.5 ブリユアン帯境界で凍結するモード

ソフトモードは Γ 点 ($k = (0,0,0)$) だけで起こるのではない．ここではブリユアン帯境界で凍結するモードをもつ場合について説明する．図 5.4 に示すように，ブリ

5.5 ブリユアン帯境界で凍結するモード

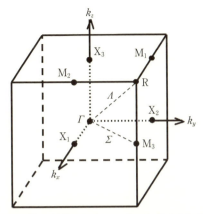

図 5.4 立方晶のブリユアン帯の記号．X 点，M 点，R 点はそれぞれ逆格子空間の $(1/2, 0, 0)$, $(1/2, 1/2, 0)$, $(1/2, 1/2, 1/2)$ を表す．

ユアン帯境界の対称性の高い点および方向に関しては記号が付けられている．

ブリユアン帯境界で凍結すると，その点が新しくブリユアン帯の中心となる．したがって格子の並進周期性はそちらの方向に 2 倍となる．例えば酸素八面体が c 軸方向に回転する場合を考えよう．ある八面体が c 軸の周りに回転するとき，a 軸方向や b 軸方向に並ぶ八面体は常に 1 個ずつ逆向きに回転するが，c 軸方向に並ぶ八面体は同じ向きにも逆向きにも回転できる．そのため，a 軸方向と b 軸方向の並進周期はいずれも 2 倍となる．c 軸方向の並進周期は，八面体が同じ向きに回転する場合は変わらないが，1 個ずつ逆向きに回転する場合は 2 倍となる．これはグレーザー表記を用いれば $a^0 a^0 c^+$ となる（第 2 章，2.3 節参照）．ブリユアン帯の境界点 $k = (1/2, 1/2, 0)$ で凍結する M_3 モードである．一方，c 軸の周りに酸素八面体が逆向きに回転する場合 $(a^0 a^0 c^-)$ には，c 軸方向の並進周期も 2 倍となるので，結局格子体積は基本格子の 4 倍となる．このモードはブリユアン帯境界 $k = (1/2, 1/2, 1/2)$ で凍結するモードで R_{25} モードと呼ばれている（図 5.5）*2．

---

*2 M_3 モードの場合，逆格子空間の M$(1/2, 1/2, 0)$ 点が新しい Γ 点となる．したがって新しい格子は立方相の格子を 45° 回転させたものとなる．このため逆空間格子の体積は 1/2, 実空間格子の体積は 2 倍となる．R_{25} モードではさらに立方相と同じ方位の c 軸が 2 倍になるので体積は立方相の 4 倍となる．

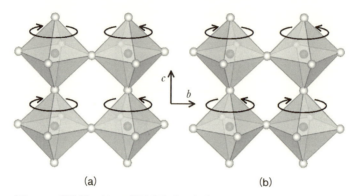

図 5.5 ブリユアン帯境界で起こる構造相転移. (a) M_3 モードの場合, (b) R_{25} モードの場合.

M_3 ソフトモードをもつ結晶として $NaNbO_3$[7] および $CsPbCl_3$[8] がある. M_3 モードはエネルギー的に R_{25} モードに近いので, さらに低温で R_{25} ソフトモードによる構造相転移が起こる. 結局これらの結晶の逐次相転移は次のようになる.

$$a^0a^0a^0(立方晶) \xrightarrow{M_3} a^0a^0c^+(正方晶) \xrightarrow{R_{25}} a^-b^0c^+(直方晶)$$

R_{25} モードの代表例は $SrTiO_3$ の 105 K で観測される構造相転移である[9].

$$a^0a^0a^0(立方晶) \xrightarrow{R_{25}} a^0a^0c^+(正方晶)$$

上のいずれの結晶も相転移によって強誘電性は示さない. しかし第 4 章, 4.2 節で取り上げたようにブリユアン帯境界で凍結するモードと電気分極 P とが結合すると, 強誘電体(間接型強誘電体)となる.

5.6 量子常誘電体

ある種の誘電体, 例えば $SrTiO_3$(STO), $KTaO_3$(KTO), $CaTiO_3$(CTO) などでは温度下降とともに誘電率がキュリー-ワイス則に従って大きくなる. 外挿すると STO では 35 K, KTO では 10 K が強誘電相転移温度となるはずである. しかし実際には STO では約 15 K 以下で誘電率は 20,000 という大きな値をもつが一定となり, それ以上増大しない(図 5.6). KTO や CTO の場合にも, 飽和誘電率の大きさは STO ほど大きくないが同様な現象が見られる.

この現象は低温で量子揺らぎ(零点振動)が TO フォノンのソフト化を阻止するた

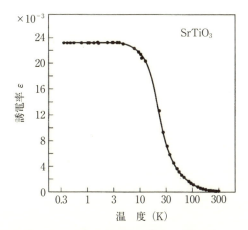

図5.6 量子常誘電体 STO の誘電率の温度依存性．横軸は対数にとってある[10]．

めであると説明される．これによって強誘電相転移は起こらず極低温まで常誘電体である．このような一群の結晶を "**量子常誘電体**(quantum paraelectrics)" と呼ぶ．

この現象は次のように記述される[11]．結晶のポテンシャルエネルギー U をフォノンの基準座標 Q で4次まで展開する．

$$U = \frac{1}{2}\mu\sum_i \omega_{0i}^2 Q_i^2 + \sum_{ij} S_{ij} Q_i^2 Q_j^2 \tag{5.19}$$

フォノンモードが独立な位相をもって振動しているとすると，i サイトと j サイトの相互作用を表している第2項は

$$\sum_{ij} S_{ij} Q_i^2 Q_j^2 = \sum_i Q_i^2 (S_{i1} Q_1^2 + S_{i2} Q_2^2 + \cdots) = N \sum_i S_i Q_i^2 \langle Q_j^2 \rangle \tag{5.20}$$

となる．したがって

$$U = \frac{1}{2}\mu \sum_i \omega_{0i}^2 Q_i^2 + N \sum_i S_i Q_i^2 \langle Q_j^2 \rangle$$

$$= \frac{1}{2}\mu \sum_i \left\{ \omega_{0i}^2 + \frac{2NS_i}{\mu} \langle Q_j^2 \rangle \right\} Q_i^2 \tag{5.21}$$

これより相互作用を取り入れたフォノンの有効振動数 ω_j は

第5章 強誘電相転移とソフトフォノンモード

$$\langle \omega_j^2 \rangle = \omega_{0i}^2 + \frac{2NS_i}{\mu} \langle Q_j^2 \rangle \tag{5.22}$$

で与えられる．ここで

$$\omega_j \langle Q_j^2 \rangle \propto \hbar [1 + 2n(\omega_j, T)] \tag{5.23}$$

フォノンモードの占有数 $n(\omega_j, T)$ は次式で与えられる．

$$n(\omega_j, T) = \frac{1}{\exp(\hbar\omega_j/kT) - 1} \tag{5.24}$$

(5.23)式と(5.24)式から次式を得る．

$$\langle Q_j^2 \rangle \propto \frac{\hbar}{\omega_j} \coth\left(\frac{\hbar\omega_j}{2kT}\right) \tag{5.25}$$

これを(5.22)式に代入すると

$$\langle \omega_j^2 \rangle = \omega_{0i}^2 + \frac{2NS_i}{\mu} \frac{\hbar}{\omega_j} \coth\left(\frac{\hbar\omega_j}{2kT}\right)$$

$$= \omega_{0i}^2 + \frac{2NS_i}{\mu} \frac{\hbar^2}{kT_1} \coth\left(\frac{T_1}{2T}\right) \tag{5.26}$$

ここで

$$T_1 = \frac{\hbar\omega_j}{k} \tag{5.27}$$

とおいた．相転移を引き起こす TO フォノンに着目すると，その"裸の(bare)振動数" ω_{0i} はある温度 T_0 で不安定になるようなモードなので，ω_{0i}^2 の符号はマイナス（あるいは ω_{0i} は虚数）である．ここで十分高温の場合と低温の場合を考えよう．

（1） 高温近似$(T \gg T_1)$

$$x = T_1/2T$$

とおいて

$$\coth(x) \approx \frac{1}{x} \quad (x \ll 1)$$

を用いると次式を得る．

$$\langle \omega_j^2 \rangle \approx \frac{4NS_i}{\mu} \frac{\hbar^2}{kT_1^2}(T - T_C) \tag{5.28}$$

ここで

5.6 量子常誘電体

$$\omega_{0i}^2 = -AT_C$$
$$A = \frac{4NS_i}{\mu}\frac{\hbar^2}{kT_1^2} \tag{5.29}$$

とおいた．したがって(5.28)式より TO フォノンの振動数はキュリー温度 T_C に向かって 0 になる．これは誘電率に直すとキュリー-ワイス則になる．

（2） 低温近似

$T \to 0$ で $x \to \infty$，したがって $\coth(x) \to 1$ となるので(5.26)式は

$$\langle \omega_j^2 \rangle \to \omega_{0i}^2 + \frac{T_1}{2}A \tag{5.30}$$

すなわち一定の値に近づくので，誘電率は発散せず飽和するのである（図 5.7）．

誘電率は LST の関係式(5.13)式を用いて次式で与えられる．

$$\varepsilon = \frac{C}{(1/2)T_1\coth(T_1/2T) - T_C} \tag{5.31}$$

この式をバレット(Barrett)の式という．この誘電率の温度依存性を T_1 をパラメータとして図 5.8 に示す．

量子常誘電体は構成原子を他の原子で置換したり，あるいは圧力，電場を印加すると強誘電体になりやすい．前者の例は，STO の酸素 O^{16} を同位体 O^{18} で置き換えた系 STO18 であり，これにより STO18 はソフトモードを伴って強誘電体とな

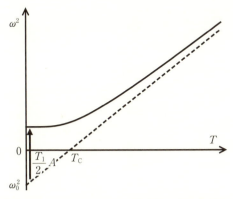

図 5.7 量子常誘電体におけるソフトフォノンの振動数の温度依存性．ここで ω_0^2 は量子効果がないときのソフトフォノンの角振動数の自乗で，本来ならば T_C で不安定になるために負の値をとる．モードを区別する i は省略した．

84　第5章　強誘電相転移とソフトフォノンモード

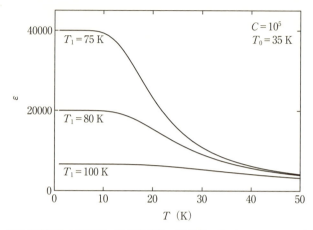

図 5.8　量子常誘電体の誘電率の温度依存性の計算値．T_1 をパラメータにして示す．

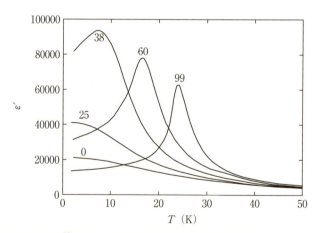

図 5.9　酸素同位体 O^{18} 置換した STO の誘電率の温度依存性．数値は O^{18} 置換率[14]．

る[12,13]．酸素同位体 O^{18} 置換した STO の誘電率の温度依存性を置換率をパラメータとして**図 5.9** に示す[14]．KTO の場合には K^+ サイトに Li^+ を置換していくと，まずリラクサー状態が実現され，次に強誘電体となる[15]．

文　献

[1] W. Cochran, Phys. Rev. Lett. **3**, 412(1959).
[2] P. W. Anderson, Izv. Acad. Nauk USSR **290**(1960).
[3] R. H. Lyddane, R. G. Sachs, and E. Teller, Phys. Rev. **59**, 673(1941).
[4] J. C. Slater, Phys. Rev. **78**, 748(1950).
[5] 中村輝太郎編著，強誘電体と構造相転移，p.33，裳華房(1988).
[6] 徳永正晴，誘電体，新物理学シリーズ25，p.189，培風館(1991).
[7] M. Ahtee, A. M. Glazer, and H. D. Megaw, Phil. Mag. **26**, 995(1972).
[8] Y. Fujii, S. Hoshino, Y. Yamada, and G. Shirane, Phys. Rev. **9**, 4549(1974).
[9] H. Unoki, and T. Sakudo, J. Phys. Soc. Japan **23**, 546(1967).
[10] K. A. Muller, and H. Burkard, Phys. Rev. **B19**, 3593(1979).
[11] J. H. Barrett, Phys. Rev. **86**, 118(1952).
[12] M. Itoh, R. Wang, Y. Inaguma, T. Yamaguchi, Y. J. Shan, and T. Nakamura, Phys. Rev. Lett. **82**, 3540(1999).
[13] M. Takesada, M. Itoh, and T. Yagi, Phys. Rev. Lett. **96**, 227602(2006).
[14] M. Itoh, T. Yagi, Y. Uesu, W. Kleemann, and R. Blinc, Science and Technology of Advanced Materials **5**, 417(2004).
[15] H. Yokota, T. Oyama, and Y. Uesu, Phys. Rev. **B72**, 144103(2005).

演習問題

問題 5.1
電磁波の横波条件は div $\boldsymbol{E}=0$ である(5.2節)ことを証明せよ．

I. 均一系としての強誘電体とその関連物質

第6章

強誘電体の統計物理

　強誘電体の統計物理は主に秩序・無秩序型相転移を記述するために用いられてきた．この過程では系の状態数，すなわち分配関数を求め，それからボルツマンの原理を使って自由エネルギーを求めるという手法をとる．ここではまず2状態モデルを考えて秩序・無秩序型強誘電体の誘電的な性質を求める．この理論は結局，磁性体のワイス(Weiss)の平均分子場理論に対応していることがわかるであろう．さらにイジング(Ising)スピンモデル，水素結合系強誘電体 KH_2PO_4 のスレーター(Slater)モデル，トンネリングモデルについても述べる．

6.1　秩序・無秩序相転移の2状態モデル

　今，正負2つの電気双極子をもつ2状態系を考えよう．電気双極子に働く局所場 E は，ローレンツ因子を γ として次式で与えられる（第1章，1.3節参照）．

$$E = E_0 + \gamma P \tag{6.1}$$

ここで外部電場を E_0 とした．また正の双極子と負の双極子の単位体積当たりの数をそれぞれ N_1, N_2 とすると，ボルツマン(Boltzmann)分布を用いて

$$\begin{aligned}\frac{N_1}{N} &= \frac{\exp(pE/kT)}{\exp(pE/kT)+\exp(-pE/kT)}, \\ \frac{N_2}{N} &= \frac{\exp(-pE/kT)}{\exp(pE/kT)+\exp(-pE/kT)}\end{aligned} \tag{6.2}$$

ここで全双極子の数を $N = N_1 + N_2$ とした[1]．
　分極 P は正と負の分極の差であるので

$$\begin{aligned}P &= p(N_1 - N_2) = pN\frac{\exp(pE/kT)-\exp(-pE/kT)}{\exp(pE/kT)+\exp(-pE/kT)} \\ &= pN\tanh\frac{p(E_0+\gamma P)}{kT}\end{aligned} \tag{6.3}$$

88　第6章　強誘電体の統計物理

（1）　自発分極の温度依存性

$E_0=0$ とおき，また $p\gamma P \ll kT$ の条件で tanh をテイラー（Taylor）展開すると

$$P = pN\left\{\left(\frac{p\gamma P}{kT}\right) - \frac{1}{3}\left(\frac{p\gamma P}{kT}\right)^3\right\}$$

$$1 = pN\left(\frac{p\gamma}{kT}\right)\left\{1 - \frac{1}{3}\left(\frac{p\gamma}{kT}\right)^2 P^2\right\} \tag{6.4}$$

これより

$$\frac{p^2 N\gamma}{kT} - 1 = \frac{1}{3}pN\left(\frac{p\gamma}{kT}\right)^3 P^2$$

となるので

$$T_\mathrm{C} = \frac{p^2 N\gamma}{k} \tag{6.5}$$

とおくと自発分極の温度依存性が求められる．すなわち

$$P^2 = P_\mathrm{s}^2 \approx 3\frac{Nk}{\gamma}(T_\mathrm{C} - T) \tag{6.6}$$

ただし $T^2/T_\mathrm{C}^2 \sim 1$ の近似を使っている．(6.6)式は2次相転移を記述する現象論と同じ結果を与える．

（2）　誘電率の温度依存性

(6.3)式から

$$\varepsilon_0 \chi = \frac{\partial P}{\partial E_0} = Np\,\mathrm{sec}\,h^2\left\{\frac{p}{kT}(E_0 + \gamma P)\right\}\frac{p}{kT}\left(1 + \gamma\frac{\partial P}{\partial E_0}\right) \tag{6.7}$$

これを $(\partial P/\partial E_0)$ について解くと

$$\frac{\partial P}{\partial E_0} = \frac{\dfrac{Np^2}{kT}\mathrm{sec}\,h^2\left\{\dfrac{p}{kT}(E_0 + \gamma P)\right\}}{1 - \dfrac{Np^2\gamma}{kT}\mathrm{sec}\,h^2\left\{\dfrac{p}{kT}(E_0 + \gamma P)\right\}} \tag{6.8}$$

$T \gg T_\mathrm{C}$ のとき，(6.8)式で $p(E_0 + \gamma P) \ll kT$ なので

$$x = \frac{p(E_0 + \gamma P)}{kT}$$

とおくと

$$\mathrm{sec}\,h(x) = 1 - \frac{1}{2}x^2 + \cdots \approx 1$$

より
$$\varepsilon_0 \chi = \frac{\partial P}{\partial E_0} = \frac{Np^2/kT}{1-(N\gamma p^2/kT)} = \frac{Np^2/k}{T-T_C} \approx \frac{\varepsilon_0 C}{T-T_C} \tag{6.9}$$

ここで
$$\begin{aligned} C &= Np^2/\varepsilon_0 k, \\ T_C &= Np^2\gamma/k = \varepsilon_0 \gamma C \end{aligned} \tag{6.10}$$

したがってキュリー-ワイス則が成立する．この結果は誘電率の温度変化もランダウ理論と同じ結果を与える．これはランダウ理論で自由エネルギーに出てくるPの2次の係数aの温度依存性を$(T-T_C)$に比例するとしたためである．この2状態モデルは次節に示すように磁性体に関するワイス平均場理論でもあるので，結局現象論で$a=a_0(T-T_C)$とすることは平均場理論と等価であることがわかる．

（3） 比熱の温度依存性

外部電場がない場合の内部(静電)エネルギーUは次式で与えられる．
$$U = -E_{\mathrm{loc}} P = -\gamma P^2 \tag{6.11}$$

これより熱容量C_Tは次式で与えられる．
$$C_T = \frac{dU}{dT} = -2\gamma P \frac{dP}{dT} \tag{6.12}$$

Pは(6.3)式および(6.10)式を用いて
$$P = pN \tanh\left(\frac{p\gamma P}{kT}\right) = pN \tanh\left(\frac{T_C}{T}\frac{P}{pN}\right) \tag{6.13}$$

となる．ここで$X \equiv P/Np$とおくと
$$X = \tanh\left(\frac{T_C}{T} X\right) \tag{6.14}$$

両辺をTで微分すると
$$\frac{dX}{dT} = \frac{1}{\cos^2(T_C X/T)} \left(-\frac{T_C}{T^2} X + \frac{T_C}{T}\frac{dX}{dT}\right) \tag{6.15}$$

これより
$$\frac{dX}{dT} = \frac{T_C X/T}{T_C - T\cos^2(T_C X/T)} \tag{6.16}$$

90 第6章 強誘電体の統計物理

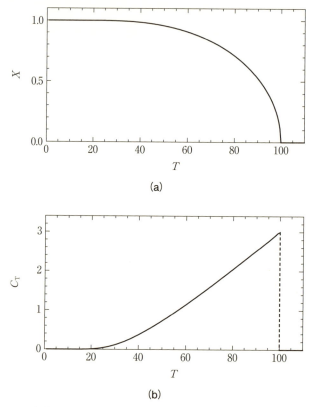

図6.1 X(a)およびC_T(b)の温度依存性の計算値.$T_C=100$として計算.

したがって

$$C_T = -2\gamma p^2 N^2 X \frac{dX}{dT} = -2\gamma p^2 N^2 \tanh\left(\frac{T_C}{T}X\right)\frac{T_C X/T}{T_C - T\cos^2(T_C X/T)} \quad (6.17)$$

これより以下のことがわかる.
(1) $T > T_C$ のとき $P = 0$,したがって $X = 0$ なので $C_T = 0$.
(2) $T \leq T_C$ のとき(6.6)式から $X^2 = \dfrac{3(T_C - T)}{T_C}$ を使って,$T \to T_C$ の極限では

$$C_T = \frac{3\gamma p^2 N^2}{T_C} = 3Nk \tag{6.18}$$

（3） $T < T_C$ のとき，C_T は(6.17)式に従って温度とともに減少し，T が 0 に近づくと C_T は 0 に近づく．X および C_T の温度依存性を**図 6.1**(a)および(b)に示す．この結果はランダウ現象論の結果(第 3 章，図 3.5(a))と定性的に一致する．

6.2 イジングモデル

ここでは秩序・無秩序型の相転移をイジングスピン σ で表すモデルで考えよう．このモデルでは上向き双極子を $\sigma = +1$，下向き双極子を $\sigma = -1$ で表す．異方性の大きな強磁性体を議論するために用いられた．平均分子場(平均場)を用いると結局は前節で得られた結果と同じとなるが，平均場がどのような近似を意味しているかを明確にする．このモデルを表すハミルトニアン(Hamiltonian) H は次式で与えられる．

$$H = -\frac{1}{2}\sum_{i,j} J_{ij}\sigma_i\sigma_j - Ep\sum_i \sigma_i \tag{6.19}$$

ここで J_{ij} は i サイト，j サイトにおかれたイジングスピンの相互作用(強誘電体の場合は双極子相互作用で符号は正をとる)，E は双極子が感じる場，p は電気双極子モーメントを表す．ここで σ は平均値 S の周りを揺らいでいるとする．平均場近似はこの揺らぎの相関を無視する近似である．すなわち

$$\frac{1}{2}\sum_{i,j} J_{ij}(\sigma_i - S)(\sigma_j - S) = 0 \tag{6.20}$$

スピン間に働く力は最近接相互作用のみ考え，これは全てのサイトで同じとすると (6.19)式は次式のようになる．

$$H = -\frac{1}{2}J\sum_i \sigma_i \sum_j \sigma_j - Ep\sum_i \sigma_i = \frac{1}{2}JNS^2 - (JS + Ep)\sum_i \sigma_i \tag{6.21}$$

通常の統計力学の手法で分配関数

$$Z = \sum_i \exp\left(-\frac{H(\sigma_i)}{kT}\right) \tag{6.22}$$

を求め，それから自由エネルギー F を求めると次式を得る[2]．

$$F = -kT \ln Z = \frac{1}{2}JNS^2 - NkT \ln\left(2\cosh\frac{JS + Ep}{kT}\right) \tag{6.23}$$

この極値条件 $\partial F/\partial S = 0$ より

$$S = \tanh\frac{JS + Ep}{kT} \tag{6.24}$$

この式は2状態モデルで得られた(6.3)式と同じである．したがって(6.24)式を解いて得られる自発分極，誘電率，比熱も2状態モデルと同じ温度依存性を示す．

6.3　KH_2PO_4(KDP)のスレーター理論

　スレーターは，KDPの強誘電相転移機構を水素結合のプロトンの位置に基づいて純粋に統計力学手法を用いて議論した．結果は実験結果とは定量的にかけ離れたものではあるが，結晶構造のみに立脚し余分な仮定を導入していないエレガントな理論であるために時代を風靡した．理論の詳細については文献[3,4]を参照していただきたい．ここでは理論計算の道筋と結果のみを示す．

　WestのX線構造解析[5]によって決定された結晶構造(図2.16)によると，PO_4四面体が水素結合によって隣接する四面体と結ばれて3次元的なネットワークを形成している．Kイオンは四面体の上下に$c/2$離れて存在する．水素結合はほぼa-b平面内にある．ベーコン(Bacon)とピーズ(Pease)はプロトンの位置に着目をして中性子回折実験を行った[6]．その結果，高温ではプロトンの重心は水素結合ボンドの中心にあるが，低温ではどちらかの酸素の近くに偏っていることがわかった．これからプロトンは高温では低温の2つの位置を無秩序に占有し，低温ではそのどちらかの状態となっていることがわかる．しかし高温のプロトンが2つの状態の間を動的に振動しているのか，あるいは静的に留まっているのかはこの実験からは決定できない．

　スレーターは次のような仮定のもとに計算を行った．
(1)　図6.2に示すように，1つのPO_4には2つのプロトンがついて，$(H_2PO_4)^-$を形成する．これは氷H_2Oの構造に類似しているのでアイス則と言われている．
(2)　1つの酸素イオンへのプロトンのつき方には6通りあるが，もっとも低いエネルギーをもつものは，c軸から見て下の2つ，あるいは上の2つの酸素につく配置である．これはc軸方向に自発分極を発生させるのに有利であるからである．この点が水の構造と異なる．水の場合には，プロトンの配置は全く不規則で，したがって極性をもたない．この仮定は双極子相互作用を内包しているともいえる．
(3)　$T > T_C$では，プロトンの位置は無秩序，一方強誘電相では上の2つ，あるいは下の2つの酸素の近くに存在する．

6.3 KH$_2$PO$_4$(KDP) のスレーター理論　93

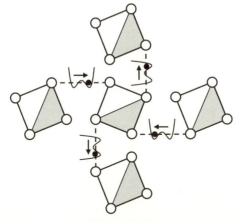

図 6.2 KDP の強誘電相における結晶構造の c 軸投影図. 酸素四面体とそれを結ぶ水素結合のみを模式的に示す. プロトンはアイス則に従って配置.

(4) K$^+$ は強誘電相転移には関係しないと仮定する.

スレーター理論の本質は, 自由エネルギー $F = U - TS$ を求めるのにプロトン位置に関する分配関数 Z をユニークな考え方で求め, この Z からエントロピー S をボルツマンの式 $S = k \ln(Z)$ を用いて求めることにある. U は静電エネルギーのみを考える. あとは自由エネルギーの最小条件を用いて, 強誘電相転移を特徴付ける物性を計算する. 具体的には

(ア) プロトンが PO$_4$ の上の 2 つ, または下の 2 つの酸素につくエネルギーに比較し, 上と下の酸素にそれぞれ 1 つつくエネルギーは $e_0(>0)$ だけ高い.

(イ) 自由エネルギー $F = U - TS$ を 3 つのパラメータ N_+, N_0, N_- で記述する. ここで N_+ は双極子が上向き (プロトンの位置が上の 2 つの酸素につく), N_- は双極子が下向き (プロトンの位置が下の 2 つの酸素につく), N_0 は双極子が横向き (プロトンの位置が上と下の酸素につく) の数である. したがってその和は一定で $N_+ + N_0 + N_- = N$. あるいは $n_+ = N_+/N$, $n_- = N_-/N$, $n_0 = N_0/N$ とすると,

$$n_+ + n_- + n_0 = 1 \tag{6.25}$$

(ウ) $Z(N_+, N_0, N_-)$ は次式で与えられると仮定する.

94　第6章　強誘電体の統計物理

$$Z(N_+, N_-, N_0) = a^{N_+} b^{N_0} c^{N_-} \tag{6.26}$$

ここで a, b, c は n_+, n_0, n_- の関数である．このように仮定すると，問題は関数 a, b, c を見つけることにある．これは酸素四面体の上に別の酸素四面体を載せて結晶を作っていくプロセスを考えることによって可能になる．

このようにして求めた Z からエントロピー S を計算する．一方，内部エネルギー U は次式のように書ける．

$$\begin{aligned} U &= e_0 N_0 - PE = e_0 N_0 - (N_+ - N_-)\mu E \\ &= N[n_0 e_0 - (n_+ - n_-)\mu E] = N(n_0 e_0 - x\mu E) \end{aligned} \tag{6.27}$$

ここで μ は上向きあるいは下向きの双極子モーメント，$x = n_+ - n_-$ であるので，x は 1 に規格化した自発分極である．

n_0 および x に関する平衡条件

$$\left(\frac{\partial F}{\partial n_0}\right)_{T,x} = 0, \quad \left(\frac{\partial F}{\partial x}\right)_{T,n_0} = 0$$

から次式を得る．

$$n_0 = \frac{4 - 2[x^2(4 - \exp(2e_0/kT) + \exp(2e_0/kT))]^{1/2}}{4 - \exp(2e_0/kT)} \tag{6.28}$$

これから自由エネルギー F を x, T, E で書くことができる．x で展開して最初の 2 次までの項を下に示す．

$$\frac{F(x,T)}{NkT} = -\ln\left[\frac{1}{2} + \exp(-e_0/kT)\right] - x\mu E/kT + x^2\left[\exp(-e_0/kT) - \frac{1}{2}\right] + \cdots \tag{6.29}$$

これより転移温度 T_C は

$$T_C = \frac{e_0}{k \ln 2} \tag{6.30}$$

で与えられる．

T_C 近傍の $F(x)$ を温度 T/T_C をパラメータとして図 6.3 に示す．これより x は $T > T_C$ のときは 0，$T = T_C$ ではどのような x もとり得る．また $T < T_C$ のときには $x = \pm 1$ が実現される．したがって，転移は 1 次となる．一方，感受率 χ は

$$P = Nx\mu \tag{6.31}$$

および (6.29) 式を用いて次式となる．

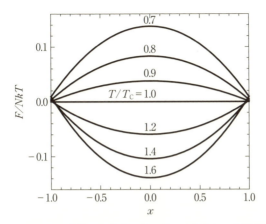

図6.3 スレーターモデルから計算した自由エネルギー $F(x)$ を x を関数とし，規格化した温度 (T/T_{C}) をパラメータとして示す．

$$\chi = \frac{\partial^2 F}{\partial P^2} = \frac{N\mu^2}{2kT[\exp(-e_0/kT) - (1/2)]}$$

$$= \frac{N\mu^2}{2kT[(1/2)^{T_{\mathrm{C}}/T} - (1/2)]} \approx \frac{N\mu^2}{k \ln 2(T - T_{\mathrm{C}})} \quad (6.32)$$

これよりキュリー-ワイス則が成立していることがわかる．

6.4 KDPの理論の発展—プロトントンネルモデル—

スレーターは KDP の相転移や誘電特性を，水素結合のプロトンの位置のみに着目して統計物理的に導出している．一方，強誘電性は2つの機構から発現する．すなわち双極子モーメントを局所的に作り出す機構と双極子間の静電相互作用である．スレーター理論は双極子モーメントは2つのプロトンが PO_4 に結合する状態で決まる．すなわち，プロトンが酸素八面体の上の2つの酸素，あるいは下の2つの酸素の近くにある状態をエネルギーが低いと仮定．これは $2H^+(PO_4)^{3-}$ が c 軸を向いた局所的な双極子をもつことを意味している．またこの状態をとるような3次元ネットワークを考えているので，ここで静電相互作用を結果として取り入れているといってよいであろう．しかし自発分極 P_{s} の温度変化などは，転移温度で階段的に変化するが，そ

の間の任意の値をとり得るという奇妙な結果を与える．また P_s の大きさも説明しない．さらにプロトン(H^+)をデューテロン(D^+)に置き換えたとき，T_C が著しく増大するという大きな同位体効果(第2章)を説明できない．

この同位体効果を説明するためにブリンツ(Blinc)は，$H^+(D^+)$ が水素結合の2つの位置の間のポテンシャル障壁を量子力学的トンネル効果で通り抜けて振動しているという動的なモデルを提案した．ポテンシャルの溝が深いときには2準位擬スピン系で記述でき，次のようなスピン1/2演算子，パウリ(Pauli)行列を用いて表すことができる．

$$\sigma^x = \begin{vmatrix} 0 & 1/2 \\ 1/2 & 0 \end{vmatrix}$$
$$\sigma^y = \begin{vmatrix} 0 & -i/2 \\ i/2 & 0 \end{vmatrix}$$
$$\sigma^z = \begin{vmatrix} 1/2 & 0 \\ 0 & 1/2 \end{vmatrix} \tag{6.33}$$

ここで σ^x はトンネル演算子，σ^y は電流演算子，σ^z は双極子モーメント演算子であることを示すことができる．このことはまた σ^z は2極小ポテンシャルの右か左にいる占有率の差，σ^x は対称および反対称基底関数のエネルギー準位差に対応していることになる[7]．この2準位系のハミルトニアン H は次式のようになる．

$$H = -\Omega \sum_i \sigma_i^x - \frac{1}{2} \sum_{i,j} J_{ij} \sigma_i^z \sigma_j^z \tag{6.34}$$

ここで Ω はトンネル振動数である．これより系の密度関数を求め，それから自由エネルギーを計算するという量子統計力学の通常の手続きを踏んで i サイトのスピン演算子の期待値を計算することができる．その結果は次のようになる．

$$\langle \sigma_i^x \rangle = \frac{1}{2} \frac{\Omega}{H_i} \tanh\left(\frac{1}{2} \frac{H_i}{kT}\right)$$
$$\langle \sigma_i^y \rangle = 0$$
$$\langle \sigma_i^z \rangle = \frac{1}{2} \frac{\sum_j J_{ij} \langle \sigma_i^z \rangle}{H_i} \tanh\left(\frac{1}{2} \frac{H_i}{kT}\right) \tag{6.35}$$

ここで

$$H_i = \left[\Omega^2 + \left(\sum_{i,j} J_{ij} \langle \sigma_i^z \rangle\right)^2\right]^{1/2} \tag{6.36}$$

(6.35)式の解の中から自由エネルギーを極小にするものを選ぶ．その1つは

6.4 KDPの理論の発展—プロトントンネルモデル—

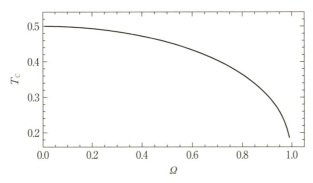

図 6.4 (6.39)式から求めた T_C と Ω の関係. $k=1$, $J_0=2$ として描いてある.

$$\langle \sigma_i^x \rangle = \frac{1}{2} \tanh\left(\frac{1}{2} \frac{\Omega}{kT}\right)$$

$$\langle \sigma_i^y \rangle = \langle \sigma_i^z \rangle = 0 \tag{6.37}$$

である．この解は全ての温度で成立する．一方強誘電相になる条件は全てのサイトで $\langle \sigma_i^z \rangle$ が同一の値 $\langle \sigma^z \rangle$ となることなので(6.35), (6.36)式から

$$2H = J_0 \tanh\left(\frac{1}{2} \frac{H}{kT}\right)$$

$$H = [\Omega^2 + (J_0 \langle \sigma_i^z \rangle)^2]^{1/2}$$

$$J_0 = \sum_i J_{ij} \tag{6.38}$$

したがって T_C は上式で $\langle \sigma^z \rangle = 0$ とすれば求められる．これより

$$T_C = \frac{\Omega}{2k \tanh^{-1}(2\Omega/J_0)} \tag{6.39}$$

この式から求めた T_C と Ω の関係を**図 6.4** に示す．この図は KDP で観測された $H \rightarrow D$ 置換による T_C の増加を説明する．すなわちこの置換によって粒子の質量は2倍に増加するので，トンネル振動数 Ω は減少する．これは(6.39)式から T_C の増加を意味する．一方(6.39)式が $T_C = 0$ 以外に解をもつ条件は $J_0/2\Omega > 1$ であることは明らかである．このときに強誘電相が発現する．$J_0/2\Omega < 1$ のときには T_C は存在せず，低温まで常誘電体である．

文　献

[1] C. Kittel, *Introduction to solid state physics*, Chap. 11, Wiley (2005).
[2] B. A. Strukov, and A. P. Levanyuk, *Ferroelectric Phenomena in Crystals*, p. 156, Springer (1998).
[3] J. C. Slater, J. Chem. Phys. **9**, 16 (1941).
[4] 三井利夫，達崎達，中村英二，強誘電体，槇書店 (1969).
[5] J. West, Zeits. f. Krist **74**, 306 (1930).
[6] G. E. Bacon, and R. S. Pease, Proc. Roy. Soc. (London) **A220**, 397 (1953).
[7] R. Blinc, and B. Zecs, *Soft modes in ferroelectrics and antiferroelectrics*, North-Holland, Chap. 5, American Elsevier (1974).

演習問題

問題 6.1
2状態モデルの自発分極の(6.6)式および高温相の誘電率の(6.9)式を導け.

問題 6.2
臨界緩和（臨界スローダウン (critical slowing-down)）
緩和関数を α とする．電場を加えたあとの分極 P の時間変化は次式で与えられる．
$$P(t) = \int_{-\infty}^{t} E(t')\alpha(t-t')dt'$$
ここで $\alpha(t) = \dfrac{\chi(0)-\chi(\infty)}{\tau}\exp(-t/\tau)$.
緩和時間 τ は次式で与えられることを示せ．
$$\tau = (\varepsilon(0)-\varepsilon_\infty)\tau_0 = \frac{C}{T-T_\mathrm{C}}\tau_0$$
すなわち，緩和時間は T_C に近づくと発散する．これを臨界緩和と呼ぶ．

I. 均一系としての強誘電体とその関連物質

第7章

強誘電体の量子論
第1原理計算によるアプローチ

　第1原理計算によって，誘電体の分極の概念が古典的なイメージから解放されて，新しい展開を迎えた．ペロブスカイト系強誘電体を量子力学的に理解する道が拓け，いろいろな誘電現象が解明された．また高い誘電応答特性を示す新物質を理論的に予想できるようになってきた．ランダウの現象論が高温相を母相としてその対称性の破れを議論する，すなわち高温から低温を眺めるのに対し，第1原理計算は基本的に絶対温度0Kの基底状態を考えるので，低温から高温を眺めることになる．

7.1　ベリー位相と電子分極

　第1原理計算のもっとも本質的なところは，電子分極を古典理論のような電荷分布で表すのではなく，断熱的な分極電荷の流れ(電流)として定義することにある[*1]．このとき，分極はブロッホ関数の幾何学的量子位相(ベリー(Berry)位相)で表される．またブロッホ関数から作られるワニア関数の電荷中心とも密接に関連している[1,2]．レスタ(Resta)によると分極の量子論では次の概念が本質的である[1]．すなわち

(1)　共有結合性結晶の場合，分極は古典的な定義，すなわち原子変位と電荷の積で表すことはできない．

(2)　分極を量子力学的に計算するには，分極 P そのものではなく，分極の差 ΔP が大事である．すなわち分極していない状態と分極している状態の差である．実験では自発(残留)分極を決定するのに分極電流密度 $(j=\Delta P/\Delta t)$ を測定しているのでこのような定義にかなっている．すなわち

$$\Delta P = \int_0^{\Delta t} dt j(t) \tag{7.1}$$

[*1] 量子力学的には電流は波動関数の位相と密接に結びついている．もし波動関数が実数であると，電流は記述できない．一方，電荷分布は波動関数の自乗で表されるので，位相とは関連しない．ここが分極の量子論の本質的なところである．

(3) 分極した結晶においては，電荷ではなく電子波動関数が意味をもつ．

実際の強誘電体においては，その分極変化はイオンの変位からの寄与 ΔP_{ion} と電子分極からの寄与 ΔP_{el} の和となっている．

$$\Delta P = \Delta P_{\text{ion}} + \Delta P_{\text{el}} \tag{7.2}$$

ΔP_{ion} の場合，電荷分布は単位胞の中で局在化し，その正負の電荷中心は明確であるので問題はない．すなわち，イオン変位量を r_i，電荷を Ze，単位胞の体積を V とすると，

$$\Delta P_{\text{ion}} = \frac{1}{V}\sum_i (eZ_i) r_i \tag{7.3}$$

で表される．一方，共有結合性の場合，電荷は単位胞中に広く分布する．この場合には正負に分極した電荷中心は任意に選べるので(7.1)式は適用できない．キング・スミス(King-Smith)とヴァンデルビルト(Vanderbilt)[2]およびレスタ(Resta)[3]はベリー位相 γ が電子分極と密接に関連していることを明らかにした．詳しい記述は文献[1,4]および文献[5]を参照していただくとして，ここでは結論のみを記す．

量子力学ではベリー位相は次のようにして波動関数の中に現れる．時間発展するハミルトニアン H を考える．この H がゆっくりと時間変化するパラメータ $X(t)$ を含む場合には波動関数 $\phi(t)$ は次式で与えられる．

$$\phi(t) = u_{\text{n}}(X(t))\exp\left(\frac{i}{\hbar}\int_0^t E_{\text{n}}(t)\,dt\right)\exp(i\gamma_n(t)) \tag{7.4}$$

ここで

$$H(X(t))u_{\text{n}}(X(t)) = E_{\text{n}}(t)u_{\text{n}}(X(t)) \tag{7.5}$$

(7.4)式に示されているように，$\phi(t)$ は通常の位相 $\exp\left(\frac{i}{\hbar}\int_0^t E_{\text{n}}(t)\,dt\right)$ の他に，**幾何学的量子位相**(geometrical quantum phase)と呼ばれている $\exp(i\gamma_n(t))$ がつけ加わる．この位相 γ をベリー位相と呼ぶ．γ は以下に示すように，周期構造をもつ固体の中の電子の運動と関連し，電子の波動ベクトル $\bm{k}$ がブリュアン帯をまたぐときに**ブロッホ関数**に現れる．

ここで多電子系に対するコーン・シャム(Kohn-Sham)の1電子近似ポテンシャル V を考え，これを含むハミルトニアン H の波動方程式をボルン・フォンカルマン(Born-Von Karman)の周期的境界で解く．n 番目のエネルギー帯の波数 $\bm{k}$ の波動関数は次式で与えられる．

$$\psi_{nk}(\boldsymbol{r}) = e^{i\boldsymbol{k}\cdot\boldsymbol{r}} u_{nk}(\boldsymbol{r}) \tag{7.6}$$

ここで u_{nk} は周期関数である．このとき

$$H_k|u_{nk}\rangle = E_{nk}|u_{nk}\rangle,$$

$$H_k = \frac{(\boldsymbol{p}+\hbar\boldsymbol{k})^2}{2m} + V \tag{7.7}$$

系が時間と関連した無次元のパラメータ λ とともにゆっくりと変化するとき，波動関数の変化 $\delta\psi_{nk}$ は次式で与えられる．

$$|\delta\psi_{nk}\rangle = -i\hbar\frac{d\lambda}{dt}\sum_{m\neq n}\frac{\langle\psi_{mk}|\partial_\lambda\psi_{nk}\rangle}{E_{nk}-E_{mk}}|\psi_{mk}\rangle \tag{7.8}$$

これより P_n の変化(n エネルギー帯からの電流密度 j_n に対応)は次式で与えられる．

$$\frac{dP_n}{d\lambda} = \frac{dP_n}{dt}\frac{dt}{d\lambda} = j_n\frac{dt}{d\lambda}$$

$$= \frac{i\hbar e}{(2\pi)^3 m}\sum_{m\neq n}\int d\boldsymbol{k}\frac{\langle\psi_{nk}|\boldsymbol{p}|\psi_{mk}\rangle\langle\psi_{mk}|\partial_\lambda\psi_{nk}\rangle}{E_{nk}-E_{mk}} + \text{c.c.} \tag{7.9}$$

$\lambda=0$ をイオンが中心対称の位置にある状態，$\lambda=1$ を非対称位置に変位している状態とし，(7.9)式を $\Delta P_{\text{el}} = \int_0^1 d\lambda \frac{dP}{d\lambda}$ に代入すると，自発分極 P_s はイオン変位からの寄与も含めて次式で表される．

$$P_s = P_{\text{ion}} + P_{\text{el}},$$

$$P_{\text{ion}} = \frac{e}{V}\sum_m Z_m^{\text{ion}}\boldsymbol{r}_m,$$

$$P_{\text{el}} = \frac{e}{(2\pi)^3}\text{Im}\sum_n\int\langle u_{nk}|\nabla_k|u_{nk}\rangle d\boldsymbol{k} \tag{7.10}$$

ここで

$$A(\boldsymbol{k}) = i\langle u_{nk}|\nabla_k|u_{nk}\rangle \tag{7.11}$$

をブリユアン帯について積分した量がベリー位相である．

すなわち電子分極はベリー位相を計算することによって求められる．電子分極をワニア関数から求める方法もある．具体的な計算方法は文献[4]に詳しい．

7.2 ボルン有効電荷

ペロブスカイト型酸化物誘電体の電子分極の変化をイオンの変位 Δu_m ($m=$ A, B, O)

表 7.1 代表的な ABO_3 型誘電体のボルンの有効電荷[4].

ABO_3	Z_A^*	Z_B^*	$Z_{O(1)}^*$	$Z_{O(2)}^*$
イオン電荷数	2	4	-2	-2
$CaTiO_3$	2.58	7.08	-5.65	-2.00
$SrTiO_3$	2.56	7.26	-5.73	-2.15
	2.54	7.12	-5.66	-2.00
	2.55	7.56	-5.92	-2.12
$BaTiO_3$	2.77	7.25	-5.71	-2.15
	2.75	7.16	-5.69	-2.11
	2.61	5.88	-4.43	-2.03
$BaZrO_3$	2.73	6.03	-4.74	-2.01
$PbTiO_3$	3.90	7.06	-5.83	-2.56
$PbZrO_3$	3.92	5.85	-4.81	-2.48
イオン電荷数	1	5	-2	-2
$NaNbO_3$	1.13	9.11	-7.01	-1.61
$KNbO_3$	0.82	9.13	-6.58	-1.68
	1.14	9.23	-7.01	-1.68
	1.14	9.37	-6.86	-1.65
	1.07	8.12	-5.38	-1.80
イオン電荷数	—	6	-2	-2
WO_3	—	12.51	-9.13	-1.69

を用いて次式のように表す.

$$\Delta P_{el} = \frac{e}{V} \sum_m Z_m^* \Delta u_m \tag{7.12}$$

この式に現れる電荷 Z_m^* は通常のイオン電荷とは異なったものとなる.この電荷をボルン(Born)の有効電荷と呼ぶ.ここに示されるように,Z_m^* は一般的に2階のテンソル量であるがテンソル主軸を用いて対角化してある.立方晶の対称中心にある A,B イオンの有効電荷はそれぞれ1つのみ,一方,面心にある O イオンは z 面にあるか,x あるいは y 面にあるかによって異なった2つの値 $Z_{O(1)}^*$,$Z_{O(2)}^*$ をもつ.ここで音響モード振動数が Γ 点 $(q=0)$ で 0 となるためには,次の和の法則が成立しなければならない.

$$Z_A^* + Z_B^* + Z_{O(1)}^* + 2Z_{O(2)}^* = 0 \tag{7.13}$$

この電荷に関する和の法則を用いれば，3つの歪んだ格子について ΔP_{el} を計算することによって，各イオンの Z_m^* が得られる．ΔP_{el} はベリー位相あるいはワニア関数を用いて計算する．表7.1に，このようにして得られた代表的な ABO_3 型誘電体の有効電荷(無次元量)の値を示す[6,7]．

表7.1の結果はPbを除いたAイオン，およびO(2)の価数は通常のイオン電荷に近いが，BイオンとO(1)はイオン電荷の価数とは大きく異なっていることがわかる．これはBイオン(d軌道)とOイオン(2p軌道)の間で電子が移動するためであり，B-Oボンドが強い共有結合性を持っていることを示している．この有効電荷および構造解析から決定された原子変位を用いて自発分極が計算され，実測値とよい一致を示した．

7.3 ペロブスカイト強誘電体における共有結合性の重要さ
―$BaTiO_3$ と $PbTiO_3$ の強誘電性の違い―

同じペロブスカイト構造をもつ典型的な強誘電体 $BaTiO_3$(BTO)と $PbTiO_3$(PTO)は，また非常に異なった強誘電的な性質をもっている．BTOは高温から立方晶→正方晶→直方晶→三方晶と逐次相転移をするのに対し，PTOは立方晶→正方晶とただ1つの強誘電相転移を示す．すなわちBTOの基底状態は $P_s // \langle 111 \rangle$ の三方晶であるが，PTOのそれは $P_s // \langle 100 \rangle$ の正方晶である．

さらにペロブスカイト強誘電体の一般的な相転移機構についても，TOソフトモードフォノンによる変位型であるとする考え方と，秩序・無秩序型，すなわち立方晶では8個の $\langle 111 \rangle$ 方向に歪んだ格子が無秩序に分布し全体としては $P_s=0$，正方晶では歪んだ格子は4個で $P_s // \langle 100 \rangle$，直方晶では2個で $P_s // \langle 110 \rangle$，三方晶では1個で $P_s // \langle 111 \rangle$ となるモデルがある(図7.1)[8]．

これらの問題を微視的に説明するために，コーエン(Cohen)はBTOおよびPTOについて第1原理計算を行った[9]．エネルギー E のTiイオンの相対変位依存性を，正方晶で格子歪み c/a を1とした場合と，強誘電相における場合(PTO: 1.06, BTO: 1.01)，および三方晶について計算した結果を図7.2に示す．この図には静水圧効果を格子大(PTO: 63.28 Å^3, BTO: 64.00 Å^3)と格子小(PTO: 62.51 Å^3, BTO: 62.57 Å^3)について計算した結果も示されている．これから次のことがわかる．

(1) PTOのポテンシャルの井戸はBTOよりも深い．
(2) 格子歪みがない場合にはBTOおよびPTOともに三方相がもっともエネルギーが低い．すなわち高温では原子は理想的な立方晶の位置にはなく，$\langle 111 \rangle$

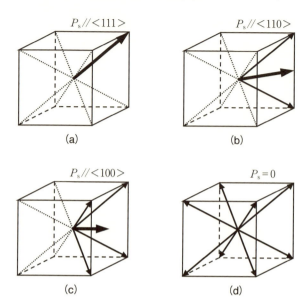

図 7.1 ペロブスカイト強誘電体の秩序・無秩序型モデル．低温では P_s が $\langle 111 \rangle$ を向く三方晶であり (a)，温度が上がると P_s が等価な 2 つの $\langle 111 \rangle$ をもち，全体として $P_s /\!/ \langle 110 \rangle$ となる直方晶 (b)，次に P_s の向きが 4 つで全体として $P_s /\!/ \langle 100 \rangle$ となる正方晶 (c)，高温では P_s の向きが 8 つで全体として $P_s = 0$ となる立方晶 (d) となる．

方向に(無秩序に)変位している．
(3) 格子歪みが入ると，PTO では正方晶が三方晶よりもエネルギーが低い．一方 BTO では三方晶がもっともエネルギーが低くなっている．この結果は BTO と PTO の逐次相転移の違いを説明し，さらに BTO の秩序・無秩序モデル[8] を支持しているといえる．
(4) 静水圧効果は BTO の方が PTO より顕著である．これは BTO のポテンシャル壁が小さく，圧力によって容易に単一ポテンシャルとなるためである．

コーエンはまた電子の状態密度を計算した．その結果を要約すると
(1) BTO，PTO ともに Ti の 3d 軌道は O の 2p 軌道と混成している．これは一般的にペロブスカイト酸化物において，B-O 間に共有結合性があることが短距離相互作用に打ち克って系を強誘電状態にする条件となっている．
(2) PTO においては Pb の 6s 軌道は酸素の 2p 軌道と強く混成しているが，BTO で

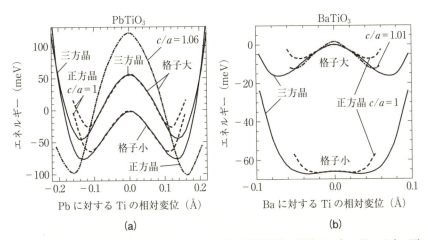

図7.2 PTO(a)およびBTO(b)についての第1原理計算．縦軸はエネルギー E (meV)，横軸が Ti イオンの相対変位(Å)[9]．

は Ba の 5s 軌道はほとんど混成していなく，イオン結合性が強い．Pb-O の共有結合が Ti-O の共有結合性をさらに強め，正方晶を低温まで安定にさせている．これにより懸案だった BTO と PTO の相転移機構の微視的な起因が明らかになった．

この他にも，第1原理計算は基底状態の結晶構造，フォノン分散，圧電・誘電特性について実験事実を原子スケールの観点から説明してきた．特に分域壁での特異な構造と物性に関してその特色を生かした研究がなされ，実験と合わせて新しい発展をもたらしている．また計算機と計算アルゴリズムの発展によりその精度が上がり，今までに知られていない新機能や巨大応答機能をもつ非鉛系の材料を実験家に提案できるところまできている．さらに欠陥，不純物の影響，分極反転などのダイナミクスを微視的に明らかにしていくことが期待されている．

文献

[1] R. Resta, Rev. Mod. Phys. **66**, 899 (1994).
[2] R. D. King-Smith, and D. Vanderbilt, Phys. Rev. **B47**, 1651 (1993).
[3] R. Resta, Ferroelectrics **136**, 51 (1992).
[4] K. Rabe, Ch. H. Ahn, and J.-M. Triscon (Eds.), *Physics of Ferroelectrics-Modern Perspective-*, p. 131, Springer (2007).

[5] 寺倉清之, 固体物理 **35**, 620 (2000).
[6] W. Zhong, R. D. King-Smith, and D. Vanderbilt, Phys. Rev. Lett. **72**, 3618 (1994).
[7] P. Ghosez, J.-P. Michenaud, and X. Gonze, Phys. Rev. **B58**, 6224 (1998).
[8] R. Comes, M. Lambert, and A. Guinier, Acta Crys. **A26**, 244 (1970).
[9] R. E. Cohen, Nature **358**, 136 (1992).

I. 均一系としての強誘電体とその関連物質

8

第8章

強誘電性と磁気秩序が共存する物質
マルチフェロイック物質

　マックスウェルは電気現象と磁気現象とは互いに独立ではなく，電場は磁場を発生させ，一方磁場は電場を発生させることを導いた．それならば物質が示す磁気秩序を電場が変えたり，逆に強誘電性を磁場が変えることはできるのではないか，という素朴な疑問が生じる．またこれができれば強誘電体あるいは磁性体の応用の可能性は格段に広がるであろう．この章ではそれが可能であることを示す事実と理論を説明する．

8.1　研究の歴史

　物質の電気分極 P と磁場 H，あるいは磁化 M と電場 E の相互作用は，電気磁気効果(ME効果)と呼ばれ，圧電性を発見したピエール・キュリー(Pierre Curie)が最初に指摘した(1894)[1]．その中には有名な言葉となっている"物理現象を生み出すのはその物質の非対称性である"という言葉とともに，"対称性が満たされれば，非対称分子をもつ物体を電場の中におくと磁気的に分極してもよい"と書かれている*1．

　本格的な研究はランダウ＆リフシッツ(Landau & Lifshitz)が時間反転対称性を考慮すると磁性体において ME 効果が発生することを指摘したことに始まる．ただしこの本が書かれたときにはまだ ME 効果が実験的に見つかっていなかったので，"これに関してはこれ以上議論するのはやめよう"と書かれている[2]．ランダウの物理に対する考え方が現れていて面白い．1960 年には，ランダウ学派のジャロシンスキー(Dzyaloshinsky)は，酸化クロム Cr_2O_3 が電気磁気効果を示すことを対称性から導き[3]，ほぼ同じ年にアストロフ(Astrov)[4]，ラド(Rado)とフォーレン(Folen)[5]がこの物質について ME 効果を実験的に証明した．その後は磁性秩序と強誘電性を同時にもつ物質の探索が旧ソ連邦の Smolensky のグループによって，複合酸化物を合

---

*1　"Les conditions de symmetrie nous permettent d'imaginer qu'un corps à molecule dissymmetryique se polarise peut-être magnetiquement lorsqu'on le place dans un champs électrique."

成することによってなされた．しかし当時一番興味をもたれたのはボラサイト $M_3B_7O_{13}X$ ($M = Mg, Cr, Mn, Fe, Co, Ni, Cu, Zn$ など，$X = F, Cl, B, I$)で，シュミット (Schmid)が化学気相輸送法によって人工的に合成することに成功し[6]，その強誘電性や強磁性，さらには ME 効果が相次いで見出された[7]．すなわち Ni-I ボラサイトについて，電場を反転させると自発磁化が 90 度回転し，逆に磁場で磁化を 90 度回転させると自発分極が 180 度反転することが明らかにされた．

どのような結晶が ME 効果をもつかはノイマン(Neumann)の原理("結晶の巨視的な物性の対称性はその結晶の点群の対称要素を含む")から導かれる．別の言葉を用いれば，結晶物性の対称性はその結晶が属する点群の対称性よりも高くなる．これにより電気磁気テンソルの独立成分が決まる．電気磁気効果を考える場合には通常の点群のほかに磁気点群を考える必要がある．

8.2 磁気点群[8〜10]

点群は構造の異方性を示したものであり，対称要素が単位胞のどの位置にあるかには依存しない．その方向のみが重要である．結晶の対称性としては，
（1） n 回回転軸($n = 1, 2, 3, 4, 6$)．5 回回転軸や 7 回以上の回転軸は並進周期性を考えたときに存在が許されない．
（2） 鏡映面(m)
（3） 反転対称性(i)
（4） n 回回反軸(回転のあとに反転操作をする．$\bar{1}(= i), \bar{2}(= m), \bar{3}, \bar{4}, \bar{6}$)がある．

これらを組み合わせると 32 の空間点群が存在することが導かれる．

磁気対称性を考えるときは，これらの他に時間反転操作(R)を対称要素の 1 つに組み入れなくてはならない．これはスピンの向きを反転させる操作である．

具体的に，例えば空間点群 $m\bar{3}m$ を考えよう．空間格子のみを考えると対称要素は
（a） 2 回回転軸(3 個)：$2_x, 2_y, 2_z$(それぞれ x, y, z 軸の周りの 180°回転軸)
（b） 面対角方向の 2 回回転軸(6 個)：$2_{xy}, 2_{x\bar{y}}, 2_{yz}, 2_{y\bar{z}}, 2_{zx}, 2_{z\bar{x}}$(対角面内にある 180°回転軸)
（c） 体対角方向の 3 回回転軸(4 個)
（d） 4 回回転軸(3 個)：$4_x, 4_y, 4_z$
（e） 4 回回反軸(3 個)：$\bar{4}_x$(4_x の後に i を操作)，$\bar{4}_y, \bar{4}_z$
（f） 反転対称(1 個)：i
（g） 回転軸に垂直な鏡映面(9 個) $m_x, m_y, m_z, m_{xy}, m_{x\bar{y}}, m_{yz}, m_{y\bar{z}}, m_{zx}, m_{z\bar{x}}$

8.2 磁気点群

磁気点群の1つとして，単位胞の格子点が全て上向き(z方向)のスピンをもつとする．この物質は強磁性体となる．時間反転操作 R (記号は $'$) を考えると，この中でスピンの向きを変えない操作は

(a′) $2'_x$ (2_x を操作したのちスピンを反転させる), $2'_y, 2_z$ (スピンの反転なし),

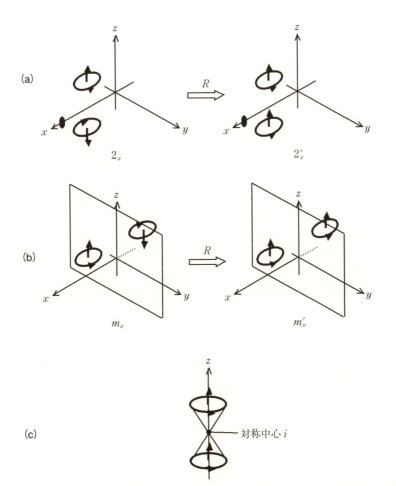

図 8.1 スピンの向きを変えない対称操作の例．(a) $2'_x$ の場合，(b) m'_x の場合，(c) i の場合．

(b′) $2'_{xy}, 2'_{x\bar{y}}$,
(d′, e′) $4'_z, \bar{4}'_z$
(f′) i
(g′) m'_x (m_x でスピンの符号は変わるが時間反転対称を操作すると元に戻る), m'_y, m'_z (スピンの向きは変わらない), $m'_{xy}, 2m'_{x\bar{y}}$

となる (図 8.1).

大事なことは反転対称操作 i ではスピン (軸性ベクトル) の向きは変わらないことである. さらにこの磁気点群の場合には時間反転対称要素 R はそのままでは現れず, 必ず他の対称要素と組み合わせて現れる. このことは R を作用させると, スピンは反転してしまうことを意味する. 存在していた R が消失するとき, これを"時間反転対称性が破れる"という. 一方, 強誘電体の場合には i によって自発分極 (極性ベクトル) の符号が反転する. 存在していた i が消失するとき, これを"空間反転対称性が破れる"という.

結局, この磁気点群は立方晶ではなく正方晶 $4/mm'm'$ となる. R がそのままでは現れず, 必ず他の対称要素と組み合わせて現れるような対称性をもった点群を**磁気点群** (magnetic point group) と呼び 58 個ある. この場合には時間反転させると全てのスピンは下を向く. このスピン下向き構造はエネルギー的には等価であり, 互いに時間反転で結びついていて, 強誘電体の 180°分域に対応する.

一方, 時間反転操作 R が独立な対称要素として存在する磁気点群が 32 個ある. この場合には対称要素は空間点群の対称要素に単純に時間反転対称を加えたものが付加され, 対称要素の数は 2 倍となる. このような磁気点群を非磁性点群と呼ぶ. 強磁性, フェリ磁性, 反強磁性などの磁気秩序をもたらす磁気点群は 32+58=90 個の磁気点群である[*2].

8.3 電気磁気効果[10~12]

1 次電気磁気効果 (**ME 効果**, magneto-electric effect) は次式で表すことができる.

$$P_i = \sum_{j=1}^{3} \alpha_{ij} H_j \tag{8.1}$$

[*2] 反強磁性体の中には非磁性点群の中に分類されるものも存在する. 例えば映進操作があり, 磁気構造の周期が 2 倍になる場合がその例である.

$$M_i = \sum_{j=1}^{3} \alpha_{ji}^T E_j \tag{8.2}$$

ここで α_{ji}^T は α_{ij} の転置行列成分である.

(8.1)式と(8.2)式に現れる係数 α は次元が同じであることに注意せよ（演習問題 8.1）. この効果が発現するための条件は，自由エネルギーの中に $\alpha_{ij}E_iH_j$ の積が許容されることである. ここで H は時間反転対称操作に対して符号を変え，一方 E は空間反転操作に対して符号を変える. したがって α はこの両方の対称性を同時にもつことが要求される. このことは α が2階の極性テンソルであることを示す. すなわち反転対称性をもたず, 時間反転対称要素を独立にもたない磁性体が電気磁気効果を示す. これを許す点群は 90 の磁気点群の中の 58 個の磁気点群である. それぞれの点群の電気磁気テンソルの独立な成分は文献[10~12]を参照のこと. 強誘電性を許す極性点群は 1, 2, 3, 4, 6, m, $mm2$, $4m$, $3m$, $6mm$ の 10 個である（第 2 章）. 一方自発磁化の出現を許す点群は 31 個ある. これらの中で自発分極, 自発磁化の両方を許す点群は 1, 2, 2′, m, m', 3, $3m'$, 4, $4m'm'$, $m'm2'$, $m'm'2'$, 6, $6m'm'$ の 13 個である.

典型的な電気磁気効果を示す結晶としては，上記の, Cr_2O_3, ボラサイト（強誘電体）の他に Fe_3O_4, $LiFe_5O_8$, $GdAlO_3$, $DyPO_4$ などが知られている.

8.4 なぜマルチフェロイック物質は少ないのか―d^0 問題―

本格的なマルチフェロイック物質の研究が始まったのは 2000 年に入ってからであるが，その研究数は爆発的に増えている. フェロイックという言葉は相津により最初に使われた[13]. 秩序変数の外場に対する履歴現象が類似している強誘電体, 強磁性体, 強弾性体をまとめてそう呼んだが, マルチフェロイックスはこれらの特性が共存する物質を表す[14]. しかし最近は強誘電性と磁気的秩序（強磁性, 反強磁性）が共存する系という意味で使われることが多い. さらにはその間に交差関係がある, すなわち磁場で強誘電性を直接制御したり, 逆に電場で磁性を直接制御することを目的にした研究が主流を占めるようになってきている. しかしながらマルチフェロイック物質の数は未だ多くない. その原因として, Hill らによって d 電子に起因していることが指摘された[15]. この問題は B サイトに磁性イオンを含む $LaMnO_3$, $SrRuO_3$, $GdFeO_3$ がどうして強誘電体とならないかを説明するために提案された.

この問題を議論するために強誘電性や磁性秩序のミクロな起因について考えてみよう. 強誘電性は通常, 次の2つの過程を経て発現する.

第8章 強誘電性と磁気秩序が共存する物質 マルチフェロイック物質

(1) 構成分子が単位胞内に局在した電気双極子モーメントをもつ.
(2) この局在した双極子モーメントは,双極子-双極子相互作用によって向きを揃え,巨視的な自発分極を発生させる.

ペロブスカイト強誘電体の場合には,局在した電気双極子モーメントは,次のような機構で発生する.すなわちBサイトイオン(例えばTi^{4+})の空のd軌道(d^0軌道)が酸素の2p軌道と混合してエネルギーの低い混成軌道を形成する.このときTi^{4+}は閉殻(Ar殻)なので,それが変位したときのクーロン反発力を小さくし強誘電的変形を有利にする.すなわちd準位が占有されていないこと(d^0)が強誘電性を引き起こしやすくしている.一方,遷移金属(Cr, Fe, Co, Ni, Mnなど)の強磁性の起因は,d準位が部分的に満たされていて,しかも不対なので磁気モーメントはキャンセルされない(1つの準位に2つの電子が入るとパウリの原理で逆向きとなり互いに磁性を

表8.1 ペロブスカイト型強誘電体酸化物の代表的な構成原子および磁性金属原子の電子配置.

原子番号	元素名	原子量	イオン半径(価数)	電子配置
3	Li	6.94	0.74(+1)	$1s^2 2s^1$
19	K	39.1	1.60(+1)	Ar殻+$4s^1$
20	Ca	40.1	1.35(+2)	Ar殻+$4s^2$
38	Sr	87.6	1.44(+2)	Kr殻+$5s^2$
56	Ba	137.3	1.60(+2)	Xe殻+$6s^2$
50	Sn	118.7	1.21(+2)	Kr殻+$4d^{10}5s^25p^2$
82	Pb	207.2	1.49(+2)	閉殻($1s$~$5d^{10}$)+$6s^26p^2$
83	Bi	209.0	1.11(+3)	閉殻($1s$~$5d^{10}$)+$6s^26p^3$
22	Ti	47.9	0.605(+4)	Ar殻+$3d^2 4s^2$
40	Zr	91.22	0.72(+4)	Kr殻+$4d^2 5s^2$
41	Nb	92.91	0.69(+5)	Kr殻+$4d^4 5s^1$
73	Ta	180.9	0.68(+5)	Xe殻+$4f^{14}5d^3 6s^2$
8	O	16.00	1.35(-2)	$1s^2 2s^2 2p^4$
				$O^{2-}: 1s^2 2s^2 2p^6$
磁性イオン				
24	Cr	52.00		Ar殻+$3d^5 4s^1$
25	Mn	54.94		Ar殻+$3d^5 4s^2$
26	Fe	55.85		Ar殻+$3d^6 4s^2$
27	Co	58.93		Ar殻+$3d^7 4s^2$
28	Ni	58.69		Ar殻+$3d^8 4s^2$

キャンセルする).この磁気モーメントは交換相互作用によって向きを揃え,巨視的な磁化が発生する.すなわち d^0 ではないことが磁気秩序をもたらすのであるが,これら磁気イオンが変位するとクーロンエネルギーを増大させて局所的な電気双極子モーメントをもつことを不利にする.すなわち強誘電性をもたらす起因と磁性秩序をもたらす起因が相反していることがわかる.このような性質を d^0 問題と呼ぶ.

絶縁体はしばしば反強磁性を示す.これは超交換相互作用によってもたらされる.例えば Mn^{2+} 酸化物の場合は O 原子が 2 つの Mn の間にあり,Mn および O イオンの軌道が重なって,この 2 個の Mn のスピンの向きを逆にする.この場合にも,局所的な磁気モーメントを発生させる条件は d^0 ではないことが必要である.このようにペロブスカイト構造をもつ結晶の B サイトに磁性イオンを入れてマルチフェロイック物質とすることは非常に難しい.上に説明した原子の基底状態の電子配置を**表 8.1** にまとめて示す.

8.5　d^0 問題をもたないマルチフェロイック物質の創成

d^0 問題を避けるためには次のような方法がある.

(1) 古典的なマルチフェロイック物質
ここでは磁性と強誘電性をそれぞれ他のイオンに担わせる試みについて述べる.Ni-I ボラサイトでは,強誘電性は Ni 以外のイオンにより引き起こされると考えられている.他の例として,2 重混合ペロブスカイト結晶 Pb_2CoWO_6,Pb_2FeTaO_6,Pb_2FeNbO_3,$Pb(Fe_{2/3}W_{1/3})O_3$,$Pb(Mg_{1/2}W_{1/2})O_3$ が挙げられる[16].この場合には磁性を引き起こす単位胞と強誘電性を引き起こす単位胞は別なので,強誘電性と磁性の相反性は生じない.しかし交差効果は歪み(圧電性,磁歪)を通して発生するので,速くて大きな応答特性は期待できない.

(2) $BiFeO_3$(BFO)型マルチフェロイック物質
ABO_3 構造の A サイト原子の孤立電子の立体化学障害を利用して強誘電性を発生させる.閉殻構造をとる Ca^{+2},Sr^{+2},Ba^{+2} と異なり,Pb^{+2},Sn^{+2},Bi^{+4} は $6s^2$ 軌道にある電子が残り,それが孤立電子対を形成する(表 8.1 を参照).O はこれを避けるように変位するが,このとき O 側にない不対電子をもつ A サイトイオンと O イオンは共有結合性を強め,BFO の場合には ⟨111⟩ 方向に Bi と O イオンが変位して大きな自発分極を生じさせる.一方磁性は,B サイトの磁性イオンが担う.この場

合には強誘電性を引き起こすイオンと，磁性秩序をもたらすイオンは別なので d^0 問題は生じない．BFO は 1100 K において三方晶 $R3c$(室温の構造解析は文献[17])に強誘電相転移する．ただし高温相の対称性については色々な議論があってさらに実験が必要に思われる[18]．この構造相転移によって酸素八面体は [111] 軸の周りに 10°以上回転する．$P_s(P_r)$ は薄膜[19]，単結晶[20]を用いて測定され，いずれも [111] 方向に 90～100 μC/cm^2 の大きな値をもつことが報告されている．磁性に関しては，T_N =640 K 以下で反強磁性を示す．(111)面内では強磁性的なスピン配向するが，隣り合う平面内のスピンは逆向きとなり [111] 方向にスピンが向いた G 型反強磁性体となる．この反強磁性スピン配列に加えて，[110] 方向にスパイラルなスピン構造をもち，スピンが不整合周期 620 Å で回転する[21]．室温でマルチフェロイックスである数少ない物質であり，さまざまな応用を目指した研究が行われているが，反強磁性体であるのでマルチフェロイック記憶媒体としての応用は見込めない．また電気磁気効果も 2 次効果で大きくはない．P_s によって反強磁性を制御するいくつかの試みもあるが，後述するスピン間相互作用を利用した強誘電性発現に比較すると効果は非常に小さい[22]．一方，BiMnO$_3$ は磁気的キュリー温度 105 K，強誘電的キュリー温度 490 K の強磁性強誘電体であると報告されている．

(**3**) 六方晶 RMnO$_3$ 型 (R：希土類元素) マルチフェロイック物質

この結晶は R^{3+} イオンの変位がもたらす強誘電性と，Mn^{3+} イオンの磁性がもたらす反強磁性が共存する系である．R サイトに**表 8.2** に示すような種々の希土類原

表 8.2 置換可能な希土類元素の電子配置と磁性．

原子番号	元素名	原子量	イオン半径 (Å，3価)	電子配置	有効磁化
39	Y(イットリウム)	88.9	—	Kr 殻 + 4d^{1}5s^2	0
63	Eu(ユウロピウム)	152.0	1.087	Xe 殻 + 4f^{7}5d^{0}6s^2	0
65	Tb(テルビウム)	158.9	1.063	Xe 殻 + 4f^{9}5d^{0}7s^2	9.72
66	Dy(ジスプロシウム)	162.5	1.052	Xe 殻 + 4f^{10}5d^{0}6s^2	10.63
67	Ho(ホルミウム)	164.9	1.041	Xe 殻 + 4f^{11}5d^{0}6s^2	10.60
68	Er(エルビウム)	167.3	1.033	Xe 殻 + 4f^{12}5d^{0}6s^2	9.59
69	Tm(ツリウム)	168.9	1.020	Xe 殻 + 4f^{13}5d^{0}6s^2	7.55
70	Yb(イッテルビウム)	173.1	1.008	Xe 殻 + 4f^{14}5d^{0}6s^2	4.54
71	Lu(ルテチウム)	175.0	1.001	Xe 殻 + 4f^{14}5d^{1}6s^2	0

8.5 d^0 問題をもたないマルチフェロイック物質の創成

子を置換でき,また Mn を Fe に置換することも可能である.

Mn 化合物の場合にはバルクの六方晶結晶が得られるが,Fe 化合物の場合には六方晶は準安定であり,バルク状態では中心対称をもつ直方晶系となり,強誘電体とはならない.この場合には薄膜化し基板からの応力を利用して六方晶を実現している[23, 24].

結晶構造は中心対称性のある $P6_3/mmc$ から強誘電相 $P6_3cm$ に変化する.六方晶 $RMn(Fe)O_3$ の強誘電相の結晶構造を図 8.2 に示す[25, 26].

ab 面内にある O_P イオンによって MnO_5 六面体が連結した層状構造を形成し,そ

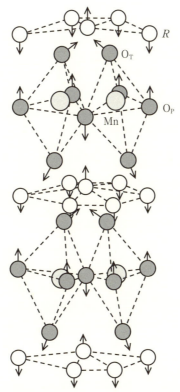

図 8.2 六方晶 $RMn(Fe)O_3$ の結晶構造[26].図中の矢印は強誘電相における原子の変位を表す.

の上下を R^{3+} 層が覆っている．この2次元層状構造が強誘電性を発現させる．すなわち MnO_5 六面体が傾き回転を起こし，それに伴って鏡映面にあった R イオンが六方晶 c 軸方向に押し出される．R イオンは等価な2つの位置があるが，そのうち同じ対称性をもつ2つは同じ方向に，もう1つは反対方向に変位して電気分極が発生する．すなわち強誘電性は幾何学的効果（および静電相互作用）によって起こるので，ペロブスカイト型強誘電体のような常誘電相から強誘電相に相転移するとき化学結合の変化がない．また Mn イオンも R イオンも孤立電子対をもっていないので $BiFeO_3$ 型の強誘電体とも異なる．Mn イオンは MnO_5 六面体の中心にあって動かず強誘電性には関与しない．このことは強誘電性と強磁性の共存を容易にしている．強誘電相転移温度は高く，$YMnO_3$ の場合は 900 K 以上である[25]．一方自発分極の実測値は 5.5 μC/cm^2 とペロブスカイト型の強誘電体に比較して小さい．その理由は，R イオンが1つは上（下）向き，他の2つは下（上）向きに変位して分極を一部相殺してしまうためである*3．

一方磁気構造に関しては，三角格子を形成する Mn のスピンが面内でスピンを反強磁性的に揃えることにより（120°構造），磁気秩序が形成される[25]．ネール（Néel）温度は R イオンに依存して 70～130 K の間にある．Mn を Fe で置き換えた六方晶 $RFeO_3$ 薄膜では Fe のスピンは c 軸方向にフェリ磁性的，あるいは ab 面内方向に傾いた弱強磁性をもつと報告されている[24, 27, 28]．Mn 化合物の場合にも Fe 化合物の場合でも低温ではスピン再配列が起こる．これに伴い新しく強誘電性が誘起される可能性があるが，さらなる研究が必要である．

8.6　スピン間の相互作用による強誘電性

（1）逆 DM 効果

上記のマルチフェロイック物質は，強誘電相転移温度と磁気相転移温度が異なるので，電気磁気直接結合による大きな交差関係は期待できない．これに対してスピン間の相互作用が系の反転対称性を破り，直接強誘電性をもたらす新しいタイプのマルチ

---

*3　MnO_3 六面体の回転と R イオンの変位は別の既約表現に属する．前者はブリユアン帯境界 K_1 モードで格子の周期を3倍にする．一方後者はブリユアン帯中心点のΓモードであって，主に R イオンの c 軸方向の変位に対応する．ランダウ理論から異なる既約表現の基底が同時に秩序変数となることはない．ごく狭い温度範囲内で回転と変位が異なる温度で起こるのか，あるいは2つの秩序変数が高次結合する間接型強誘電体なのかはまだ決着がついていない．

8.6 スピン間の相互作用による強誘電性

フェロイック物質が発見され，基礎応用両面から注目を集めている[29,30]．典型的な例がペロブスカイト結晶 $TbMnO_3$ である[31]．この結晶の場合，強誘電性は次式で表される反対称交換相互作用によって発生する．

$$P \propto e_{ij} \times (S_i \times S_j) \tag{8.3}$$

ここで e_{ij} は 2 つのスピン S_i, S_j を結ぶベクトルであり，電気分極 P の向きはスピンの螺旋の向きで決まる．これを逆ジャロシンスキー–守谷(DM)の式という[32,33]．*4．

すなわち互いに傾いたスピンがあると，2 つのスピン面内に分極が発生する(図8.3)．ただしスピン間の中心が反転対称性をもたないことが条件である．

スピンカレントを考えると，逆 DM 効果はより直感的に理解できる[34]．マックスウェル方程式から電荷が運動するとその周りに磁場が発生する．一方，磁荷が運動すればその周りに電場が発生するはずであるが，モノポールは見つかっていないのでマックスウェルの方程式には入ってこない．しかしスピンを正負磁荷が微小距離離れた磁気双極子と考えると，正負の磁荷の流れは互いに逆向きの電場を発生させるであろう．これは図 8.4 に示すようにスピンの流れと垂直方向に電場を発生させる．これは逆 DM 効果に対応する．

スピン間相互作用による電気分極発生は現象論的にも次のようにして説明される[35]．ここではスピン変調を不整合スピン密度波(SDW)で記述する．これはリフシッツ(Lifshitz)不変項 $S(\nabla \cdot S) - (S \cdot \nabla)S$ で記述される．ここで ∇ は位置座標 r に関する勾配演算子である．このときスピン由来のマルチフェロイック物質の自由エネルギー F は次式となる．

$$F = \frac{1}{2\chi_e}P^2 + \gamma P \cdot [S(\nabla \cdot S) - (S \cdot \nabla)S] \tag{8.4}$$

F は時間反転および空間反転に関して不変でなければならない．上式で $t \to -t$ にすると $P \to P, S \to -S$ なので F は不変である．一方 $r \to -r$ にすると，$P \to -P, S \to S$ かつ $\nabla \to -\nabla$ なのでやはり(8.4)式は不変となり，マルチフェロイック物質の対称性の要請を満たしている．P に関する平衡条件から

$$P = \gamma\chi_e P \cdot [S(\nabla \cdot S) - (S \cdot \nabla)S] \tag{8.5}$$

となる．ここで波数 Q をもつ SDW を考える．すなわち

---

*4 通常の DM 相互作用は，2 つのスピンを結ぶボンドが反転対称性をもたない場合には，スピンが互いに傾く効果のことをいう．

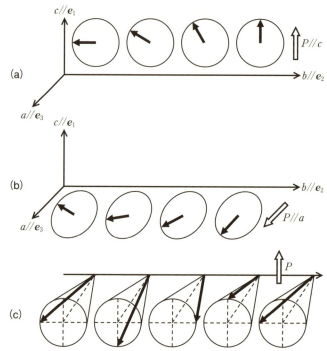

図 8.3 逆 DM 相互作用による電気分極発生の模式図.（a）bc 面螺旋状スピン変調構造による P の発生,（b）ab 面螺旋状スピン変調構造による P の発生,（c）円錐状スピン変調構造による P の発生.

$$S = (S_1 \cos Q \cdot r) e_1 + (S_2 \sin Q \cdot r) e_2 + S_3 e_3 \tag{8.6}$$

$e_i (i=1\sim3)$ は直交座標の単位ベクトルである. これを(8.5)式に代入し, P の空間平均をとると次式が得られる.

$$\bar{P} = \frac{1}{V} \int dv P = \gamma \chi_e S_1 S_2 (e_3 \times Q) \tag{8.7}$$

(8.6)式と(8.7)式より, 誘起される $\bar{P}$ の有無は S_3 とは無関係で, また S_1, S_2 のいずれも 0 であってはならない. $S_3 = 0$, $Q \parallel e_2$, かつ $S_1 = S_2$ とするとスピン変調は図 8.3(a)のように螺旋状になり, $S_3 \neq 0$ のときは図 8.3(c)のように円錐状となる.

8.6 スピン間の相互作用による強誘電性

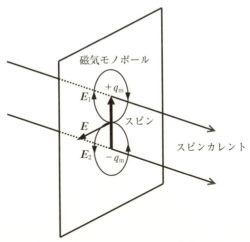

図 8.4 スピンカレントによる電場発生の模式図[34]. ここで $E = E_1 + E_2$.

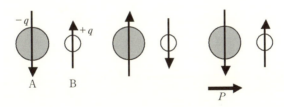

図 8.5 up-up-down-down スピン構造に由来する電気分極発生の模式図. up-up (down-down) スピン間の距離は長くなり, 一方 up-down スピン間は短くなるので, スピンを担う AB 原子は 2 量体化し, 電気分極が上図の右向きに発生する.

いずれも巨視的な $\bar{P}$ は e_1 方向を向く. 一方 S_1, S_2 のいずれかが 0 の場合は, SDW は正弦波となり, この場合には $\bar{P}$ は発生しない.

この他にもスピンの方向は揃えて向きを変え up-up-down-down 構造をとると, up-up (down-down) スピンと up-down スピンの間のスカラー積で表される相互作用 S_i, S_j が磁歪を通して反転対称性を破り, P がスピンの並んだ方向に発生する (**図 8.5**). 強誘電反強磁性体 RMn_2O_5 (R = Tb, Dy など) のマルチフェロイック特性では, $S_i \times S_j$ と $S_i \cdot S_j$ の両方が関わっていると考えられている[36].

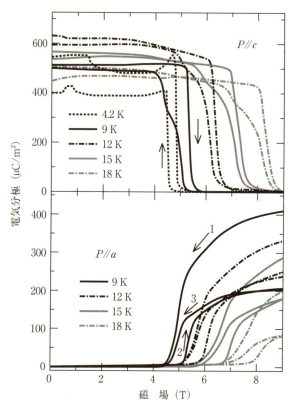

図 8.6 TMO における磁場($/\!/b$)による電気分極のフリップ現象. c 軸($/\!/e_1$)方向から a 軸($/\!/e_3$)方向に P はフリップする[31]. 縦軸のスケールに注意.

(2) 具体例

TbMnO$_3$(TMO)はスピン起源の大きな電気磁気交差現象を示す初めての物質として注目を浴びた[31]. TMO は室温で直方晶空間群 $Pbnm$ に属するペロブスカイト結晶である. 約 30 K 以下で, 図 8.3(a)に示すような bc(e_1-e_2)平面内においてスピン横すべり螺旋構造をとり, 逆 DM 効果によって c(e_1)軸方向に P を発生させる. この螺旋の巻き方は電気分極を反転させると逆転する. さらに図 8.6 に示すように, b 軸方向に印加した磁場によって, 電気分極の方向が c 軸($/\!/e_1$)方向から a 軸($/\!/e_3$)

方向にフリップする．これは磁場でスピンの横すべり螺旋面が，bc 面（図 8.3（a））から ab 面（図 8.3（b））に回転するためである．

8.7 マルチフェロイック物質の分域構造

　SHG 顕微鏡によるマルチフェロイック物質の分域構造観察は，電気分極と磁気秩序変数との結合に関する直接的な知見を与える[37]．d 定数を選択することにより，強誘電分域構造，（反）強磁性磁区，秩序変数が結合した分域構造を別々に観察できる．ここでは六方晶 YMnO$_3$（h-YMO）の SHG 顕微鏡観察の結果を示す[38]．この結晶は 900 K 以上の高温で六方晶 $P6_3/mmc$ から六方晶 $P6_3cm$ へと構造相転移をし，強誘電体となる．一方磁気的には低温で Mn イオンのスピン配列が秩序をもち，反強磁性体となる．磁気空間群は $T<T_\mathrm{N}$ で $P6_3'c'm$ となる．このとき非線形分極 $P^{(2\omega)}$ は次式のような 3 つの項からなる．

$$P^{(2\omega)} = \varepsilon_0 (d^{(P)} + d^{(M)} + d^{(PM)}) E^{(\omega)} E^{(\omega)} \tag{8.8}$$

ここで $d^{(P)}, d^{(M)}, d^{(PM)}$ はそれぞれ電気分極 P，反強磁性秩序変数 η，および P と η が結合した状態に対応する SHG 定数である．h-YMO の場合，$d^{(P)}$ の独立なテンソル成分は $d_{311}, d_{113}, d_{333}$，$d^{(PM)}$ の場合は d_{111} が許される唯一の独立な成分である．一方 $d^{(M)}$ は，Mn のスピン構造が中心対称性をもっているために全て 0 となる．すなわちこの結晶の T_N 以下のマルチフェロイック相においては，強誘電体秩序変数を P，磁性秩序変数を η とすると，次の 4 つの分域が存在する；$(+P,+\eta)$，$(-P,+\eta)$，$(+P,-\eta)$，$(-P,-\eta)$．$d^{(P)}$ を用いると $+P$ と $-P$ の状態を識別でき，一方 $d^{(PM)}$ を用いると $(+P,+\eta)$，$(-P,-\eta)$ を識別できる．4 つの分域を識別するためにフィービッヒ（Fiebig）らは $d^{(P)}$ を用いて観測した画像と $d^{(PM)}$ を用いて観測した画像を干渉させた．例えば $-P$ 分域と $(+P,+\eta)$ を干渉させたときに強度が明から暗に変化すると，その領域は $(-P,+\eta)$ 分域であり，変化しなければ $(+P,+\eta)$ 分域である．その結果を図 8.7 に示す．
　観察は z 面を切り出した平板結晶について行われた．純粋な強誘電分域構造を観察するために d_{311} を用いるので試料は x 軸の周りに一定角度回転させ，基本波の偏光方向は x 軸に平行，SHG 波は x 軸に垂直な偏光方向で観察する（図 8.7（a））．一方マルチフェロイック分域構造（自発分極と磁気秩序変数が双 1 次結合した領域）観察は d_{222} を用いるので基本波，SH 波とも偏光方向を y 軸に平行にすればよい．このように観察した SHG 画像を図 8.7（b）に示す．（c）は（a）と（b）の干渉画像である．

122   第8章　強誘電性と磁気秩序が共存する物質　マルチフェロイック物質

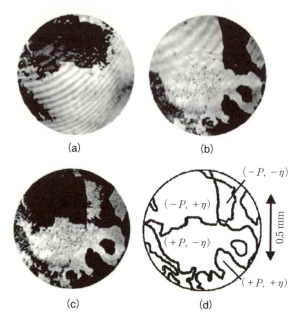

図 8.7　SHG 顕微鏡を使用した h-YMO の分域観察[38]．（a）強誘電分域構造，（b）マルチフェロイック分域（強誘電秩序変数と磁性秩序変数が双1次結合している領域），（c）は（a）の画像と（b）の画像の干渉像．（d）はこれから求めた4つの分域構造の模式図．

これより図 8.7（d）に示すように4種類の分域構造が識別できた．
　マルチフェロイック物質に共通する問題点は，（1）電気分極の大きさが通常の強誘電体に比較して2桁くらい小さいこと，（2）電気磁気交差現象が発現する温度が非常に低いこと，（3）磁性遷移金属イオンは多価イオンの場合が多く，このために生じる酸素欠損によってホッピングが起こり，試料が高い電気伝導性を示しやすいことなどである．これらの問題点が解決されれば，応用の可能性は格段に広がるであろう．

文　献

[1]　P. Curie, J. Physique, 3e serie t. Ⅲ , 393(1894).
Oeuvres de Pierre Curie, p. 136, Gauthier-Villars(1908).
[2]　L. D. Landau, E. Lifshitz, and L. P. Pitaevskii, Electrodynamics of continuous media

Butterworth-Heinemann (1984); ランダウ, リフシッツ著, 井上健男, 安河内昴, 佐々木健訳, 電磁気学 1：連続媒質の電気力学, 東京図書 (1970).

[3] I. Dzyaloshinsky, Soviet Phys. JETP **10**, 628 (1960).
[4] D. N. Astrov, Sov. Phys. JETP **11**, 708 (1960).
[5] G. T. Rado, and V. J. Folen, Phys. Rev. Lett. **7**, 310 (1961).
[6] H. Schmid, J. Phys. Chem. Solids **26**, 973 (1965).
[7] E. Asher, H. Rieder, H. Schmid, and H. J. Sössel, J. Appl. Phys. **37**, 1404 (1966).
[8] 近桂一郎, 菅原冬彦, 岩橋克聰, 金属物理 **11**, 209 (1965).
[9] R. R. Birss, *Symmetry and magnetism*, North-Holland (1964).
[10] T. H. O'Dell, *The Electrodynamics of Magneto-electric Media*, North-Holland (1970).
[11] 近桂一郎, 磁性体ハンドブック, p. 989, 朝倉書店 (1975).
[12] 白鳥紀一, 喜多英治, 固体物理 **14**, 599 (1979).
[13] K. Aizu, Phys. Rev. **B2**, 754 (1970).
[14] H. Schmid, Ferroelectrics **162**, 317 (1994).
[15] N. A. Hill, J. Phys. Chem. **B104**, 6694 (2000).
[16] 例えば, G. A. Smolensky, A. I. Agranovskaya, and V. A. Isupov, Sov. Phys. Solid State, **1**, 149 (1959). G. A. Smolensky, V. A. Isupov, N. N. Krainik, and A. I. Agranovskaya, Izvest. Akad. Nauk SSSR, Ser. Fiz. **25**, 1333 (1961) など.
[17] J. M. Moreau, C. Michel, R. Gerson, and W. J. James, J. Phys. Chem. Solids **32**, 1315 (1971).
[18] G. Catalan, and J. F. Scott, Adv. Mater. **21**, 2463 (2009).
[19] J. Wang et al., Science **299**, 1719 (2003).
[20] D. Lebeugle, D. Colson, A. Forget, M. Viret, P. Bonville, J. F. Marucco, and S. Fusil, Phys. Rev. **B76**, 024116 (2007).
[21] M. Cazayous, Y. Gallais, A. Sacuto, R. de Sousa, D. Lebeugle, and D. Colson, Phys. Rev. Lett. **101**, 037601 (2008).
[22] D. Lebeugle, D. Colson, A. Forget, M. Viret, A. M. Bataille, and A. Gukasov, Phys. Rev. Lett. **100**, 227602 (2008).
[23] A. A. Bossak, I. E. Graboy, O. Yu. Gorbenko, A. R. Kaul, M. S. Kartavtseva, V. L. Svetchnikov, and H. W. Zandbergen, Chem. Mater. **16**, 1751 (2004).
[24] H. Iida et al., J. Phys. Soc. Japan **81**, 024719 (2012).
[25] T. Katsufuji et al., Phys. Rev. **B66**, 134434 (2002).
[26] B. B. Van Aken, T. T. M. Palstra, A. Filippetti, and N. A. Spaldin, Nature materials **3**, 165 (2004).
[27] H. Yokota, T. Nozue, S. Nakamura, H. Hojo, M. Fukunaga, P. E. Janolin, J. M. Kiat, and A. Fuwa, Phys. Rev. **B92**, 054101 (2015).

[28]　Y. K. Jeong, J. -H. Lee, S. -J. Ahn, S. -W. Song, H. M. Jang, H. Chio, and J. F. Scott, J. Ame. Chem. Soc. **134**, 1450(2012).
[29]　Y. Tokura, Science **312**, 1481(2006).
[30]　Y. Tokura, and S. Seki, Adv. Mater. **22**, 1554(2010).
[31]　T. Kimura, T. Goto, H. Shintani, K. Ishizaka, T. Arima, and Y. Tokura, Nature, **426**, 55(2003).
[32]　I. Dzyaloshinsky, J. Phys. Chem. Solids **4**, 241(1958).
[33]　T. Moriya, Phys. Rev. **120**, 91(1960).
[34]　永長直人，固体物理 **44**, 491(2009)；永長直人，十倉好紀，日本物理学会誌 **64**, 413(2009).
[35]　M. Mostovoy, Phys. Rev. Lett. **96**, 067601(2006).
[36]　A. Inomata, and K. Kohn, J. Phys. Condens. Matter **8**, 2673(1996)；木村宏之，福永守，野田幸男，近桂一郎，固体物理 **44**, 667(2009).
[37]　M. Fiebig, V. V. Pavlov, and R. V. Pisarev, J. Opt. Soc. Am. **B22**, 96(2005).
[38]　M. Fiebig, Th. Lottermoser, D. Frölich, A. V. Goltsev, and R. V. Pisarev, Nature **419**, 818(2002).

演習問題

問題8.1
(8.1)式と(8.2)式に現れる係数 a は次元が同じであることを示せ.

問題8.2
図8.3(a)〜(c)の SDW を説明するためには，それぞれ(8.6)式の $S_1, S_2, S_3, \boldsymbol{Q}$ をどのように選べばよいか.

Ⅰ. 均一系としての強誘電体とその関連物質

第9章

強誘電体の基本定数の測定法
1 電気的測定

　ここでは強誘電体のマクロな基本定数測定のうち，電気的測定，すなわち誘電率，分極（D-E 履歴曲線，焦電気），圧電定数についての実験方法を説明する．

9.1 誘電率の測定

　低周波（テラヘルツなどの場合と異なり，交流回路的に測定できる周波数範囲）の誘電率は，誘電体試料を挟んだ平板コンデンサーの電気容量 C に比例する値として，通常 LCR メータ（インピーダンスアナライザなども含む）で測定される．すなわち，そのコンデンサーの電極の面積 S と電極間隔（試料の厚さ）d および $C = \varepsilon_0 \varepsilon \dfrac{S}{d}$ から ε は決定できる．しかし実際の誘電体は完全な絶縁体（直流的な電気抵抗成分すなわち R が無限大）ではなく，わずかではあるが電気伝導性がある．それは C に並列な電気抵抗成分 R_p として表すことができる．また試料の電極および測定器から試料への配線の電気抵抗 R_s やインダクタンス L も含めると，誘電体試料を含む系の等価回路は図 9.1 のようになる．

　これより全体のインピーダンス Z は測定周波数 f，角振動数を $\omega = 2\pi f$ とすれば次式で与えられる．

$$Z = \frac{R_\mathrm{p}}{1 + i\omega C R_\mathrm{p}} + R_\mathrm{s} + i\omega L = \frac{R_\mathrm{p}(1 - i\omega C R_\mathrm{p})}{1 + (\omega C R_\mathrm{p})^2} + R_\mathrm{s} + i\omega L \tag{9.1}$$

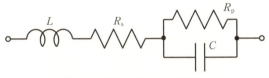

図 9.1　誘電率測定の等価回路．

通常の誘電体で低い周波数（およそ 10 kHz 以下）では多くの場合 R_s や $i\omega L$ に比べて右辺第 1 項の方がはるかに大きくなるため，試料に直列に加わっている R_s や L の影響は無視できる．また試料の誘電率を複素誘電率すなわち $\varepsilon = \varepsilon' - i\varepsilon''$ として考えて（ε'' を正の値にするため，ε'' の前の符号をマイナスにしている），Z から得られる C_m も同様に $C_m = C' - iC''$ と書くことにすると，

$$Z = \frac{R_p}{1 + i\omega C R_p} = \frac{1}{i\omega C_m} = \frac{1}{i\omega(C' - iC'')} \qquad (9.2)$$

$$C' - iC'' = \frac{1 + i\omega C R_p}{i\omega R_p} = C - i\frac{1}{\omega R_p} \qquad (9.3)$$

となるため，試料が C と R_p の並列と見なせるときは C が誘電率の実部に，$1/\omega R_p$ が誘電率の虚部に対応することがわかる．ただし R_p が無視できても R_s が無視できないときは，R_s により ε'' が現れる．配線ではなく試料内部に R_s に相当する成分が存在するような場合もあることに注意せよ（問題 9.2, 9.3）．

　LCR メータでは，H(HI)端子から試料に印加した交流電圧 V と，試料を通って L(LO)端子に流れた交流電流 I の関係から $Z = V/I$ を求めて，それから並列等価回路での C_p-R_p や直列等価回路での C_s-R_s を計算して求めている．例えば，複素インピーダンス Z が次式で与えられる試料を考える．

$$Z = Z_0 e^{i\phi} = Z_0(\cos\phi + i\sin\phi) \qquad (9.4)$$

この試料に角周波数 ω の交流電圧

$$V = V_0 e^{i\omega t} \qquad (9.5)$$

を加えたときに流れる電流 I は

$$I = \frac{V_0}{Z_0}\exp i(\omega t - \phi) \qquad (9.6)$$

ここで V と I の実部の積を 1 周期について積分すると

$$\frac{1}{T}\int_0^T \mathrm{Re}(V)\mathrm{Re}(I)\,dt = \frac{V_0}{TZ_0}\int_0^T \cos\omega t \cos(\omega t - \phi)\,dt$$

$$= \frac{V_0}{2TZ_0}\int_0^T \{\cos(2\omega t - \phi) + \cos\phi\}\,dt = \frac{V_0}{2Z_0}\cos\phi \qquad (9.7)$$

9.1 誘電率の測定　127

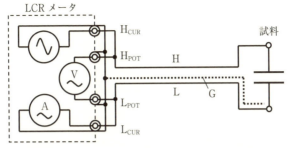

図 9.2 LCR メータの模式図とガード付き 2 端子接続.

一方，電圧の位相を $\pi/2$ ずらした波形の積を同様に積分すると

$$\frac{V_0}{TZ_0}\int_0^T \cos(\omega t - \pi/2)\cos(\omega t - \phi)\,dt = \frac{V_0}{2Z_0}\sin\phi \tag{9.8}$$

を得る．(9.7) 式と (9.8) 式から複素インピーダンスの実部および位相差が決定できる．

　LCR メータの多くは H と L をそれぞれ POT（電圧）と CUR（電流）に分けた 4 つの端子を用いて，4 端子対で測定することにより R_s や L の影響を除けるようになっている．一方，R_s や L を無視できる場合は，図 9.2 のように H と L それぞれの POT と CUR を LCR メータ付近で接続して，2 端子として測定できる．しかし H や L の配線が長くなると，試料に並列に加わる配線の間の電気容量が無視できなくなる．その他，試料以外の容量が加わるのを防ぐために，H と L の配線に図の点線のように G（ガード）を挟むようにする．具体的には G との電位差の小さい L のシールド線の外側を G に接続する．この場合，H に電圧をかけたときに試料を通った電流は L に流れるが，それ以外は G に流れるため余計な成分が測定にかからなくなる．

　図 9.2 のような H, L, G を利用すると，複数の試料を少ない配線で切り替えて測定できる．図 9.3 は配線 4 本で 4 個の試料を測定できるようにした例である．

試料の片側を 2 つずつつないで H_1 と H_2，L_1 と L_2 とし，スイッチ（リレー）でそれぞれ片方（測りたい試料の両端）だけ LCR メータの H と L に，もう片方（残りの配線）は G に切り替える．すると，図の状態では C_1 だけが測定される．$L_2 = G$ のため C_2 には電圧がかかっても電流は測定されない．$H_2 = G$ のため C_3 には電圧がかからず C_3 から L_1 には電流が流れない．また C_4 には電圧がかからず電流も測定されな

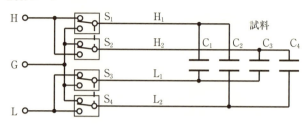

図9.3 4試料の切替測定回路(配線のガードは省略).

い．図からスイッチS_3とS_4を下に切り替えるとC_2が測定される．S_1とS_2，S_3とS_4を連動させれば，それらの4通りの状態が試料4個にちょうど対応する．スイッチを増やせば，さらにH_1とH_2の間，L_1とL_2の間にも試料を1個ずつ付けることも可能だが，その場合$H_2=L$，$L_1=L_2=G$などにする必要があり，切替がずっと面倒になる．次節のD-E履歴曲線の測定でも，同じ方法で切替が可能である．以上の方法は複数試料を同一の環境下，例えば冷凍機に入れて測定する場合に有効である．

9.2　D-E履歴曲線の測定

強誘電体であることを実験的に証明するには，電場によって自発分極が反転することを観測しなければならない．試料の電気伝導度が低い場合には次のようなソーヤー-タワー(Sawyer-Tower)法が用いられることが多い．これより自発分極P_s，残留分極P_rおよび抗電場E_cの値が求められる[1]．

コンデンサー状にした試料(電気容量C_x)に，図9.4のように既知の電気容量C_0をもつ標準コンデンサーを直列に接続して交流電圧を印加する．このとき試料と標準コンデンサーの両端には同じ電荷量Qが蓄積される．C_0のQは試料に流れた電流を時間積分した量でもある．試料と標準コンデンサーの電圧をそれぞれV_x，V_0とすると

$$Q = C_x V_x, \quad Q = C_0 V_0 \tag{9.9}$$

ここで$C_0 \gg C_x$とすると$V_x \gg V_0$となるので，試料の印加電圧は電源電圧Vとほとんど同じで，試料の電場は試料の厚さをdとすると，$E = V/d$となる．一方，電荷Qは電気変位Dに極板面積Sを掛けたものであるので，標準試料の電圧は

9.2 D-E 履歴曲線の測定

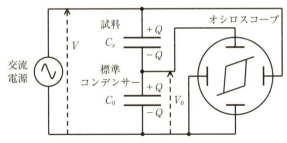

図 9.4 D-E 履歴曲線を測定するためのソーヤー-タワーブリッジの原理図.

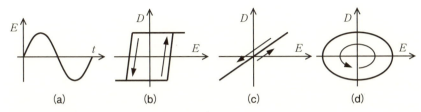

図 9.5 交流電場 E の波形(a),理想的な強誘電性(b),線形な誘電性(c),および電気伝導性(d)による D-E 履歴曲線.

$$V_0 = \frac{Q}{C_0} = \frac{DS}{C_0} \tag{9.10}$$

であたえられる.これより V_0, S, C_0 から D が得られる.D-E 履歴曲線は,図のように V をオシロスコープの X 軸に,V_0 を Y 軸に入れて得られる.現在ではオシロスコープの代わりに,PC に接続するデータ集録ユニットなども使われる.それが第2章,図2.1のような形になれば P_s などが求められる.

実際には図9.4のままでは,オシロスコープの入力抵抗としての R が C_0 に並列に加わって D-E 履歴が変形することがある.その R の影響は C_0 が小さい,または周波数が低いほど大きくなる(C_x として強誘電体でなく普通のコンデンサーを測る場合でも,その影響があると D-E 履歴が直線にならなくなる).それを防ぐためには V_0 にオペアンプによるバッファを入れるか,C_0 を使った積分回路にする.積分回路では V_0 の分だけ試料の V_x が V より小さくなるのを防ぐことができる.しかしその影響を除いても,D-E 履歴曲線が歪んだ形になる場合がある.**図9.5**(a)のような E を加えたときに,理想的な強誘電性の分極反転を考えると(b)のような形になるが,

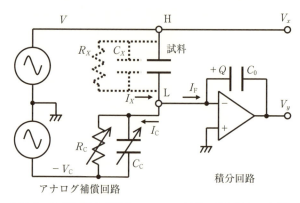

図 9.6 D-E 履歴曲線測定のアナログ補償回路と積分回路[3].

実際には線形な誘電性によって(c)のような直線が加わって全体が傾くことになる．また電気伝導性を考えると E に比例した電流が積分されて，E が正弦波のときには(d)のように楕円の D-E 曲線が描かれるため，P_r が過大評価されたり，強誘電体でないのに物質が強誘電体と誤解されることもある[2]．

図 9.5(c)や(d)のような成分を補償して(b)のような履歴曲線を得るために，アナログ回路的に引いたり，測定された D から計算して引いたりする方法がある[3]．

図 9.6 にソーヤー–タワー回路を改良した回路を示す．この回路では C_0 を含む積分回路も用いている．図のオペアンプは L 点の電位が常にグラウンドに等しくなるように出力電圧 V_y を変化させるため，試料の電圧は常に V になり，C_0 の電荷が Q のとき $V_y = -Q/C_0$ となる．試料に並列な要素 R_X と C_X が存在して，それらにより電流 I_X が流れるとき，アナログ補償回路で V と逆位相の交流電圧 $-V_C$ と R_C，C_C を操作して，I_X と同じだけの補償電流 I_C が L 点から流れ出すようにすれば，試料の強誘電性による I_F だけを測ることができる．またこの回路は，H 点を電圧出力端子，L 点を電流入力端子と見なせば，LCR メータによる誘電率測定と対応する．

このアナログ補償では，補償後の形が図 9.5(b)に近くなるように補償量を操作しなければならないが，そのような操作をしなくてもすむ方法として，PUND (Positive-Up-Negative-Down)法[4]および D-E 履歴曲線に適用した DW(Double-Wave)法あるいは 2 重波法[5]を説明する．

図 9.7 で，(a)は試料に加える E の波形を示す．交流波形を正または負の片側ずつにした半波形を 2 回ずつ繰り返す．それぞれの半波形は PUND 法にならって P,

9.2 D-E履歴曲線の測定

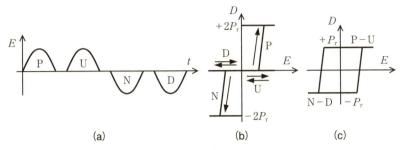

図9.7 DW法の測定原理．電場 E のP，U，N，D波形(a)と，それらにより描かれる強誘電性の D-E 半ループ(b)，および差分を接続した D-E 履歴曲線(c)．

U，N，Dと表す(物理量を表す斜体の P や D との区別に注意)．(a)の各半波形で描かれる D-E の半ループを考えると，理想的な強誘電性に対しては(b)のようになる．(b)では各曲線の始点を $E=D=0$ としている．Pの前に試料の分極が $-P_\mathrm{r}$ だったときは，Pにより分極が反転して $+P_\mathrm{r}$ となるため，測定される D は $+2P_\mathrm{r}$ 変化する(Pの前の分極状態によってはそれより小さくなる)．次のUではすでにPで分極反転しているため，分極は変化せず D は変化しない．Nでは再び分極が $-P_\mathrm{r}$ に反転するため，D は $-2P_\mathrm{r}$ 変化するが，DではUと同様に D は変化しない．一方，測定される D で P_r に関与しない成分[*1]はすべて，PとU，NとDで全く同じ D となる．そのためPとU，NとDのそれぞれの D の差分は P_r の変化分だけになり，それで描かれた D-E 半ループの終点と始点を接続すると(c)のように理想的な D-E 履歴曲線が得られる．ただしこの方法で測定されるのは E により反転可能な P_r であり，試料によっては E で反転していない分極が存在している可能性もある．

図9.8 にDW法による D-E 履歴曲線の測定例を示す[6]．(a)はアナログ補償がないときのP，U，N，Dの各半ループで，大きな電気伝導性によりほとんど同じ楕円になっているが，PとU，NとDの差は(b)のように，D の値が粗いが強誘電性の履歴曲線が得られている．(c)は同じ試料に R_C だけ(C_C なし)のアナログ補償を加えて測定したときで，P，U，N，Dの各半ループは(a)から大きく潰れた形になっている(重なると見にくいため D をずらして描いている．また，強誘電性に起因するループでも電気伝導性による見かけのループでも，D-E 履歴曲線は通常は反時

[*1] 図9.5(c)や(d)のような誘電性や電気伝導性，E を印加している間は反転するが $E=0$ で元に戻る，P_s と P_r の差に相当する分極成分など．

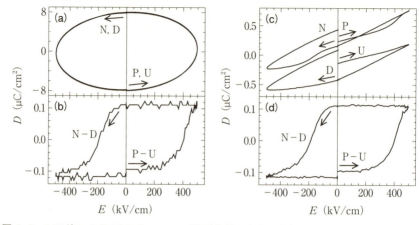

図 9.8 DW 法による $YbFeO_3$ の D-E 履歴曲線. (a), (b) アナログ補償なし, (c), (d) アナログ補償あり, 縦軸の値の違いに注意せよ[6].

計回りだが, アナログ補償をかけすぎると (c) の U と D のように逆回りとなる). しかしアナログ補償で D の測定レンジを狭めたことにより, それらの差 (d) では (b) より滑らかな履歴曲線が得られている. このように DW 法を用いるときでも, P と U, N と D の差が小さいときはアナログ補償を併用できたほうがよい. アナログ補償の波形を PC で制御すれば, U と D の半ループの測定結果を用いて, U と D の成分を自動で打ち消すようなアナログ補償を加えることもできる.

PUND 法は, 主に強誘電体メモリー (FeRAM) 素子用の薄膜の特性評価方法である. 図 9.7 (a) と同様だが方形波のパルス電圧を加えて, そのパルス波高値, パルス幅, 繰り返し周波数を変化させて, 分極疲労 (分極反転の繰り返しにより残留分極が小さくなる現象), インプリント (電圧を同一方向に印加し続けると分極が反転しにくくなる現象) やリテンション (残留分極を長時間保持する能力) といった特性が評価される.

9.3 焦電気電流の測定

自発分極の温度変化により電流が発生する現象を焦電効果と呼ぶ. この現象は自発分極をもつ物質 (焦電体) であれば, 電場で分極が反転しない物質でも生じるが, その焦電気電流によって分極 (残留分極) の温度変化を測定できる. 最近ではマルチフェロ

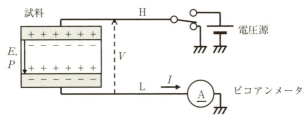

図 9.9 焦電気電流の測定回路[3].

イック物質の分極の磁場変化も，磁場を変化させて変位電流を測定することにより同様に測定されている．

図 9.9 に焦電気電流の測定回路を示す[3]．誘電率や $D\text{-}E$ 履歴曲線と同様に H から試料に電圧を印加して，L に流れた電流を測定する．ただし焦電気電流は通常 pA～nA 程度と非常に小さな直流電流であるため，測定にはピコアンメータやエレクトロメータといった機器を用いて，数十分～数時間といった時間をかけて行われる．ピコアンメータの代わりに，図 9.6 のような積分回路を用いても，適切なオペアンプを選べば測定が可能である*2．

上図は電圧を印加していない状態を示しているが，通常は測定前に自発分極を揃えるために，試料に直流電圧を印加しながら，T_C 以上の温度から T_C 以下に冷却する．これをポーリングという．絶縁性のよい試料ならポーリング時でも測定が可能であるが，電気伝導性のある試料では電圧を印加するとピコアンメータの測定範囲を超える可能性がある．さらに電気伝導性の大きな試料では，電圧を印加しなくても，ピコアンメータの入力端子に存在するわずかな電位差で試料に流れる電流が測定されることもある．

ポーリング後は図のように，自発分極による電荷が電極部分の電荷によって打ち消されて，試料の電圧はゼロになっていると考えられる．それから温度を上げると分極が減少し，その分だけ電極にあった電荷が自由になって電流 I が流れる．図のように H にプラスの電圧をかけてポーリングしているときは I は正の値となる．温度を上昇

---

*2 積分回路ではオペアンプの入力端子から流れる電流も C_0 に積分されるが，それが小さいものを使う(測定が長時間になるため，$D\text{-}E$ 測定で使うものよりも，その性能がよいものを使う必要がある．十分な性能があれば，圧電効果すなわち分極の応力変化により生じる電荷も測ることもできる)．

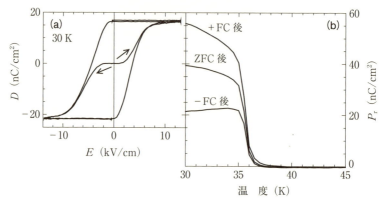

図 9.10 DW 法による $TmMn_2O_5$ の D-E 履歴曲線(a)と,焦電気測定による分極の温度変化(b)[7].

させて分極が減少していくときは I は負の値になり,T_C 以上でゼロになる.その I を積分した Q は時間とともに減少し T_C 以上で一定となるが,T_C 以上で分極ゼロ,すなわち $Q=0$ と考えるため,T_C 以下では正の Q があったことを意味する.$Q(T)$ を試料の面積 S で割れば $P_r(T)$ となる.具体的には PC で電流と温度の時間変化 $I(t)$,$T(t)$ を同時に測定し,I を積分して $Q(t)$ として求める.

図 9.10 に焦電気測定と D-E 履歴曲線の比較例を示す[7].(a)は 30 K における D-E 履歴曲線で,$E=0$,$D=0$ から始まる 2 本の曲線は,T_C 以上の 45 K から ZFC 後(ゼロ電場冷却すなわちポーリングなしで),P,U,N,D の順に測定したときと,もう一度 ZFC 後 N,D,P,U の順に測定した 2 回の結果で,始点を同じにしたとき $+P_r$ と $-P_r$ の位置が揃っていることから,2 回とも分極の初期状態は同じだったといえる.(b)は 30 K まで +FC,-FC(プラス,マイナスの電場冷却)と ZFC 後の焦電気測定の結果で,40〜45 K で P_r がゼロとすると,ZFC 後の曲線から D-E 履歴曲線の初期状態は $+40\,nC/cm^2$ に相当し,それだけ D-E 履歴曲線で見えていない P_r が存在していたことを示している.

9.4 圧電定数の測定

ある種の結晶に応力 X を加えると電気分極 P が誘起され,逆に電場 E を加えると歪み e が発生する.この現象を圧電効果(前者を正圧電効果,後者を逆圧電効果)と呼

9.4 圧電定数の測定

ぶ．この効果はキュリー(Curie)兄弟により発見された．圧電効果は

$$P_i = \sum_{j,k=1}^{3} d_{ijk} X_{jk} \quad \text{または} \quad e_{ij} = \sum_{k=1}^{3} d_{ijk} E_k \qquad (9.11)$$

と表すことができる．(9.11)式から明らかなように，圧電定数 d は3階の極性テンソル量である．したがって中心対称性をもたない点群に属する結晶が圧電効果を示す．これより強誘電体はすべて圧電効果を示す．ただし圧電効果を示す物質は必ずしも強誘電体とはならない．中心対称性はもたないが非極性の点群，例えば直方晶 222，正方晶 $\bar{4}2m$，立方晶 23 などがその例である．強誘電体は大きな圧電効果をもつものが多く，強誘電体の応用の大きな分野となっている．

圧電特性を評価するもう1つの重要な定数は電気機械結合定数 K である．K は機械的なエネルギー(弾性エネルギー)と電気エネルギー(静電エネルギー)の比であり，例えば電場を 3(z) 方向に加えて 1(x) 方向の伸縮歪みを生じさせる場合には，次式で与えられる．

$$K^2 = \frac{d_{13}^2}{\varepsilon_3 s_{11}} \qquad (9.12)$$

ここで s は弾性コンプライアンスである．K 定数はエネルギーの変換効率であるので，いくら d が大きくても K が小さい場合には圧電応用には向いていない．圧電効果の正確な測定は，以下に述べる**共振・反共振**(resonance/anti resonance)**法**が一般的に用いられている．この方法は圧電試料のインピーダンスの周波数特性を測定し，その共振点から圧電定数と電気機械係数を求めるものである．このほかに試料に電場を印加し，その変位から圧電定数を求める方法や，逆に応力を印加して試料表面に誘起された電荷を測定する方法などがある．以下は共振・反共振法の原理を示す．

圧電結晶に電場と応力を同時にかけると，その歪み e_{ij} と電気変位 D は次式となる．

$$e_{ij} = \sum_{k,l=1}^{3} s_{ijkl} X_{kl} + \sum_{k=1}^{3} d_{ijk} E_k \qquad (9.13)$$

$$D_i = \sum_{j=1}^{3} \varepsilon_{ij} E_j + \sum_{j,k=1}^{3} d_{ijk} X_{jk} \qquad (9.14)$$

今図 9.11 に示すように結晶の圧電テンソル主軸 (x, y, z) に平行に試料を切り出す．このとき $l \gg a, b$ とする．z 軸方向に交流電圧を加え，x 軸方向の伸び縮みを考える．y, z 方向の応力は 0，電場は z 成分のみをもつので

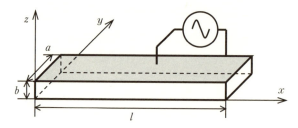

図 9.11 共振・反共振法による圧電効果の測定.

$$e_1 = s_{11}X_1 + d_{13}E_3, \quad D_3 = \varepsilon_3 E_3 + d_{31}X_1 \tag{9.15}$$

ここではテンソル成分に関してフォークト(Voigt)の記号を用いている(付録 A.1). x 方向の変位を u, x 方向に働く力を F_x, 密度を ρ とすると運動方程式は次式で与えられる.

$$\rho dx dy dz \frac{d^2 u}{dt^2} = F_x = \left(\frac{\partial X_1}{\partial x} dx\right) dy dz \tag{9.16}$$

これより

$$\rho \frac{d^2 u}{dt^2} = \frac{\partial X_1}{\partial x} \tag{9.17}$$

一方, (9.15)式の第1式の両辺を x で微分し, 歪みの定義式 $e_1 = \dfrac{\partial u}{\partial x}$ を用いると

$$\frac{d^2 u}{dx^2} = s_{11} \frac{\partial X_1}{\partial x} \tag{9.18}$$

これを(9.17)式に代入すると

$$\rho \frac{d^2 u}{dt^2} = \frac{1}{s_{11}} \frac{\partial^2 u}{\partial x^2} \tag{9.19}$$

これは波動方程式を表す. この解を

$$u(x,t) = A \exp i(\omega t - kx) \tag{9.20}$$

とおいて(9.19)式に代入すると

$$\frac{\omega}{k} = \sqrt{\frac{1}{\rho s_{11}}} \tag{9.21}$$

を得る. これは波の速度 v(音速)を与える.

$$v = \frac{1}{\sqrt{\rho s_{11}}} \tag{9.22}$$

9.4 圧電定数の測定

定在波の場合(9.19)式の解は

$$u(x,t) = u(x)\exp(i\omega t), \quad u(x) = A\sin kx + B\cos kx \tag{9.23}$$

で与えられるが，ここで定数 A, B は境界条件で決まる．今試料の両端を固定しないときは $x=0$ および $x=l$ で $X_1=0$ なので(9.15)および(9.23)式より

$$e_1 = \frac{\partial u}{\partial x} = Ak\cos kx - Bk\sin kx = d_{13}E_3 \tag{9.24}$$

したがって

$x=0$ のとき

$$Ak = d_{13}E_3 \tag{9.25}$$

$x=l$ のとき(9.24)式と(9.25)式を用いて

$$Bk = \frac{d_{13}E_3(\cos kl - 1)}{\sin kl} = \frac{d_{13}E_3\{-2\sin^2(kl/2)\}}{2\sin(kl/2)\cos(kl/2)}$$
$$= -d_{13}E_3\tan(kl/2) \tag{9.26}$$

これより

$$e_1 = d_{13}E_3\cos kx + d_{13}E_3\tan(kl/2)\sin kx$$
$$= d_{13}E_3\frac{\cos kx\cos(kl/2) + \sin kx\sin(kl/2)}{\cos(kl/2)}$$
$$= d_{13}E_3\frac{\cos(kx - kl/2)}{\cos(kl/2)} \tag{9.27}$$

これを(9.15)式に代入すると

$$D_3 = \left(\varepsilon_3 - \frac{d_{13}^2}{s_{11}}\right)E_3 + \frac{d_{13}}{s_{11}}e_1$$
$$= \left\{\left(\varepsilon_3 - \frac{d_{13}^2}{s_{11}}\right) + \frac{d_{13}^2}{s_{11}}\frac{\cos(kx - kl/2)}{\cos(kl/2)}\right\}E_3 \tag{9.28}$$

これより z 方向に流れる電流 I_3 は次式で与えられる．

$$I_3 = i\omega\int_0^l aD_3 dx = i\omega\left\{\left(\varepsilon_3 - \frac{d_{13}^2}{s_{11}}\right)al + \frac{d_{13}^2}{ks_{11}}\frac{2\sin(kl/2)}{\cos(kl/2)}\right\}E_3$$
$$= i\omega\left\{\left(\varepsilon_3 - \frac{d_{13}^2}{s_{11}}\right)al + \frac{2d_{13}^2}{ks_{11}}\tan(kl/2)\right\}E_3 \tag{9.29}$$

したがってアドミッタンス Y は

$$Y = \frac{I_3}{bE_3} = i\omega\frac{al}{b}\left\{\left(\varepsilon_3 - \frac{d_{13}^2}{s_{11}}\right) + \frac{2d_{13}^2}{lks_{11}}\tan(kl/2)\right\} \tag{9.30}$$

138   第9章 強誘電体の基本定数の測定法 1 電気的測定

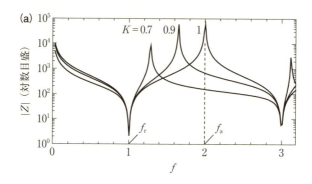

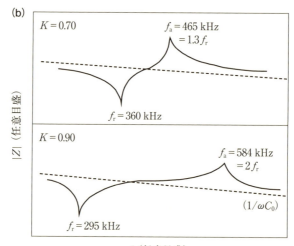

図 9.12 （a）共振点・反共振点近傍のインピーダンスの絶対値の周波数依存性．周波数は共振点の周波数 f_r で規格化してある．（b）共振点・反共振点近傍のインピーダンスの実測値[8]．上図は PZT（$K=0.70$），下図は PZT-PT（$K=0.90$）の試料についての測定結果を示す．

で与えられる．

図 9.12（a）に (9.30) 式を用いて計算した $Z(=1/Y)$ の絶対値の周波数依存性を示す．また比較のために実測値の結果を図 9.12（b）に示す．

9.4 圧電定数の測定

Y は $kl=\pi$ のときに ∞ になる．このとき周波数 f_r は(9.22)式を用いて

$$f_r = \frac{kv}{2\pi} = \frac{v}{2l} = \frac{1}{2l\sqrt{\rho s_{11}}} \tag{9.31}$$

となる．これを共振周波数と呼ぶ．一方 Y は k が次式を満たすときに 0 となる．

$$\left(\varepsilon_3 - \frac{d_{13}^2}{s_{11}}\right) + \frac{2d_{13}^2}{lks_{11}}\tan(kl/2) = 0 \tag{9.32}$$

このときの周波数 f_a は電気機械結合定数 K((9.12)式)を用いて次式で与えられる．

$$\frac{\pi f_a l}{v}\cot\left(\frac{\pi f_a l}{v}\right) = \frac{K^2}{K^2-1} \tag{9.33}$$

f_a を反共振周波数と呼ぶ．これより K が 1 に近い場合には $\pi f_a l/v \sim \pi$ なので

$$f_a \sim \frac{v}{l} = \frac{1}{l\sqrt{\rho s_{11}}} \tag{9.34}$$

したがって K が 1 に近い場合には反共振周波数は共振周波数の約 2 倍となる．

一方，K が小さい場合には f_a と f_r の差は小さくなる(図9.12)*3．

共振状態では試料の振動が発散するため，逆圧電効果による電流が発散し，$Y = \infty$ $(Z=0)$ になるが，反共振状態では逆圧電効果による電流がそれどうしやコンデンサとしての電流と打ち消し合い，$Y=0$ $(Z=\infty)$ になる．

共振・反共振法によって圧電定数を求めるには次のような過程を踏めばよい．

(1) 試料を求めたい d に合わせて切り出し，電極をつける．このとき $a, b \ll l$ の条件を満たすように注意すること．
(2) 試料を単分域化する．
(3) LCR メータで共振周波数 f_r と反共振周波数 f_a を求める．これらの特性周波数は通常は kHz から MHz の間にある．f_r から(9.22)式および(9.31)式を用いて音速 v を求める．
(4) この v と f_a から(9.33)式を用いて電気機械結合係数 K が求まる．
(5) 試料の密度 ρ と v から弾性コンプライアンス s が求まる．K，s および誘電率 ε から(9.12)式を用いて d の値が決定できる．

---

*3 (9.30)式で $k \sim 0$ とすると $\tan(kl/2) \sim kl/2$ から $Y \sim i\omega\varepsilon_3 al/b$ となり，圧電性を考えないときのコンデンサーのアドミッタンスと一致する．また(9.31)式から，共振周波数は結局，振動の波長が試料の長さの 2 倍で定在波になるときで，d や K には依存しない．

文　献

[1] C. B. Sawyer, and C. H. Tower, Phys. Rev. **35**, 269. (1930).
[2] J. F. Scott, J. Phys. Cond. Mat. **20**, 021001 (2008).
[3] 山口俊久，高重正明，日本物理学会誌 **66**, 603 (2011).
[4] S. D. Traynor, T. D. Hadnagy, and L. Kammerdiner, Integr. Ferroelectrics **16**, 63 (1997).
[5] M. Fukunaga, and Y. Noda, J. Phys. Soc. Jpn. **77**, 064706 (2008)；福永守，野田幸男，固体物理 **44**, 91 (2009).
[6] H. Iida, T. Koizumi, Y. Uesu, K. Kohn, N. Ikeda, S. Mori, R. Haumont, P.-E. Janolin, J.-M. Kiat, M. Fukunaga, and Y. Noda, J. Phys. Soc. Jpn. **81**, 024719 (2012).
[7] M. Fukunaga, K. Nishihata, H. Kimura, Y. Noda and K. Kohn, J. Phys. Soc. Jpn. **77**, 094711 (2008).
[8] 内野研二，石井孝明，強誘電体デバイス，第7章，森北出版 (2005).

演習問題

問題 9.1
標準コンデンサー C_0 の位置に抵抗 R を入れたときに，同様の装置で観測される波形を描け．これは何を意味するか．

問題 9.2
C_p と R_p の並列接続と，C_s と R_s の直列接続の合成インピーダンス（またはアドミッタンス）が等しいとして，$C_p - R_p$ と $C_s - R_s$ の換算式を求めよ．

問題 9.3
$C_s - R_s$ から $C_p - R_p$ に換算したときに，C_p, $1/\omega R_p$ をそれぞれ誘電率の実部と虚部と見なすと，その ω 依存性がデバイ型の誘電分散に相当することを示せ．

問題 9.4
試料の電気伝導性による D-E 履歴曲線が，電圧波形が正弦波のときは図 9.5 (d) のように楕円になることを示せ．また $E = 0$ での切片の幅から見かけの P_r を求めよ．

問題 9.5
(9.11) 式の d 定数の次元を求めよ．正圧電効果も逆圧電効果の場合も同じ次元で表されることを示せ．

第9章

強誘電体の基本定数の測定法
2　回折実験，光学実験，分域構造観察法

　ここでは自発歪み，光学的性質(複屈折，円二色性，SHG)といった強誘電体のマクロな基本定数測定の代表的な実験方法，およびフェロイック物質の分域観察法について説明する．

9.5　自発歪みの測定

　強誘電相転移に伴い圧電効果および電歪効果を介して格子歪み(自発歪み)が発生する．その大きさは強誘電体結晶によって，また同じ結晶でもその方向によって異なるが，代表的な強誘電体の飽和自発歪みのオーダーは 10^{-3} と考えれば妥当である．この値は 100 K の熱膨張にほぼ相当する．格子歪みを正確に測定すれば，強誘電性の発生を間接的に知ることができる．また相転移温度を決定し，自発歪みと自発分極から圧電定数や電歪定数の値を知ることができる．ただし $PbTiO_3$ のように 1 次相転移を示す結晶では相転移温度で発生する大きな格子歪みのために試料が破壊されることがあるので注意を要する．また温度を変えて格子歪みを測定する場合には熱膨張の効果が重畳されるので，自発歪みを正確に求めるにはこの効果を正しく差し引かなければならない．このためには相転移を含む広い温度での測定が必要になる．格子歪みの測定には X 線回折法(XRD)，光干渉法，歪みゲージ法などがあるが，以下では XRD を取り上げて説明する．この方法は試料が単結晶，多結晶，セラミックス，薄膜のいずれにも適応できる簡便な方法である．また試料を取り替えることなく，全ての格子定数を決定できるという利点がある．

　格子歪みは X 線回折角の変化から測定する．格子間隔を $d(hkl)$，X 線の波長を λ とすると回折角 θ は次式のブラッグ(Bragg)条件を満たす．

$$2d(hkl)\sin\theta = \lambda \tag{9.35}$$

7 つの晶系の $d(hkl)$ は，格子定数 a, b, c および軸角 α, β, γ を用いて次式で表される．ただし α, β, γ はそれぞれ b 軸と c 軸のなす角度，c 軸と a 軸のなす角度，a 軸と b 軸のなす角度であることに注意せよ．

（1） 立方晶系の場合：$a = b = c,\ \alpha = \beta = \gamma = 90°$ なので

$$d(hkl) = \frac{a}{\sqrt{h^2 + k^2 + l^2}} \tag{9.36}$$

（2） 正方晶系の場合：$a = b,\ \alpha = \beta = \gamma = 90°$ なので

$$d(hkl) = \frac{a}{\sqrt{h^2 + k^2 + l^2(a/c)^2}} \tag{9.37}$$

（3） 直方晶系の場合：$\alpha = \beta = \gamma = 90°$ なので

$$d(hkl) = \frac{1}{\sqrt{(h/a)^2 + (k/b)^2 + (l/c)^2}} \tag{9.38}$$

（4） 単斜晶系の場合（通常 b 軸は 2 回回転軸，あるいは鏡映面の法線方向にとる）：$\alpha = \gamma = 90°$ なので

$$d(hkl) = \frac{1}{\sqrt{\left(\dfrac{h}{a\sin\beta}\right)^2 + \left(\dfrac{l}{c\sin\beta}\right)^2 - \dfrac{2hl\cos\beta}{ac\sin^2\beta} + \left(\dfrac{k}{b}\right)^2}} \tag{9.39}$$

（5） 六方晶系の場合：$a = b,\ \alpha = \beta = 90°,\ \gamma = 120°$ なので

$$d(hkl) = \frac{a}{\sqrt{\dfrac{4}{3}(h^2 + k^2 + hk) + l^2(a/c)^2}} \tag{9.40}$$

六方晶の場合には結晶面を表す方法として 3 指数表示 (h, k, l) と 4 指数表示 (H, K, I, L) の 2 つがあり，どちらもよく用いられている．指数の間の関係には次のような関係がある．

$$H = h,\quad K = k,\quad I = -(h+k),\quad L = l \tag{9.41}$$

4 指数表示を用いると，対称性により等価な面がすぐわかるという利点がある．例えば 3 指数で表した(000)，(010)，(100)面は六方晶の場合は等価ではなく，等価な面は(100)，(010)，($\bar{1}$10)，($\bar{1}$00)，(0$\bar{1}$0)，(1$\bar{1}$0)である．これを 4 指数表示するとそれぞれ(10$\bar{1}$0)，(01$\bar{1}$0)，($\bar{1}$100)，($\bar{1}$010)，(0$\bar{1}$10)，(1$\bar{1}$00)となり一目で等価であることがわかる．

（6） 三方晶系の場合：図 9.13 に示すように単位胞として六方晶系軸を選ぶ場合と三方晶系軸を選ぶ場合の 2 通りがある．

　　（i）三方晶系軸を選択する場合：$a = b = c,\ \alpha = \beta = \gamma$ なので

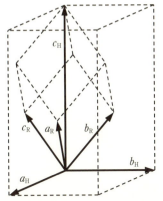

図 9.13 三方晶における三方晶系軸 (a_R, b_R, c_R) と六方晶系軸 (a_H, b_H, c_H) の関係.

$$d(hkl) = a\sqrt{\frac{1+2\cos^3\alpha - 3\cos^2\alpha}{(h^2+k^2+l^2)\sin^2\alpha + 2(hk+kl+lh)(\cos^2\alpha - \cos\alpha)}} \quad (9.42)$$

（ⅱ）六方晶系軸を選択する場合は $a=b$, $\alpha=\beta=90°$, $\gamma=120°$ なので結果は (9.40)式と同じになる.

（7） 三斜晶系の場合は格子定数, 軸角ともすべて任意の値を取り得るので

$$d(hkl) = \left[\frac{h/a \begin{vmatrix} h/a & \cos\gamma & \cos\beta \\ k/b & 1 & \cos\alpha \\ l/c & \cos\alpha & 1 \end{vmatrix} + k/b \begin{vmatrix} 1 & h/a & \cos\beta \\ \cos\gamma & k/b & \cos\alpha \\ \cos\beta & l/c & 1 \end{vmatrix} + l/c \begin{vmatrix} 1 & \cos\gamma & h/a \\ \cos\gamma & 1 & k/b \\ \cos\beta & \cos\alpha & l/c \end{vmatrix}}{\begin{vmatrix} 1 & \cos\gamma & \cos\beta \\ \cos\gamma & 1 & \cos\alpha \\ \cos\beta & \cos\alpha & 1 \end{vmatrix}} \right]^{-1/2}$$

(9.43)

(9.35)式より回折角が $\Delta\theta$ 変化したときの格子定数の変化率 $\Delta d/d$ は次式となる.

$$\Delta d/d = -\cot\theta \Delta\theta \quad (9.44)$$

したがって誤差 Δd は回折角 θ が 90° に近づくと小さくなる. 一方 X 線の波長は一定の広がり $\Delta\lambda$ をもっている. これによる回折角の広がり $\Delta\theta$ は (9.35)式から

$$|\Delta\theta| = \frac{1}{d\cos\theta}\Delta\lambda \quad (9.45)$$

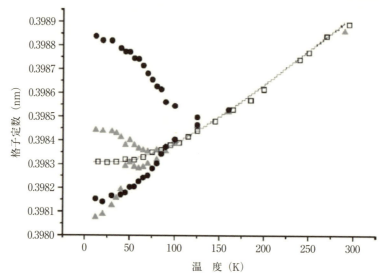

図 9.14 $K_{(1-x)}Li_xTaO_3$ の格子定数の温度依存性[9]．□は $x=0$ (KTO)，▲は $x=0.03$，●は $x=0.07$ の試料を示す．実線は熱膨張に関するデバイの式から計算した値を記す．

これより回折角が 90° に近づくにつれて X 線回折スペクトルは広がってしまい，正確なピーク位置を決定するのが難しくなる．XRD スペクトル解析はローレンツ関数とガウス関数を重畳させた関数(**擬フォークト**(pseudo Voigt)**関数**)がよく用いられている．最近はプロファイル解析のソフトが発達し，自動的に格子定数の絶対値を計算することができるようになった．

強誘電相転移に伴って試料には方位の異なる分域が発生する．例えば $BaTiO_3$ の正方晶では c 軸の向きが互いに 90° 異なる 3 つの分域が存在する(このほかに自発分極の向きが反平行な 180° 分域を入れると 6 種類)．したがって粉末試料で観測されるスペクトルは強度の異なるいくつかのスペクトルの重ね合わせとなり，これを分離しなければ正確な格子定数の値は求められない．このように相転移に伴う自発歪みを正確に決定するにはいろいろな作業を伴う．**図 9.14** にはその一例として，Li を添加した $KTaO_3$ (KTO) 単結晶の格子定数の温度依存性を示す[9]．KTO は量子常誘電体(第 5 章，5.6 節)として知られているが，Li を添加するとリラクサー状態を経て強誘電体となる．この図に示されているように，KTO の格子定数は低温まで異常を示さず立方晶のままであるが，Li の添加量を増すにつれて転移温度が上昇し，自発歪みが増

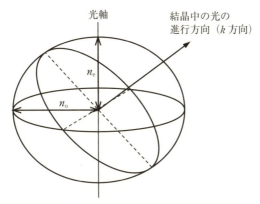

図 9.15 屈折率楕円体表示とそれを用いた屈折率の方向依存性の求め方. 1軸性結晶の場合を示す.

して,正方晶へと変化することが明確に観察される.

9.6 光学的性質の測定

　強誘電相転移に伴い,結晶の光学的な性質も変化する.ここでは3つの代表的な現象(複屈折,旋光能と円二色性,SHG)を説明する.

　(1) 複屈折

　異方性をもつ結晶中においては,振動方向(電気変位ベクトル **D** の方向)が互いに直交し,屈折率が異なる2つの光が伝播する.この現象を**複屈折**(birefringence)と呼ぶ.複屈折現象は図 9.15 に示すような屈折率楕円体で記述される.

　屈折率楕円体の原理およびその形と晶系との関係については付録,A.2を参照のこと.屈折率楕円体を用いれば,結晶中を進行する光の伝播方向がわかると,振動方向と屈折率を次のように知ることができる.屈折率楕円体は,結晶のテンソル主軸 a, b, c 方向(誘電率テンソルの主軸方向)の屈折率 n_a, n_b, n_c を主軸の長さにもつ楕円体である.n_a, n_b, n_c はそれぞれ a, b, c 軸方向に振動する光の屈折率であることに注意せよ(すなわち光の伝播方向の屈折率ではない!).図 9.15 において光の伝播方向(k 方向)を指定する.このとき k に垂直で原点を通る平面で屈折率楕円体を切断する.この切断面は一般的に楕円となる.この楕円の長軸と短軸の方向が2つ

の光の振動方向,その長さがそれぞれの光の屈折率となる.屈折率はテンソル量ではないので,$\varepsilon_0 E_i = B_{ij} D_j$ を満たす逆誘電率テンソル B_{ij} を考える.この逆誘電率 B_{ij} は2階の極性テンソルである.2階テンソルは一般にそれを係数とする2次曲面で記述される.ε_{ij}, B_{ij} は正のテンソル量であるので2次曲面は楕円体となる.すなわち B_{ij} を用いると

$$\sum_{i,j=1}^{3} B_{ij} x_i x_j = 1 \qquad (9.46)$$

これは主軸の傾いた楕円体を表す.主軸変換して,すなわち B_{ij} を対角化するようにあらたに座標軸 X_i を選ぶと(9.46)式は以下のようになる.

$$B_{11} X_1^2 + B_{22} X_2^2 + B_{33} X_3^2 = 1$$

あるいは比誘電率で書くと

$$X_1^2/\varepsilon_{11} + X_2^2/\varepsilon_{22} + X_3^2/\varepsilon_{33} = 1 \qquad (9.47)$$

ここで主軸方向の誘電率 ε_{ii} はその方向に振動する光の屈折率 n_i と次のような関係がある.

$$\varepsilon_{ii} = n_i^2$$

したがって

$$(X_1/n_1)^2 + (X_2/n_2)^2 + (X_3/n_3)^2 = 1 \qquad (9.48)$$

これは図9.15の屈折率楕円体を表している.正方晶,六方晶,三方晶などの晶系に属する結晶は,$n_1 = n_2 = n_o$, $n_3 = n_e$ の独立した2つの屈折率 n_o, n_e をもつ.これらの晶系を1軸性結晶,c 軸を光軸,n_o, n_e をそれぞれ正常光の屈折率,異常光の屈折率と呼ぶ.

結晶の屈折率は電場 E を印加すると,あるいは自発分極 P_s が発生すると電気光学(EO)効果によって変化する.EO効果には P(または E)に比例する1次効果(ポッケルス(Pockels)効果)および P(または E)の自乗に比例する2次の効果(カー(Kerr)効果)があり,次式で表される.ここでは電場に対する効果を示す.

$$B_{ij} = B_{ij}^0 + \sum_k r_{ijk} E_k + \sum_{k,l} \pi_{ijkl} E_k E_l \qquad (9.49)$$

ここで B_{ij}^0 は電場が0の場合の逆誘電率,r_{ijk} は3階の極性テンソルであるポッケルス定数,π_{ijkl} は4階の極性テンソルであるカー定数である.以下では電気光学結晶と

して応用上重要な LiNbO$_3$ (LN) のポッケルス効果を考える．点群は $3m$ であるので，r_{ijk} は次のような成分をもつ．ただしフォークト記号 $r_{lm}(l=1\sim6, m=1\sim3)$ を用いている．

$$\begin{pmatrix} 0 & -r_{22} & r_{13} \\ 0 & r_{22} & r_{13} \\ 0 & 0 & r_{33} \\ 0 & r_{51} & 0 \\ r_{51} & 0 & 0 \\ -2r_{22} & 0 & 0 \end{pmatrix} \tag{9.50}$$

LN は 1 軸性結晶であるので

$$B_{11}^0 = B_{22}^0 = 1/n_o^2, \quad B_{33}^0 = 1/n_e^2 \tag{9.51}$$

c 軸方向に電場 E_3 を印加すると，

$$\frac{1}{n_1^2} = \frac{1}{n_2^2} = \frac{1}{n_o^2} + r_{13}E_3,$$
$$\frac{1}{n_3^2} = \frac{1}{n_e^2} + r_{33}E_3 \tag{9.52}$$

したがって

$$n_1 = n_2 = n_o(1+n_o^2 r_{13} E_3)^{-1/2} \sim n_o - \frac{1}{2} n_o^3 r_{13} E_3,$$
$$n_3 \sim n_e - \frac{1}{2} n_e^3 r_{33} E_3 \tag{9.53}$$

ここで上式のカッコ内の第2項は1に比較して十分小さいのでテイラー展開し高次の項を無視した．これより c 軸方向に光を通したときには $\Delta n = n_1 - n_2$ は 0 なので複屈折は発生しないが，c 軸に垂直に光を通すと

$$\Delta n_{31} = n_3 - n_1 \sim (n_e - n_o) + \frac{1}{2}(n_o^3 r_{13} - n_e^3 r_{33}) E_3 \tag{9.54}$$

これより E_3 と線形的な関係をもつ複屈折の変化を観測することができる．強誘電相で電場を加えない場合には上式で E_3 を P_s に置き換えればよい (ただし r の次元は異なる)．したがって Δn_{31} を測定することにより P_s の変化を測定できる．

結晶の屈折率を測定する方法にはいくつかあるが，精度よく測定するには特別の工夫が必要である．一方，屈折率の異方性を示す複屈折は，高い精度 ($\sim 10^{-5}$) で測定が可能である．したがって臨界現象や外場に対する結晶の強誘電応答特性を調べる重

148　第9章　強誘電体の基本定数の測定法　2 回折実験，光学実験，分域構造観察法

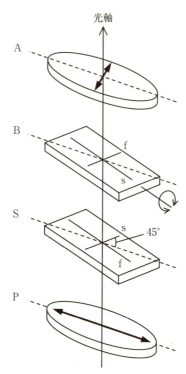

図 9.16　ベレーク補償板の原理．P：偏光子，S：試料，B：ベレーク補償板，A：検光子．

宝な測定方法となっている．偏光顕微鏡下で測定できる3つの方法を説明する．偏光状態の変換に関しては付録，A.2 を参照のこと．

a. ベレーク補償板(Berek compensator)

　ベレーク補償板は方解石のような大きな複屈折をもつ結晶を特別な方向に切り出して作製する．顕微鏡の光軸に垂直な軸の周りにベレーク補償板を回転することによって，リターデーション $\Gamma_b (= \Delta n_b d_b$，$\Delta n_b$ はベレーク補償板の複屈折率，d_b は厚さ) を変えることができる．偏光顕微鏡の偏光子と検光子を直交した状態(直交ニコル)にしておき，結晶試料の消光位(光学弾性軸)を 45°にする．この状態で偏光子の偏光方向から 45°傾いた方向にベレーク補償板を差し込む(図 9.16)．ベレーク位相板の Γ_b はその回転角と使用する光の波長からわかっているので，まずベレーク補償板を暗視

野の状態が得られるまで回転させる．このとき $\varGamma_b$ と結晶試料のリターデーション $\varGamma(=\Delta nd)$ とが相殺するので，試料の厚さ d がわかれば試料の複屈折 $\Delta n=\varGamma_b/d$ が決定できる．ただし試料には2つの直交する光学弾性軸があり，それによってリターデーションが逆に加算される場合もある．この場合には暗くならないので，試料を90°回転させてから同じ操作を行う．市販のベレーク補償板には較正表がついているが，指定された光の波長での値であることに注意せよ．この方法は偏光顕微鏡で観察しながら行えるので，試料に分域が存在するときには1つの分域を選択して観察できるという利点がある．

b. セナルモン(Sénarmont)法

結晶試料の消光位を偏光子の偏光方向から45°回転させた位置におく．この試料の上に $\lambda/4$ 波長板（$\varGamma$ がちょうど入射光の波長の $\lambda/4$ になっている位相板）をその消光位が偏光子の偏光方向に一致するように挿入する（図9.17）．

このとき $\lambda/4$ 波長板から出る光は直線偏光となり，偏光子 P からの偏光角度 θ は次式で与えられる．

$$\theta = \frac{\delta}{2} = \frac{\pi}{\lambda}\Delta nd \tag{9.55}$$

これより θ を検光子 A で測定すれば試料の複屈折を決定できる．$\lambda/4$ 波長板は使用する光の波長が決まっているので注意をすること．

c. 透過光強度測定

直交ニコルの状態で試料の消光位を45°におく．このとき検光子からの出射光強度 I は次式で与えられる（式の導出は付録，A.2を参照）．

$$I = I_0 \sin^2\left(\frac{\pi}{\lambda}\Delta nd\right) \tag{9.56}$$

入射光に対する強度比 $\gamma(=I/I_0)$ と波長，試料の厚さ d から Δn が求まる．ただし上式の位相は N を整数として

$$\frac{\pi}{\lambda}\Delta nd \pm N\pi \tag{9.57}$$

の自由度があるので注意を要する．

偏光顕微鏡の検光子を一定の角速度で回転させ，試料の複屈折，屈折率楕円体の主軸方向，位相を2次元的に表示できる自動偏光顕微鏡が開発されている[10]．これを用いて測定したSTOの105K構造相転移で発現する複屈折の温度依存性を図9.18に示す．

この他にも，セナルモン法を自動化した1/4波長板振動法も開発された[12]．

150   第9章 強誘電体の基本定数の測定法 2 回折実験，光学実験，分域構造観察法

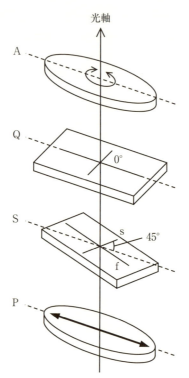

図9.17 セナルモン法の原理．P：偏光子，S：試料，Q：$\lambda/4$板，A：検光子．

d. 偏光顕微鏡による分域構造の観察

　偏光顕微鏡に備わっている偏光子Pと検光子Aを互いに直交させた状態で試料を入射軸の周りに回転させ，1つの分域の消光位を見つける．このとき他の分域の消光位が異なれば，その分域は明るく見えて分域構造を識別できる(第12章，図12.5)．しかし90°a-a分域の場合には消光位は同じであるので分極の方位を決めることはできない．また2つの分域の複屈折の大きさは同じで符号が変わるだけなので，透過光強度で区別することはできない．この場合には鋭敏色板を挿入すると，試料と鋭敏色板の複屈折は一方の分域では足し合わされ，一方の分域では差となるので，色の違いで識別できる(第12章，図12.6)．原理はaで説明したベレーク補償板と同じである．試料はなるべく薄くしたほうがよい．強誘電相が1軸性である場合にはc軸は光

9.6 光学的性質の測定

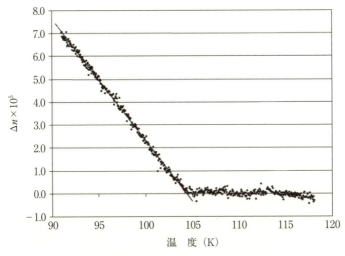

図 9.18 STO の複屈折の温度依存性[11].

学軸となるので直交ニコルで試料を回転しても常に視野は暗くなる．

(2) 旋光能と円二色性(CD, circular dichroism)

ある種の強誘電体は旋光能と呼ばれる光学的な性質を示す．**旋光能**(optical rotatory power)は左回り円偏光の屈折率 n_l と右回り円偏光の屈折率 n_r の差に起因する．その効果は複屈折と比較して非常に小さいので複屈折のない光軸方向で観測する．入射直線偏光は旋光能により回転し，回転角は試料の厚さに比例する．典型的な例は**水晶**(α-quartz)であり，1 mm の厚さで約 22°回転する．水晶には右回りと左回りの 2 種類の結晶が存在し，**対掌体**(enantiomorph)と呼ばれている*4．

旋光能の原理を**図 9.19** に示す[14]．入射直線偏光 C は右回り円偏光 A と左回り円偏光 B の和として書くことができる．図には試料入り口(A, B, C)と出口(A′, B′, C′)の偏光状態をそれぞれの電気変位ベクトルで示している．入射前には A は右回りに

---

*4 一般的に旋光能は複屈折に比較して非常に小さい．(9.58)式右辺の $n_l - n_r$ は 10^{-4} のオーダーであり，これは複屈折の 10^{-2} 以下である．したがってその測定は通常複屈折率のない光軸方向で行われる．しかし対称性によっては，光軸方向に旋光能が存在しない場合もある．一般方向の旋光能を測定する装置が考案されている[13]．

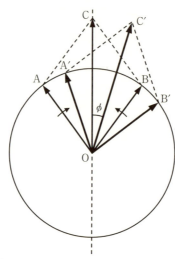

図 9.19 旋光能の原理[14]．光の進行方向から見た電気変位ベクトルの様子を示す．A, B, C はそれぞれ入り口における右回り円偏光，左回り円偏光，合成直線偏光を表す．A′, B′, C′ は同じく出口における偏光状態．

B は左回りに常に同じ角度で回転するので，その合成振幅は時間とともに正→0→負→正と変化するが，その振動面は変化せず C 方向を向いている．一方，旋光能をもつ試料中においては，右回り円偏光と左回り円偏光の屈折率が異なるので，2 つの円偏光は同位相ではなくなる．出口で振動方向のスナップショットをとると図の A′, B′ となり，位相差が生じる．これを合成すると C′ の方向に偏った直線偏向となる．図より C → C′ の回転角 ϕ の 2 倍が位相差となっていることがわかる．

これより

$$\phi = \frac{\pi d}{\lambda}(n_l - n_r) \tag{9.58}$$

旋光能 ρ は単位長さ当たりの回転角で定義されるので，

$$\rho = \phi/d = \frac{\pi}{\lambda}(n_l - n_r) \tag{9.59}$$

で与えられる．ρ は**旋回**(gyration) G と呼ばれる物理量と結びつき次式で与えられる．

9.6 光学的性質の測定

$$\rho = \frac{\pi G}{\lambda n_\mathrm{o}} \tag{9.60}$$

ここで n_o は光軸方向の屈折率である．さらに G は旋回テンソル g_{ij} と次式で関係付けられている．

$$G = \sum_{i,j} g_{ij} l_i l_j \tag{9.61}$$

ここで l_i は光の振動方向の方向余弦を表す．注意すべき点は ρ と G は座標系が右回りから左回りに変わるとその符号を変える性質をもっていることである．このような物理量を**擬スカラー**(pseudo-scalar)と呼ぶ．g_{ij} も同じ性質をもつ，すなわち座標変換

$$x_i' = \sum_k \alpha_{ik} x_k$$

に関して次のように変換される2階テンソルである．

$$g_{ij}' = \pm \sum_{k,l} \alpha_{ik} \alpha_{jl} g_{kl} \tag{9.62}$$

このような性質をもつテンソルを軸性テンソルと呼ぶ．1軸性結晶で光軸方向に旋光能が許される点群は，正方晶 4，422，三方晶 3，32，六方晶 6，622，立方晶 432，23 である．このうち 4，3，6 の3つの点群が強誘電体となり得る．旋光能は分極に比例する．これを利用して自発分極の正負を回転角の正負で識別できる(第12章を参照)．一方，CD は右回り円偏光と左回り円偏光の吸収の差であり，旋光能とはクラマース-クローニッヒ(Kramers-Kronig)の関係で結ばれている．したがって対称性の要請は旋光能と同じである．

CD スペクトル Θ は次式で与えられる[15]．

$$\Theta = \frac{16\pi^2 N}{3hc} \sum_b \frac{\nu^3 \Gamma_{\mathrm{ab}} R_{\mathrm{ab}}}{(\nu_{\mathrm{ab}}^2 - \nu^2)^2 + \nu^2 \Gamma_{\mathrm{ab}}^2} \tag{9.63}$$

$$R_{\mathrm{ab}} = \mathrm{Im}\langle a|\mu_\mathrm{e}|b\rangle \cdot \langle b|\mu_\mathrm{m}|a\rangle \tag{9.64}$$

ここで h：プランク定数，c：光速，N：単位体積中の原子の数，ν：光の振動数，ν_{ab}：吸収振動数，Γ_{ab}：減衰係数である．ここで旋回強度 R_{ab} は(9.64)式に示すように電気双極子モーメントと磁気双極子モーメントの積となっていることに注意せよ．前者は電子の変位，後者は電子の回転運動に対応しているので，この両者が存在することは電子がスパイラルな運動をしていることを表している．このために構造のキラリティを研究する上で CD や旋光能が重要な測定技術となっている．

154　第9章　強誘電体の基本定数の測定法　2 回折実験，光学実験，分域構造観察法

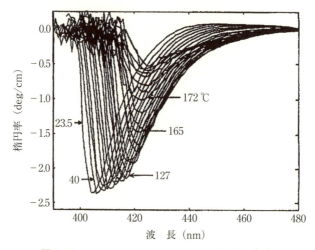

図 9.20　5P3G の CD スペクトルの温度依存性[16].

旋光能の測定は，入射直線偏光と出射直線偏光の偏光面の回転角度を測定すればよいので簡単である．CD については出射光の楕円率 $\Theta(\lambda)$ を吸収端波長近くで波長の関数として測定する．旋回強度 R_{ab} は $\Theta(\lambda)$ を積分すれば得られる．すなわち

$$R_{ab} = \frac{3hc}{8N\pi^3} \int_{\text{band}} \frac{\Theta(\lambda)}{\lambda} d\lambda \tag{9.65}$$

$Pb_5Ge_3O_{11}$ (PGO) について得られた CD スペクトル $\Theta(\lambda)$ の温度依存性を図 9.20 に示す．

PGO は $T_C = 177\,°C$ で中心対称性をもつ $P\bar{6}$ (旋光能 =0) から極性をもつ $P3$ へと強誘電相転移をする．この対称性から強誘電相では1次の電気旋光効果を示し，旋光能あるいは R_{ab} は P_s に比例することが予想される．図 9.21 に示された R_{ab} の温度依存性(a)および外部電場に対する履歴曲線(b)は確かに予想通りになっていることを示している．この線形関係を利用して PGO の分域構造観察が旋光能を用いて行われた(第12章, 図12.7)．

（3）　光第2高調波発生(SHG)

レーザーのような強い強度の光が物質に入射すると，物質内の電子が感じる非調和ポテンシャルのために，入射光電場の高次項に比例した非線形分極 P_{NL} が誘起され

9.6 光学的性質の測定

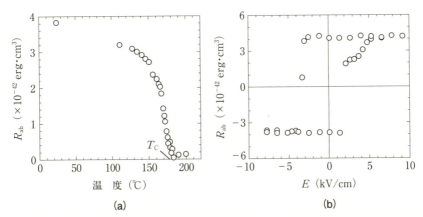

図 9.21 PGO の旋回強度 R_{ab} の温度依存性（a），および室温における外部電場依存性（b）[16]．試料の内部電場の存在のために履歴曲線は左にシフトしている．

る．これにより入射光の振動数 ω の整数倍の振動数をもつ高調波が発生する．このうち最低次の 2 次の非線形項によって，入射光の 2 倍の振動数すなわち半分の波長の光が発生する現象を**第 2 高調波発生**（SHG, second harmonic generation）と呼び，次式の非線形波動方程式で記述される．

$$\nabla^2 \boldsymbol{E} - \mu_0 \sigma \frac{\partial \boldsymbol{E}}{\partial t} - \varepsilon\mu_0 \frac{\partial^2 \boldsymbol{E}}{\partial t^2} = \mu_0 \frac{\partial^2 \boldsymbol{P}_{\mathrm{NL}}}{\partial t^2} \tag{9.66}$$

ここで σ は電気伝導率，μ_0 は真空の透磁率である．この非線形波動方程式は，右辺の非線形分極 $\boldsymbol{P}_{\mathrm{NL}}$ が波源となって作られる光が左辺の波動方程式に従って伝播する現象を示している．左辺第 2 項は光の吸収を示す．右辺にはこのほかに磁気モーメントや電気四重極子からの貢献もあるが，非共鳴領域では非常に小さい効果なので通常は無視できる．ここで SHG を発生させる 2 次の非線形分極 $P^{(2\omega)}$ と入射光電場 $E^{(\omega)}$ は次のような関係がある．

$$P_k^{(2\omega)} = \varepsilon_0 \sum_{l,m} (d_{klm}^{(i)} + d_{klm}^{(c)}) E_l^{(\omega)} E_m^{(\omega)} \tag{9.67}$$

これより角振動数 ω をもつ光が入射すると，角周波数 2ω の分極波が発生し，それが角振動数 2ω の光を発生させることが直感的にわかる．

非線形感受率（SHG 定数）$d^{(i)}$ は空間反転対称性が破れるときに発生し，一方 $d^{(c)}$ は時間反転対称性が破れるときに発生する．したがって前者は強誘電性の発現，後者

は磁気秩序の発生に敏感な物理量である．このように SHG は電気秩序と磁気秩序を同時に測定できるユニークな実験方法であり，マルチフェロイック現象の解明に強力な実験手段となっている*5．

以下では強誘電体，すなわち磁気秩序がなく空間反転対称性がない透明物質(非共鳴領域)の場合を中心に説明する．(9.66)式は非線形方程式なので厳密な解析解を求めることは不可能である．そのためにいくつかの近似を用いて解く．ここでは(ア)波が平面波で記述でき，(イ)入射波，SH 波とも同一方向に伝搬し，(ウ)吸収がなく，(エ)入射光は強く絞らず，(オ)SH 波に比較して強度がはるかに大きいので，その振幅は試料中伝搬時に変化しない(変換効率が小さい)という近似を用いる．その結果，SH 波の強度 $I^{(\omega)}$ は次式となる[17]．より厳密な解は次節(9.70)式を参照のこと．

$$I_l^{(2\omega)} = 2\omega^2 \left(\frac{\mu_0}{\varepsilon_0}\right)^{3/2} \frac{1}{n^{(2\omega)}\{n^{(\omega)}\}^2} (\varepsilon_0 d_{lmn})^2 I_m^{(\omega)} I_n^{(\omega)} L^2 \frac{\sin^2\left(\frac{1}{2}\Delta kL\right)}{\left(\frac{1}{2}\Delta kL\right)^2} \quad (9.68)$$

n は屈折率，$I^{(\omega)}$ は入射光の強度，L は光が伝播する方向の試料の厚さであり，また Δk は次式で与えられる．

$$\Delta k = k^{(2\omega)} - 2k^{(\omega)} = \frac{4\pi}{\lambda^{(\omega)}}(n^{(2\omega)} - n^{(\omega)}) \quad (9.69)$$

SHG 定数 d は P_s に比例することが知られているので，$I^{(2\omega)}$ は P_s の自乗に比例する．P_s の挙動を SHG から求める場合には干渉項 $\sin^2(\Delta kL/2)$ が 1 となる値から決めなければならない．そのために試料を通過する光の実効長 L を変えて測定する．この方法はメーカー(Maker)フリンジ法と呼ばれている．実効長を変えるには，結晶試料を回転させる方法と，試料をくさび形に成形し光軸に垂直に移動させる方法とがある．Nd:YAG レーザーを光源としたときの試料回転方法の光学系，および LiNbO$_3$ について測定した結果を図 9.22(a)および(b)に示す．

SHG は P_s の発生や変化に非常に敏感な物理現象である．これを用いて強誘電体 STO18 の臨界指数を決定した例を図 9.23 に示す[18]．

SHG の利点の 1 つとして，極性物質の点群を簡便な方法で検証できることがあげられる．この場合には入射波と SH 波の偏光方向を平行にしながら 360°回転させると，観測方向の対称性を反映した図形が得られる．一例としてマルチフェロイック物

---

*5 SHG 定数 d は一般的には複素数である．特に共鳴領域の場合には虚部の効果が大きくなる．ここでは非共鳴領域を考えて，d 定数は実数として取り扱っている．

9.6 光学的性質の測定　157

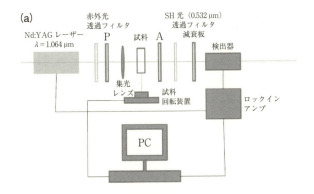

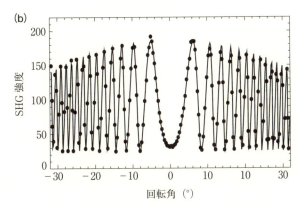

図9.22 （a）メーカーフリンジ法（試料回転法）の光学系．Pは偏光子あるいは$\lambda/2$波長板，Aは検光子．（b）$LiNbO_3$のd_{33}成分のメーカーフリンジ．実験結果を(9.68)式でフィットさせた（実線）．これより求められた試料の厚さLは3.02 mm，コヒーレンス長（$=\pi/|\Delta k|$）の値は3.42 μmである．

質として知られている$BiFeO_3$を$SrTiO_3$(111)基板の上に成長させた薄膜のSHG偏光依存性を図9.24に示す[19]．6枚の等価な羽が観測され，この薄膜が点群$3m$をもつことを示している．

（4） SHG顕微鏡
（a）観測原理：SHGを利用すれば，前に述べたように強誘電体，磁性体，その両

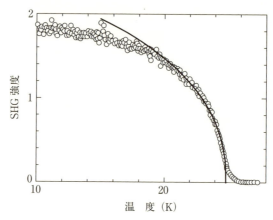

図 9.23 STO18 の強誘電相転移温度近傍の SHG 強度の温度依存性[18]．この結果を $I^{(2\omega)} \propto |T_\mathrm{C} - T|^{2\beta}$ でフィットさせると(実線)，$T_\mathrm{C} = 24.9\,\mathrm{K}$，$\beta = 0.21$ の値が得られた．

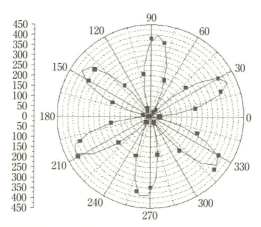

図 9.24 $\mathrm{SrTiO_3}(111)$ 基板の上に成長させた $\mathrm{BiFeO_3}$ 薄膜の SHG 偏光依存性[19]．実線は点群 $3m$ の対称性を用いた計算値を示す．

方の特性が共存するマルチフェロイック物質に固有な分域構造を観察することができる．このように SHG 顕微鏡は他の顕微法にはない特色をもっている[19]．

以下では共焦点走査型 SHG 顕微鏡を中心として分域観察の原理を説明し，いくつ

かの実例を示す．この顕微鏡の特徴は，（1）偏光顕微鏡では識別できない180°分域構造を観察することができる，（2）観察に用いる d 定数を注意深く選択することにより，試料の内部を非破壊で観察することができる，（3）試料の場所場所でのSHG強度の異方性を極座標で表示し，それを2次元的にマッピングすることで分域構造を定量的に解析できる，などである．

入射光を強く絞って試料に入射させる共焦点SHG顕微鏡の観察原理を考えるときには，非線形波動方程式(9.66)式の解として(9.68)式では不十分で，厳密解を考えなければならない．このときSHG強度 $I^{(2\omega)}$ は振幅を ψ とすると次式で与えられる[20]．

$$I^{(2\omega)} = \Psi \Psi^*$$

$$\Psi \propto E_0^2 \int_0^L \frac{d \exp(i\Delta k - \alpha z)}{z - l_f + iz_0} dz \tag{9.70}$$

E_0 は入射波の電場振幅，L は入射光の透過方向の試料の厚さ，I_f は光軸上における試料底面（$z=0$）を基準にした焦点位置，z_0 は入射ビームの焦点深度，α は基本波およびSH波の強度吸収係数をそれぞれ α_ω，$\alpha_{2\omega}$ として $\alpha_\omega - (1/2)\alpha_{2\omega}$ で表される．Δk は基本波の波数 k_1 とSH波の波数 k_2 の不一致具合を表すパラメータであり，(9.69)式で与えられる．

試料の内部構造を観察する場合には特別な考慮が必要である．共焦点型顕微鏡では，空間分解能をあげるために入射ビームを絞る．このとき横方向の分解能は光の回折限界の範囲で入射ビームの半径で決まり，一方縦方向（光軸方向）の分解能はレイリー長（焦点深度）で決まる．絞りが強いか弱いかの目安は，試料の厚さとレイリー長の比 s で決まり，この比が1より小さいときは弱集光となり，平面波近似が適用できる．その結果(9.70)式は(9.68)式で近似できる．一方 s が1より大きい場合には本質的に異なる現象が現れる．ここでは Δk が内部可視性と関連したパラメータとなる．弱集光の場合にはSHG強度は Δk の符号には依存しないが，強集光の場合にはその符号に依存して著しく非対称となる（図9.25）[21]．

この図からわかるように，Δk が正の場合には試料内部が発生するSHG強度は非常に弱いが，負の場合には内部からのSHGは表面からのSHGと同じくらい強い強度を示す．したがって試料の内部構造を観察する場合には，負の Δk をもつ d 定数を使わなければならない．

（b） 強誘電分域構造の観察：90°分域構造のように自発分極の方位が異なるときには，分域構造は d 定数の異方性を利用して簡単に識別できる．一例としてBTOの a-a 分域構造のSHG写真を図9.26に示す[22]．

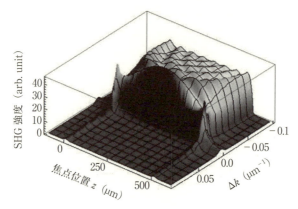

図 9.25 強く絞った系の SHG 強度の波数 (Δk) および焦点位置 (z) 依存性. $z=0$ および $z=500$ μm が試料の下面と上面の位置. 実際の観測条件で得られるパラメータ $L=500$, $s=334$, $a=0$ を用いて計算した[21].

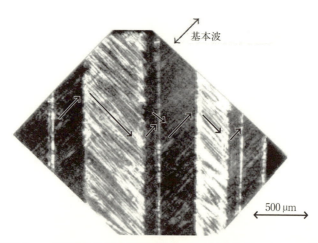

図 9.26 BTO の a-a 分域構造の SHG 顕微鏡写真. この写真は CCD カメラで撮影したものであり入射波は絞っていない. 片矢印の方向が P_s の方向, ただしこの写真からは正負の向きを知ることはできない[22].

9.6 光学的性質の測定　161

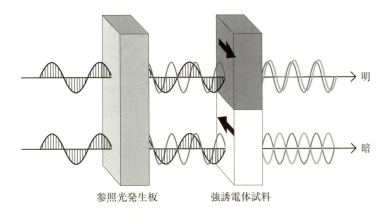

→ 入射波
→ 参照 SH 波
→ 試料からの SH 光

図 9.27 SH 波干渉による 180°分域構造の観察原理[23].

同じ試料の偏光顕微鏡写真(第 12 章,図 12.2)と比較すると,SHG 顕微鏡の優位性がわかる.偏光顕微鏡では P_s の方向は 1 つの分域の中で消光位が 2 つあるため一意的には決まらない.一方,SHG 顕微鏡では $d_{31} > d_{33}$ なので入射波の偏光が c 軸に平行であれば視野は暗く,垂直なときには明るくなる.

一方,180°分域観察は正負の分域が発生する SH 光の位相が π 異なることを利用する.一様な参照 SH 光と重ね合わせると,正分域では SH 波の振幅は足し合わされ,負分域では差し引かれるので強度コントラストを得ることができるのである(図 9.27)[23].

図 9.28 にはレーザー波長変換用に作成された擬似位相整合(QPM)素子の周期性反転分極構造(第 14 章を参照)の 3 次元 SHG 干渉画像を示す.写真は化学量論組成をもつ LiNbO$_3$ 結晶に周期 20 μm の反転分極構造を書き込んだものである.黒白はそれぞれ分極が正負の z 方向を向いた分域を表す.周期性 20 μm の反転構造が素子を貫いて作成されていることがわかる.内部構造を明確に観察するために,負の Δk をもつ d_{31} 成分を用いて観測した.

より複雑な分域構造観察の例として,リラクサーと強誘電体の固溶体単結晶の分域

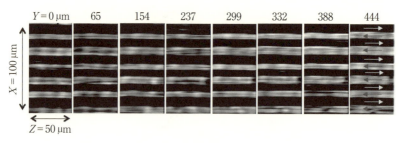

図 9.28 QPM の周期性反転分極構造の断層写真[23]．矢印は P_s の向き，Y は底面からの高さを表す．

構造の解析例を示す．この系は MPB と呼ばれる組成領域で大きな圧電性を示すが，この起因として MPB で対称性が単斜晶に低下することにより自発分極が電場によって容易に回転すると説明されている(第 11 章)．単斜晶特有の SHG 分域構造が SHG 顕微鏡を使用して観測された．母相である立方晶から単斜晶に相転移したときに現れる全ての分域の種類を，分域壁での歪み適合理論(第 12 章，12.7 節)から求めた結果，24 種類の自発分極の方位および 42 種類の分域境界をもつことがわかる．さらに SHG 強度の異方性を解析することにより，複雑な分域構造が決定された[25]．室温で観察した SHG 画像を図 9.29 に示す．大きく分けて SHG 強度が比較的一様な領域(a)と明確な縞状パターンをもつ領域(d)が観測された．これらの領域をメッシュ状に区切り，それぞれのメッシュの SHG 異方性を入射偏光と SH 波偏光を平行にして回転しマッピングすると(b)および(e)に示されているようなパターンが観測される．このパターンは単斜晶の点群 m を仮定するとよく説明できる((c)，(f))．これから P_s の方向も決定できた．P_s は(a)領域の場合には試料平面内にあるが(c)，(b)領域では観察した平面内にはなく，約 30° の角度で傾いていることがわかり(f)，この相が正方晶でも三方晶でもなく，単斜晶であることがわかる．このように決定した分域構造を(g)に示す．

（**5**）　電子顕微鏡(TEM)による分域観察

TEM は原子スケールの空間分解能でものを見ることができる装置であるが，その空間分解能は球面収差のために制限される．これは電子の場合，光に対するような凹レンズを作成することができないためである．しかし最近の技術で多極子により凹レンズが作成できるようになり，0.1 nm の空間分解能が達成され，単原子レベルでの

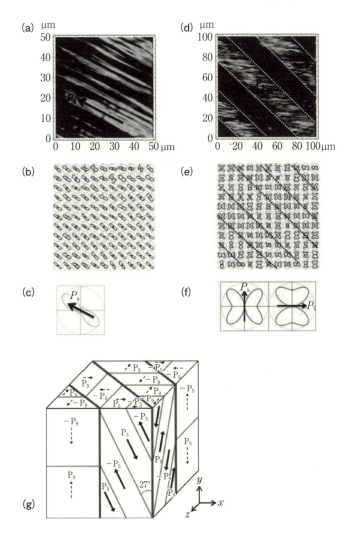

図 9.29 (a), (d) は MPB 組成をもつリラクサー/強誘電体固溶体 $Pb(Zn_{1/3}Nb_{2/3})O_3$/9%$PbTiO_3$ (010) 板の SHG 顕微鏡写真．(b), (e) は (a), (d) 領域の SHG 強度異方性ダイアグラム，(c), (f) は P_s の方位を図中の矢印のように仮定したときの SHG の偏光依存性の計算結果，(g) はこのようにして決定した分域構造を示している[25].

位置特定が可能となった．特に反位相境界や分域壁における原子の配列が明確に識別され分域観察の大きな武器となっている．

P_s の方位が 180°以外の分域構造は，回折強度の違いとして識別できる．一方，180°分域はフリーデル則の破れを利用する．回折強度は構造因子 $F(h,k,l)$ の自乗に比例し，F はミラー指数 (h,k,l) に関して反転対称性を有している．すなわち $|F(h,k,l)|=|F(\bar{h},\bar{k},\bar{l})|$ となる．これは結晶格子面の表裏からの回折強度が等しいことを意味し，フリーデル則と呼ばれている．しかし異常分散領域(吸収端)や，電子線回折に見られる動力学的回折効果(多数の反射が同時に現れる)によって，フリーデル則が破れることがある．これを利用すれば正負分域構造を観察できる(第12章，図12.3)．

(**6**)　圧電応答顕微鏡(PFM)による分域構造観察

PFM(Piezo-response Force Microscope)においては，原子間力顕微鏡の探針を試料の表面に接触させ，そこに電圧を印加すると逆圧電効果により結晶が歪む．その歪みを探針の位置の変化として光学的に検出する走査顕微鏡である．発生した変形は印加電圧と同期させてロックイン増幅器で検出する．強誘電体では隣接する分域の圧電応答が異なる(180°分域の場合には応答信号の位相が π 異なる)ので，それを使用して分域構造をナノスケールの空間分解能で観察することができる(第12章，図12.4)．

文　献

[9]　H. Yokota, Y. Uesu, C. Malibert, and J. M. Kiat, Phys. Rev. **B75**, 184113(2007).
[10]　I. G. Wood, and A. M. Glazer, J. Appl. Cryst. **13**, 217(1980).
[11]　M. A. Geday, and A. M. Glazer, J. Phys. Cond. Mat. **16**, 3303(2004).
[12]　Y. Uesu, T. Hosokawa, and J. Kobayashi, Izv. Akad. Nauk SSSR, Ser. Fiz. **41**, 532(1977).
[13]　J. Kobayashi, and Y. Uesu, J. Appl. Cryst. **16**, 204(1983).
[14]　J. F. Nye, *Physical Properties of Crystals*, Chap. XIV, Oxford(1957).
[15]　E. U. Condon, Rev. Mod. Phys. **9**, 108(1937).
[16]　Y. Uesu, N. Okada, and Y. Fukushima, J. Phys. Cond. Mat. **3**, 3377(1991).
[17]　A. Yariv, 光エレクトロニクスの基礎，第 8 章，丸善(1988).
[18]　W. Kleemann, and J. Dec, Phys. Rev. **B75**, 027101(2007).
[19]　上江洲由晃，横田紘子，日本物理学会誌 **66**, 105(2011).

[20]　G. D. Boyd, and D. A. Kleinman, J. Appl. Phys. **39**, 3597(1968).
[21]　J. Kaneshiro, S. Kawado, H. Yokota, Y. Uesu, and T. Fukui, J. Appl. Phys. **104**, 54112(2008)；J. Kaneshiro, Y. Uesu, and T. Fukui, J. Opt. Soc. Am. **B27**, 888(2010).
[22]　Y. Uesu, S. Kurimura, and Y. Yamamoto, Appl. Phys. Lett. **66**, 2165(1995).
[23]　S. Kurimura, and Y. Uesu, J. Appl. Phys. **81**, 369(1997).
[24]　J. Kaneshiro, S. Kawado, H. Yokota, Y. Uesu, and T. Fukui, J. Appl. Phys. **104**, 54112(2008).
[25]　J. Kaneshiro, and Y. Uesu, Phys. Rev. **B82**, 184116(2010).

演習問題

問題9.6
（1）　BTOの場合について常誘電相および強誘電相における電気光学効果を表す式を求めよ．KDPの場合はどうか．
（2）　BTOの常誘電相は中心対称性をもつ点群のために1次の電気光学効果は示さず，下記の式で表されるような2次効果(カー効果)をもつ．
$\Delta B_{ij} = Q_{ijkl} P_k P_l$．このとき強誘電相 $4mm$ におけるポッケルス定数 r とカー定数 Q の関係を求めよ．

問題9.7
KDPおよびLNの入射波（$\lambda = 1.06$ μm）および第2高調波（$\lambda = 0.532$ μm）の屈折率は下記の表のように与えられている．このときKDPの d_{36} 成分およびLNの d_{31} と d_{33} 成分に対する Δk とコヒーレンス長（$L_c = \pi/|\Delta k|$）を計算せよ．

KDP

λ(μm)	n_o	n_e
1.06	1.4938	1.4599
0.532	1.5123	1.4705

LN*

λ(μm)	n_o	n_e
1.06	2.225	2.144
0.532	2.3117	2.2178

＊これからわかるように，LNの場合，d_{31} の Δk は負であり，一方 d_{33} の Δk は正となる．共焦点SHG顕微鏡でLNの内部分域構造を見る場合には，d_{31} を使用したほうが明確に観察できる．

I. 均一系としての強誘電体とその関連物質

第10章

強誘電体のソフトモードの測定法

ソフトモードはペロブスカイト酸化物強誘電体に典型的に見られる強誘電性発現の基本的な現象である．その測定の原理と方法をこの章で説明する．ラマン散乱，ブリユアン散乱などの光非弾性散乱法と中性子非弾性散乱法がその代表的なものである．

10.1 光非弾性散乱法

光非弾性散乱による結晶中の励起状態の測定には，ラマン(Raman)散乱，ブリユアン(Brillouin)散乱，ハイパーラマン散乱などがあるが基本的な原理は同じである．

入射光は結晶中の励起状態(以下ではフォノンを考える)と相互作用し，エネルギーのやりとりを行う．その結果，散乱光の振動数はフォノンのエネルギー分だけ減少あるいは増加する．散乱光の振動数変化を模式的に図10.1(a)に，石英のブリユアン散乱およびラマン散乱の測定結果を(b)と(c)に示す．

ここで振動数変化のない散乱はレイリー(Rayleigh)散乱として知られている弾性散乱であり，散乱光強度は入射光の振動数 ω の4乗に比例する．レイリー散乱のすそ野には結晶中の音波と関連した密度揺らぎによって散乱されるブリユアン散乱がある．さらに高いエネルギー側に現れるスペクトルはラマン散乱である．シフト量はフォノンエネルギー E に対応し，E(J)，E(eV)，波数の単位をもつ k(カイザー cm^{-1})あるいは温度 T(K)で表される．これらの量の間の換算を表10.1に示す．

大体の目安としてブリユアンシフトは $1\,\mathrm{cm}^{-1}$($<0.1\,\mathrm{meV}$)以下，ソフトモードのラマンシフトは $10\sim300\,\mathrm{cm}^{-1}$($1\sim40\,\mathrm{meV}$)と覚えておくと便利である．また温度に換算すると $1\,\mathrm{cm}^{-1}$ はほぼ $1\,\mathrm{K}$，$1\,\mathrm{meV}$ は $10\,\mathrm{K}$ に対応する．図10.1に示すようにブリユアン散乱もラマン散乱も振動数シフトが正のものと負のものがペアで現れる．それぞれフォトンが励起状態からエネルギーを受ける場合と与える場合に対応する．前者を反ストークス(anti-Stokes)散乱，後者をストークス(Stokes)散乱と呼ぶ．入射光(角振動数 ω_i，波数 $\boldsymbol{k}_\mathrm{i}$)，ストークス散乱光($\omega_\mathrm{s}$，$\boldsymbol{k}_\mathrm{s}$)あるいは反ストークス散乱光($\omega_\mathrm{as}$，$\boldsymbol{k}_\mathrm{as}$)と励起状態($\omega$，$\boldsymbol{q}$)の間には次のようなエネルギー保存則と運動量保存則が成立する．

$$\omega = \omega_\mathrm{i} - \omega_\mathrm{s}, \quad \omega = \omega_\mathrm{as} - \omega_\mathrm{i} \tag{10.1}$$

168　第10章　強誘電体のソフトモードの測定法

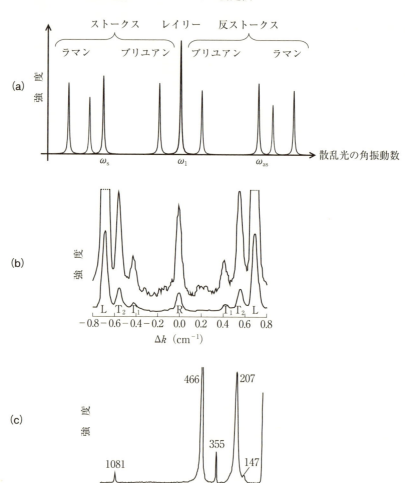

図 10.1 レイリー散乱，ラマン散乱，ブリユアン散乱の模式図（a）．石英のブリユアン散乱の測定結果（b）[1]，および石英のストークス-ラマン散乱の測定結果（c）[2]．（b）でR，T，Lの記号はそれぞれレイリー散乱，ブリユアン散乱横モード，および縦モードを表す．図中の上のグラフは下のグラフ縦軸を拡大したもの．（c）の図中の数字は波数（cm^{-1}）を表す．

10.1 光非弾性散乱法

表 10.1 エネルギーの換算.

	E (J)	E (eV)	k (cm^{-1})	T (K)
エネルギー E (J)	1	6.242×10^{18}	5.034×10^{22}	7.243×10^{22}
エネルギー E (eV)	1.602×10^{-19}	1	8.066×10^{3}	1.161×10^{4}
波数 k (cm^{-1})	1.986×10^{-23}	1.240×10^{-4}	1	1.439
温度 T (K)	1.381×10^{-23}	8.617×10^{-5}	0.695	1

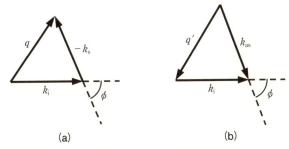

図 10.2 入射光,散乱光,フォノンの波数ベクトルの間の関係.（a）ストークス散乱,（b）反ストークス散乱.

$$q = k_i - k_s, \quad q' = k_{as} - k_i \tag{10.2}$$

(10.2)式の関係を図10.2に示す．これよりストークス散乱の場合は次式が得られる．

$$q^2 = k_i^2 + k_s^2 - 2k_i k_s \cos\phi \tag{10.3}$$

反ストークス散乱の場合も同様に得られる．

ここで入射光と散乱光に対する屈折率をそれぞれ n_i, n_s とすると

$$k_i = n_i(\omega_i/c), \quad k_s = n_s(\omega_s/c)$$

上式を(10.3)式に代入し，(10.1)式を用いるとストークス散乱に対して次式を得る．

$$c^2 q^2 = n_i^2 \omega_i^2 + n_s^2 (\omega_i - \omega)^2 - 2n_i n_s \omega_i (\omega_i - \omega) \cos\phi \tag{10.4}$$

(10.4)式は屈折率に異方性や周波数依存性がある場合にも適応できる一般的な関係式である．屈折率の異方性や分散が小さく無視でき，かつフォノンのエネルギー(ω)が光のエネルギーに比較して十分小さく($\omega \ll \omega_i$)[*1]，入射光と散乱光の屈折率が同じ

場合，(10.4)式は次のように近似できる(演習問題10.2).

$$q = 2k_i \sin(\phi/2) \tag{10.5}$$

この式は測定できるフォノンの波数が高々 $2k_i$，波長にすると光の波長の半分の波よりも大きいことを示している．逆格子空間で考えると，並進周期性 a をもつ結晶のブリユアン帯境界は π/a なので，光散乱で観測するフォノンの k は π/a の約 10^{-3} すなわちブリユアン帯原点(Γ点)のごく近傍の波数 k をもつ格子波であることがわかる．したがって光散乱法ではブリユアン帯全域にわたる励起状態を調べることはできない．この点が本質的に中性子非弾性散乱法とは異なる点である．一方エネルギー分解能は光散乱($\sim 0.1\,\mathrm{cm}^{-1}$)の方が中性子散乱($\sim 1\,\mathrm{cm}^{-1}$)よりも格段に高い．

非弾性散乱強度を求めてみよう．図10.2に示すように，振動数 ω_i の単色光が結晶に入射し，角度 ϕ の方向に散乱される散乱光強度を測定する．結晶中の体積 v から発生する散乱光を立体角 $d\Omega$ で見込む場所で強度を測定する．このとき励起状態のエネルギー(ストークスあるいは反ストークス散乱光のエネルギーシフト)の入射光エネルギーに対する比 σ を $d\Omega$ と $d\omega$ で微分した値を微分散乱断面積と定義する．すなわち

$$\frac{d^2\sigma}{d\Omega d\omega}$$

これが散乱実験で実験と理論を比較する重要な物理量となる．微分散乱断面積は古典的には入射光と結晶内の励起状態との相互作用によって生じる電気双極子を波源とする波動方程式を解き，散乱光の複素振幅 E_s を求める．これから散乱光強度と入射光強度の比を計算するのは簡単であり，微分散乱断面積はフォノンの基準座標 $Q(q)$ を用いて次式で表される[3]．

$$\frac{d^2\sigma}{d\Omega d\omega_s} = K\langle Q(q)Q^*(q)\rangle \tag{10.6}$$

ここで K は光の振動数，屈折率，散乱の幾何学的な条件，散乱体積などに依存する定数である．K には $\omega_s^3 \omega_i$ の項が含まれるのでレイリー散乱と同じく短波長の光を用いた方が強度は増加する．$\langle Q(q)Q^*(q)\rangle$ は k 空間でのフォノンの基準座標 $Q(q)$ の揺らぎの平均を表し，パワースペクトルと呼ばれている．揺動散逸理論によれば $Q(q)$ の揺らぎのパワースペクトルは複素感受率 $\chi(q,\omega)$ の虚部と次式のように関係

[*1] 通常のラマン散乱実験で用いるレーザー光のエネルギーは $2\,\mathrm{eV}$．これに対してフォノンのエネルギーは高々 $0.1\,\mathrm{eV}$ なのでこの条件は満たされている．

10.1 光非弾性散乱法

付けられている.ストークス散乱に対しては

$$\langle Q(q)Q^*(q)\rangle_\mathrm{s} = \frac{\hbar}{\pi}\{n(\omega)+1\}\mathrm{Im}\,\chi(q.\omega)\} \tag{10.7}$$

反ストークス散乱に対しては

$$\langle Q(q)Q^*(q)\rangle_\mathrm{as} = \frac{\hbar}{\pi}n(\omega)\mathrm{Im}\,\chi(q.\omega) \tag{10.8}$$

ここで $n(\omega)$ はボース-アインシュタイン(Bose-Einstein)因子である.すなわち,

$$n(\omega) = \frac{1}{\exp(\hbar\omega/k_\mathrm{B}T)-1} \tag{10.9}$$

これらの式からストークス散乱強度と反ストークス散乱強度の関係は次式で与えられる.

$$n(\omega)\frac{d^2\sigma}{d\Omega d\omega_\mathrm{s}} = \{n(\omega)+1\}\frac{d^2\sigma}{d\Omega d\omega_\mathrm{as}} \tag{10.10}$$

図10.3に反ストークス/ストークス散乱強度比を,温度 T に対して描いたものを示す.反ストークス散乱強度は常にストークス強度より小さい.これが実験ではストークス線を観測する理由である.しかし高温になるとその比は1に近づく.逆に強度比を測定すればレーザー光が照射されている試料の場所の局所的な温度を決定でき

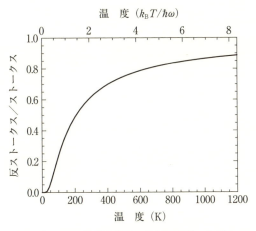

図10.3 反ストークス/ストークス散乱強度比の温度依存性.ただしフォノンエネルギーとして $100\,\mathrm{cm}^{-1}$ の場合を考えている.他のエネルギーの場合,例えば $1\,\mathrm{cm}^{-1}$ の場合には,横軸スケールを1/100にすればよい.すなわち12Kでほぼ強度比は0.9となる.

172　第10章　強誘電体のソフトモードの測定法

る．

　非弾性散乱スペクトルの解析は，(10.7)式に複素感受率 χ の表式，(1.23)式あるいは(1.43)式を代入して行う．すなわち減衰振動モデルでは

$$\frac{d^2\sigma}{d\Omega d\omega} \propto \frac{\kappa\omega}{(\omega_1^2 - \omega^2)^2 + 4\omega^2\kappa^2} \tag{10.11}$$

これからフォノンの振動数 ω_1 および減衰係数(フォノンの寿命の逆数) κ が実験的に決定できる．

（1） ラマン散乱

　ラマン散乱は光が媒質に入射すると，光電場で誘起される電気双極子 $\boldsymbol{p}(=\alpha\boldsymbol{E}_i)$ がフォノンによって摂動を受け，振動数が入射光とはわずかに変化した散乱光を発生させる現象である．したがって電子分極率 α_{ij} は次のようにフォノンの基準座標 Q で展開できる．以下では2次以上の高次効果は考えない．

$$\alpha_{ij} = \alpha_{ij}^{(0)} + \sum_m \left(\frac{\partial \alpha_{ij}}{\partial Q_m}\right) Q_m + \cdots \tag{10.12}$$

ここで電子は核の動きと同期していると仮定している．このような近似を断熱近似と呼ぶ．第1項はレイリー散乱を，第2項は1次ラマン散乱を発生させる．$\delta\alpha_{ij}/\delta Q_m$ をラマンテンソルという*2．

　以下では媒質が結晶の場合を考えよう．結晶が中心対称性をもつ場合には電子分極率の変化は原子の相対的な移動に関して2次であって，光学フォノンのラマンテンソル成分は0となるので，1次のラマン散乱は起こらない．一方，赤外分光の場合には逆になるので，ラマン散乱で測定できないモードは赤外吸収では測定できる．これは α が2階の極性テンソルであるのに対して $\boldsymbol{p}$ は極性ベクトルであることからくる．群論の言葉を用いれば，結晶がラマン活性であることは点群が α_{ij} (xx, xy, xz などの座標の積に対応)を基底とするような既約表現を含んでいることである．赤外活性の条件は，点群がベクトル成分(座標)を基底とする既約表現を含んでいることである．32の結晶点群に対するラマン活性モード，ラマンテンソル成分，赤外活性モードは文献[3,4]を参照のこと．

---

*2　Q が光学フォノンであればラマン散乱，音響フォノンであればブリユアン散乱と考えてもよい．

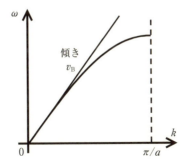

図 10.4 音響フォノンの分散関係.

(2) ブリユアン散乱

ブリユアン散乱は，結晶中の音波によって入射光の振動数が変化する現象である．あるいは位相速度 v で運動する音波によって反射された入射光の振動数が，ドップラー(Doppler)効果によりわずかに変化する効果といってもよい．音波は長波長音響フォノンなので，これよりブリユアンシフトを波数の関数として測定すれば，その勾配は音速を与え，さらに音速は弾性率と関係しているので弾性率を実験的に求めることにも用いられる．したがって強弾性相転移を研究するときに重要な実験手段となっている．

図 10.4 に示すような音響フォノンの分散関係から，ブリユアン帯の原点$(k=0)$の近傍では ω_B をブリユアンシフトとすると

$$v_B = \frac{|\omega_B|}{q} \tag{10.13}$$

ここで v_B は測定する音響フォノンの速度(音速)である．

(10.13)式と(10.5)式から次式が得られる．

$$\omega_B/2\pi = \pm 2v_B \frac{n}{\lambda} \sin(\phi/2) \tag{10.14}$$

± はストークス，反ストークススペクトルに対応する．

上式よりブリユアンシフトから音速 v_B が求まり，さらに v_B および密度 ρ から次式を用いれば弾性率 c が決定される．

$$c = \rho v_B^2 \tag{10.15}$$

ただし c は音波が縦波か横波か，その伝搬方向に依存するので注意を要する．

ブリユアンシフトは 1 cm^{-1} 以下と非常に小さいので実験では**ファブリ–ペロ** (Fabry-Perot)**干渉計**が使用される．一方ラマンシフトはエネルギーがより高いので回折格子分光器が用いられる．よく実験で用いられる 2 回折格子分光器の分解能は約 1 cm^{-1} で測定領域は 30〜4000 cm^{-1} である．光散乱および赤外吸収によるソフトモードの測定は文献[4]に詳しい．

10.2 中性子非弾性散乱

熱中性子のエネルギーはフォノンのエネルギーとほぼ同じで，その波長は格子周期に近い[5,6]．したがってブリユアン帯全域のフォノンの挙動(エネルギー vs. 波数の分散関係)を観察できる．この点は光非弾性散乱と本質的に異なる．

測定は通常 3 軸回折系を用いて行う．原子炉からでた熱中性子は最初のモノクロメーター結晶で単色化され試料に入射する．結晶中のフォノンで散乱された中性子はアナライザー結晶で分光される(図 10.5)．

中性子非弾性散乱の場合も，光非弾性散乱((10.1)式および(10.2)式)に対応した次のような運動量保存則とエネルギー保存則をもつ．

$$\hbar \boldsymbol{K} = \hbar(\boldsymbol{k}_\mathrm{s} - \boldsymbol{k}_\mathrm{i}) = \hbar(\boldsymbol{K}_\mathrm{h} \pm \boldsymbol{q}) \tag{10.16}$$

$$\hbar\omega = \frac{\hbar^2}{2m_\mathrm{n}}(k_\mathrm{i}^2 - k_\mathrm{s}^2) = \hbar\omega_j(\boldsymbol{q}) \tag{10.17}$$

$\boldsymbol{K}$ は散乱ベクトル，$\boldsymbol{K}_\mathrm{h}$ は逆格子ベクトル，ω_j は波数ベクトル $\boldsymbol{q}$ をもつフォノンの角振動数，m_n は中性子の質量である．ここで $\hbar \boldsymbol{K}$ が中性子の運動量変化であり，$\hbar(\boldsymbol{K}_\mathrm{h} \pm \boldsymbol{q})$ が結晶格子の運動量変化を表す．光散乱と異なる点は逆格子ベクトル $\boldsymbol{K}_\mathrm{h}$

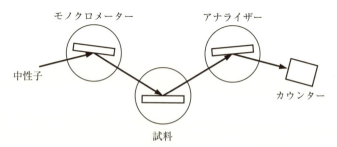

図 10.5 中性子非弾性散乱実験に用いられる 3 軸型回折系．

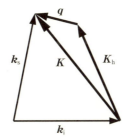

図 10.6 中性子散乱ベクトル K, 逆格子ベクトル K_h とフォノンの波数ベクトル q の関係.

が含まれることであるが,光散乱の場合には光の波数ベクトルが逆格子ベクトルに比較して非常に小さい(すなわち Γ 点のごく近傍にある)ので考えなくてよい.

(10.16)式の関係を図 10.6 に示す.

微分散乱断面積は $S(q,\omega)$ を動的散乱因子,Q_j を j 番目のフォノンの基準座標として次式で与えられる.

$$\frac{d^2\sigma}{d\Omega d\omega} = \frac{k_s}{2\pi k_i} S(q,\omega) \tag{10.18}$$

$$S(q,\omega) = N\sum_j |F_j(q)|^2 \int \langle Q_j(-q,0) Q_j(q,t) \rangle \exp(-i\omega t)\, dt \tag{10.19}$$

(10.19)式の $F_j(q)$ は非弾性構造因子であり,

$$F(q) = \sum_l b_l e^{-w_l(q)} (q \cdot e_j) e^{iq \cdot r_l} / m_l \tag{10.20}$$

である.ここで e_j は j 番目のフォノンの分極方向を表す単位ベクトル,$e^{-w(q)}$ は原子の熱振動を表すデバイ-ウォーラー(Debye-Waller)因子である.また内積 $(q \cdot e_j)$ はある特定のフォノンを測定するときの幾何学的な条件を与えている.

実際の実験では,上式に非干渉性散乱がバックグラウンドとなって加わる.特に水素を含む物質の場合にはこの効果が大きいので注意しなくてはならない.以下ではこの効果は無視する.

(10.19)式の相関項 $\langle Q_j(-q,0) Q_j(q,t) \rangle$ は光散乱と同様に揺動散逸理論から求められる感受率の虚部である.これより j 番目のフォノンによる中性子非弾性散乱の微分散乱断面積は次式となる.

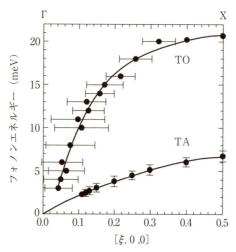

図 10.7 PTO のフォノン分散関係[7].

$$\frac{d^2\sigma}{d\Omega d\omega} \propto |F_j(\boldsymbol{q})|^2 \frac{kT}{\hbar} \frac{\gamma_j}{(\omega_j^2 - \omega^2)^2 + \omega^2 \gamma_j^2} \tag{10.21}$$

ブリユアン帯の特定の $\boldsymbol{q}$ の方向を選択し，q の関数としてフォノンスペクトルを測定すれば，この式からフォノンエネルギー ω_j および減衰係数 γ_j の波数依存性（分散関係）が測定できる．測定は q を一定にしてエネルギー軸に沿って測定する方法と，エネルギーを一定にして q を走査する方法とがある．TO フォノンが過減衰でなければ，q を走査する方法が一般的である．

(10.21)式を ω に関して積分すると

$$\frac{d\sigma}{d\Omega} \propto |F_j(\boldsymbol{q})|^2 \frac{T}{\omega_j^2} \tag{10.22}$$

この式はソフトモード $(\omega_j \to 0)$ があるとき，非弾性散乱スペクトルの積分強度は相転移温度に向かって大きく増加することを示している．

中性子非弾性散乱法で測定した $PbTiO_3$ (PTO)の分散関係を図 10.7 に示す[7]．これは 793 K（転移温度の 30 K 上）で測定したものであるが，TO フォノンが Γ 点に向かって急激に減少していることがわかる．この図はブリユアン帯の立方晶軸方向で測定した結果であるが，他の方向でも同様なソフト化が見られる．PTO の TO フォノ

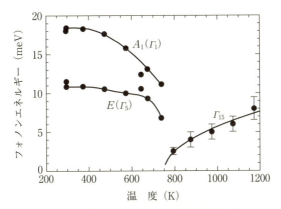

図 10.8 PTO の TO フォノンの温度依存性[7].

ン(Γ_{15}モード)の温度依存性を**図 10.8**に示す．転移温度に向かってソフト化し，強誘電相(正方相)では縮退が解けてEとA_1の2つのTOフォノン分枝になることがわかる．ソフトモードの振動数の自乗は温度に対してほぼ直線的に転移温度に向かって減少し，LST関係をよく満たしていることがわかる．

文　献

[1]　S. M. Shapiro, R. W. Gammon, and H. Z. Cummins, Appl. Phys. Lett. **9**, 157 (1966).
[2]　S. M. Shapiro, D. C. O'Shea, and H. Z. Cummins, Phys. Rev. Lett. **19**, 361 (1967).
[3]　W. H. R. Loudon, *Scattering of light by crystals*, John Wiley & Sons (1978).
[4]　中村輝太郎編，強誘電体と構造相転移，第3章，裳華房 (1988).
[5]　W. Cochran, *The dynamics of atoms in crystals*, Chapter 5, Edward Arnord (1973).
[6]　山田安定，固体の構造相転移と中性子散乱，物理学最前線 6, 共立出版 (1984).
[7]　I. Tomeno, J. A. Fernandez-Baca, K. J. Marty, K. Oka, and Y. Tsunoda, Phy. Rev. **B86**, 134306 (2012).

演習問題

問題 10.1
　表10.1のエネルギーに関係した単位，J，eV，cm^{-1}，T(K)の間の換算式を求めよ．またそれぞれの単位に関係した単位の変化分をJを用いて表せ．

第10章 強誘電体のソフトモードの測定法

問題 10.2

フォノンのエネルギーが光のエネルギーに比較して十分小さく，かつ入射光と散乱光の屈折率が同じ場合 ($\omega \ll \omega_i$)，(10.3)式は(10.5)式に近似できることを示せ．

II. 不均一系としての強誘電体とその関連物質

第11章

リラクサー強誘電体

　今までは均一な構造や組成をもつ強誘電体とその関連物質についてその物性を説明してきた．一方，リラクサーと呼ばれる物質群では非極性マトリックスの中に極性ナノ領域 (PNR, polar nano region) が発生し，この不均一性によって均一系強誘電体には見られない大きな外場応答特性，例えば大きな誘電率や巨大な圧電性が発現する．また秩序変数も均一系とは異なる特異な挙動をする．強誘電体分野において基礎と応用が両輪になって研究が推進されてきた成功例の1つである．

11.1　研究の歴史

　リラクサーは1980年代後半から研究の数が急速に伸びてきた物質であるが，その研究の端緒は古く1950年代後半に遡る．旧ソ連邦のスモレンスキー (Smolensky) のグループはペロブスカイト酸化物のAサイトやBサイトにいろいろなイオンを入れた複合酸化物を合成し，その構造と物性を調べていたが，その中に誘電率がある温度でピークをもつが，T_c に向かって発散する傾向をもたずに，なだらかな山を示す物質群を見つけ，その特異な相転移を**散漫相転移** (diffuse phase transition) と名付けた[1]．これらは低周波で特徴的な**誘電緩和** (dielectric relaxation) を示すので，これに因んでこれらの物質群は**リラクサー** (relaxor) と呼ばれ，これが定着して現在に至っている．リラクサーは高い誘電性・圧電性を示すが，鉛系リラクサーと強誘電体 $PbTiO_3$ (PTO) の混晶を合成すると，ある**組成相境界** (MPB, morphotropic phase boundary) においてさらに大きな圧電特性が得られることが明らかにされた．

11.2　リラクサーの特徴

　リラクサーのプロトタイプともいうべき $Pb(Mg_{1/3}Nb_{2/3})O_3$ (PMN) が示す次の不均一系に由来する特有の物性がリラクサーの特徴である．
（1）誘電応答特性：広い温度範囲に渡るブロードな誘電率のピークと低周波領域における特徴的な誘電分散をもつ．この周波数依存性は Vogel-Fulcher 則で記述される．

(2) 大きな圧電応答特性を示す．
(3) **極性ナノ領域**(PNR, polar nano region)の出現：誘電率のピーク温度よりはるかに高い温度 T_B (**バーンズ(Burns)温度**)で PNR が常誘電相の中に出現する．これは系の不均一性のために発生するランダム場によって結晶全体にわたる P_s の発達が阻害されるためである．
(4) 秩序変数の経歴依存性：電場を加えると P_s は発達するが，どの温度で電場を加えるかによって異なる温度依存性を示す．
(5) 秩序変数の超長時間緩和現象：温度を一定にして電場を印加すると，非常に長い緩和時間で P_s は発達する．

11.3 リラクサーの組成

表 11.1 に代表的なリラクサーを示す．これからわかるようにリラクサーは

表 11.1 代表的なリラクサー物質[2]．F は強誘電相，AF は反強誘電相，T_m は最大誘電率温度を表す．

化学式	T_m(℃)	低温相
(1) $Pb(B_{1/3}^{2+}B_{2/3}^{5+})O_3$ 型		
$Pb(Mg_{1/3}Nb_{2/3})O_3$ (PMN)	-8	(F)
$Pb(Zn_{1/3}Nb_{2/3})O_3$ (PZN)	150	F
$Pb(Co_{1/3}Nb_{2/3})O_3$	-70	F
$Pb(Mg_{1/3}Ta_{2/3})O_3$	-98	F
$Pb(Ni_{1/3}Ta_{2/3})O_3$	-180	F
$Pb(Co_{1/3}Ta_{2/3})O_3$	-140	F
(2) $Pb(B_{1/2}^{3+}B_{1/2}^{5+})O_3$ 型		
$Pb(Sc_{1/2}Nb_{1/2})O_3$ (PSN)	90	F
$Pb(Sc_{1/2}Ta_{1/2})O_3$ (PST)	0	F
$Pb(Fe_{1/2}Nb_{1/2})O_3$	112	F
$Pb(Fe_{1/2}Ta_{1/2})O_3$	-30	F
(3) $Pb(B_{1/2}^{2+}B_{1/2}^{6+})O_3$ 型		
$Pb(Cd_{1/2}W_{1/2})O_3$	400	AF
$Pb(Mn_{1/2}W_{1/2})O_3$	200	AF
$Pb(In_{1/2}Nb_{1/2})O_3$	10	F
(4) $Pb(B_{2/3}^{3+}B_{1/3}^{6+})O_3$ 型		
$Pb(Fe_{2/3}W_{1/3})O_3$	-75	F

$A(B'_xB''_y)O_3$ の化学式をもつペロブスカイト複合酸化物に数多く見られる．その多くはAサイトに孤立電子対をもち共有結合性の強いPbイオン，B′に低い価数の金属イオン，B″に高い価数で空のd電子殻をもち強誘電性を引き起こしやすいイオンが入る．結晶全体における電荷の中和性は保たれなくてはならないので，Aサイトに+2価のPbが入るとき，Bサイトの平均価数は+4でなければならない．したがって，(B'^{+2}, B''^{+5})の組み合わせの場合はB′:B″は1:2の比率で入り，(B'^{+3}, B''^{+5})あるいは(B'^{+2}, B''^{+6})の組み合わせの場合には1:1で入る．もっとも典型的なリラクサーは$PMN(Pb[(Mg^{+2})_{1/3}(Nb^{+5})_{2/3}]O_3)$である．この他によく研究されてきたリラクサーとして，$Pb(Zn_{1/3}Nb_{2/3})O_3$(PZN)，$Pb(Sc_{1/2}Nb_{1/2})O_3$(PSN)，$Pb(Sc_{1/2}Ta_{1/2})O_3$(PST)，およびそれらと$PbTiO_3$(PT)との混晶系がある．

この他にもPZTのAサイトにLaを一部置換した$(Pb, La)(Zr, Ti)O_3$(PLZT)あるいはタングステンブロンズ構造をもつ1軸性結晶$Sr_{(1-x)}Ba_xNb_2O_6$(SBN)もリラクサー特性を示すことが報告されているが，ここではもっとも研究の進んでいる鉛ペロブスカイト複合化合物に絞って説明する．

11.4 リラクサーの誘電特性

リラクサーをもっとも特徴付ける物性は誘電率の周波数依存性と温度依存性である．図 11.1 にPMNの比誘電率の実部 ε' と虚部 ε'' の温度依存性をいくつかの周波数について示す[3]．ε' は広い温度範囲で数万の大きな値を示す．1 mHzから100 kHzの比較的低周波領域で分散を示し，周波数をあげるとピークの位置は高温側にシフトして，ピーク値は減少する．つまり誘電率のピーク温度は転移温度ではないことがわかるが，実際，電場が0のもとでは長距離秩序が発生せず平均結晶構造は極低温まで立方晶 $Pm\bar{3}m$ のままである．虚部 ε'' も周波数が増加するとピーク温度は上昇するが，ピーク値は逆に増加する．この図には比較のために，古典的な強誘電体$BaTiO_3$(BTO)の実部誘電率 ε'_a の温度依存性を示す．誘電率はキュリー–ワイス則に従い，転移点 $T_C=130$℃で発散する傾向をもつ．変化はシャープであり，リラクサーの誘電率の振る舞いがBTのような通常の強誘電体とは異なることがわかる．

この誘電特性はデバイ型の誘電分散式(11.1)式を用い，ガラス転移に特有のVogel-Fulcher(V-F)則((11.2)式)に従うとすれば定性的に説明できる[4]．

$$\varepsilon(\omega) = \varepsilon'(\omega) - i\varepsilon''(\omega) = \varepsilon_\infty + \frac{\varepsilon(0) - \varepsilon_\infty}{(1 - i\omega\tau)} \tag{11.1}$$

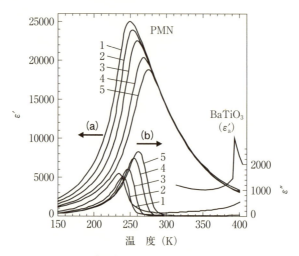

図 11.1 リラクサー PMN の比誘電率の実部 ε' (a) と虚部 ε'' (b) の温度および周波数依存性[3]. $1:10^{-2}$ Hz, $2:10^{0}$ Hz, $3:10^{2}$ Hz, $4:10^{4}$ Hz, $5:10^{5}$ Hz. 比較のために BTO の実部誘電率 ε'_a の温度依存性を示す.

$$\omega = \omega_0 \exp[-E_a/k_B(T_{max} - T_f)] \tag{11.2}$$

ここで T_{max} は角周波数 ω のときの誘電率のピーク温度, T_f は凍結温度, E_a は活性化エネルギーである. さらに定量的な値を得るためには, ω の代わりに最大緩和時間 τ_{max} を実験値から決定して温度に対してプロットする方法も提案されている[5].

$$\tau_{max} = \tau_0 \exp[E_a/k_B(T - T_f)] \tag{11.3}$$

PMN の場合, この 2 つの方法で求めた値はほぼ一致し, T_f は 220 K, E_a/k は 800 K となるが, $\tau_0 = 1/(\omega_0)$ は τ_{max} プロット法が 10^{-11} s であるのに対し ω プロット法では 10^{-13} s となって前者の方が物理的に意味のある値となっている.

リラクサーには, ある転移温度以下で長距離秩序が発達して強誘電相あるいは反強誘電相となるタイプのものもある. 前者の例として, $Pb(Zn_{1/3}Nb_{2/3})O_3$(PZN) がある. これに 10% の PTO を固溶させた系の誘電率を**図 11.2** に示す[6]. 誘電率は PMN と同じような周波数分散を示すが, 強誘電転移温度 T_C(150℃) は誘電率が最大となる温度とは異なり, この温度以下で巨視的な自発分極が発現する.

11.4 リラクサーの誘電特性　183

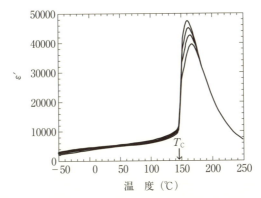

図 11.2 PZN-10%PTO の誘電率. T_C は 150℃で最大誘電率を示す温度より低く, この温度では顕著な誘電分散は見られない[6].

　注意すべきことは誘電分散がリラクサーと類似しているがリラクサーとは異なる物質があることである. 例えば誘電マトリックスの中に導電性の粒子を拡散させた系はリラクサーとよく似た誘電分散を示すので注意が必要である. この系は数万に達する誘電率をもつが誘電損も大きい. そのように考えられている物質の1つが $CaCu_3Ti_4O_{12}$(CCTO) である[7]. 図 11.3 にこの物質の誘電率の温度変化をいくつかの周波数について示す. 誘電率の実部は, 低温では約 100 だが, 大きなデバイ型誘電分散を伴って室温付近では4万以上になる. ただし, 室温付近の誘電率は文献や試料による違いが大きい.

　このような誘電特性は, 絶縁性の高い誘電体中に金属球体が分散しているというマックスウェル-ワグナー(Maxwell-Wagner)型モデルで記述される[8]. これは大雑把にいえば, コンデンサーの誘電体中に金属(導体)が分散していると, その体積比だけコンデンサーの実質的な電極間隔が短くなり静電容量が大きくなるため, 誘電体と金属の混合物を1つの物質と見なすと, その見かけの誘電率は, もとの誘電体より大きくなるというモデルである. このモデルで金属を比較的電気伝導率の大きい誘電体に置き換えた場合を考えると, 一般的に誘電体の電気伝導率は温度上昇とともに急激に大きくなるため, 低温では見かけの誘電率が小さいが, 高温になると大きくなる, あるいは誘電体と電極との界面が絶縁性の高い誘電体として振る舞い, 一方, バルクの誘電体自身は電気伝導率が大きい場合も考えられる. いずれの場合も, 絶縁性の誘電体の C と電気伝導性の R の直列接続と見なすと, デバイ型の誘電分散が現れる(第

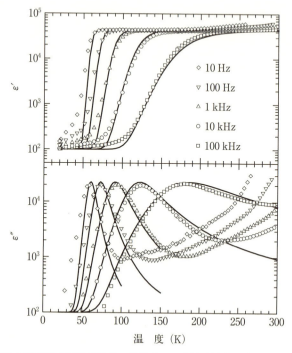

図 11.3 CCTO の誘電率の温度依存性．実線はデバイ誘電緩和関数でフィットした結果を示す．

9章，問題 9.3)．さらに電気伝導率の温度変化が $\exp(-E/kT)$ に比例する場合は（その変化に比べると，本質的な誘電率の温度変化は強誘電体の T_C 付近を除けば小さいので無視して）図 11.3 の誘電率の温度変化を説明できる．このモデルでは通常は図 11.3 のように高温側で誘電率がほぼ一定になるが，リラクサーのような温度依存性を示す誘電率を再現できる場合もある[9]．

11.5 リラクサーの結晶構造

中性子粉末回折法で決定した PMN の室温構造を図 11.4 に示す[10]．
平均構造は立方晶 $Pm\bar{3}m$ であるが，Pb はペロブスカイト構造の A サイトから大

11.5 リラクサーの結晶構造

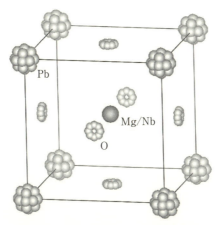

図 11.4　PMN の室温における構造[10].

きく変位(格子定数 4Å の約 1/10)してほぼ球状に分布する．確率密度関数(PDF)法でも同様な Pb 原子の無秩序構造が見られるが，この構造は PNR が発達するバーンズ温度の上では見られない[11]．一方，O は {100} 面の上下にリング上に分布する．B サイトの Mg と Nb にはこのような大きな無秩序性はない．他のリラクサーあるいはリラクサーと PT との混晶もほぼ同じ構造をとる[12]．

PMN は低温になっても，新しい反射が現れたり，回折プロファイルが分裂したり，ショルダーが出現したりすることはない．すなわち，極低温まで平均構造は立方晶(C 相)のままである．中性子構造解析は温度下降とともに C 相の中に三方晶(R 相)が徐々に発達してこの 2 相が共存するモデルが最適構造を与える．R 相では，O および Mg/Nb が Pb に対して相対的に ⟨111⟩ 方向に変位する．しかしながら R 相の体積比は 10 K においても全体の体積の 25% を占めるにすぎない．中性子散乱の結果からは，この R 相が極性相であるか否かは判別できないが，SHG 強度の温度依存性が構造解析の結果得られた R 相の体積変化と一致することから，この R 相が分極をもつことがわかる(図 11.5)．

PST について，1000℃で試料をアニールすると微弱な強度の (1/2, 1/2, 1/2) 超格子が現れる．これは Sc を含む面と Ta を含む面が ⟨111⟩ 方向に交互に並ぶ規則構造をとるためと説明される．超格子反射の強度は温度依存性を示さない．このような B サイトのイオンが秩序構造をとった試料では，誘電率は通常の強誘電体と同じシャープな温度依存性をもちリラクサー的な振る舞いは見られない．この結果から PST の

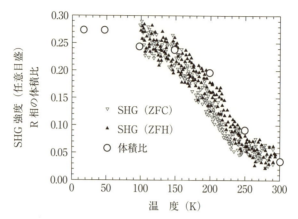

図 11.5 PMN の中性子構造解析から求めた R 相の体積変化 (○印), および SHG 強度の温度依存性. 中性子散乱の測定は温度上昇のみ, 一方 SHG 測定は電場を印加せずに温度下降 (ZFC) と上昇 (ZFH) の場合について測定[2].

場合, リラクサーの特性は, B サイトイオンの秩序・無秩序構造と強い相関をもっている. 一方 PMN の場合にも超格子反射は現れるが, Mg と Nb の価数が異なるので B サイトのイオンが規則構造をとるとすると, その領域で組成は Pb(Mg$_{1/2}$Nb$_{1/2}$)O$_3$ となって電荷は中和されずに -0.5 に帯電した領域が形成される. この領域のことを**電荷欠陥** (charged defect) あるいは**化学欠陥** (chemical defect) と呼ぶ. しかし結晶中にこのように帯電した領域が安定に存在することは不自然である. このような領域があると, 酸素欠陥を作るか, あるいは空間電荷によって電荷の中和が起こっているのであろう. PMN の場合にはこの化学欠陥領域が大きなランダム場を発生し, それが PNR 発生の起因となっているとも考えられている. しかし PST の場合には B サイトには異なる価数のイオンが 1:1 で入るので化学欠損が直接リラクサーの原因とはなっていない. B サイトイオンが 1:2 の組成比をもつ PMN の場合にも価数の異なる 2 種類の B サイトイオンが 1 つの面で無秩序に分布し, その原子数の比が面で異なるとすれば, 電荷が中和された超格子領域を作ることもできる[13].

11.6 リラクサーのモデル

リラクサーの起因に関しては, B サイトの不均一性 (異なる価数, イオン半径ある

11.6 リラクサーのモデル

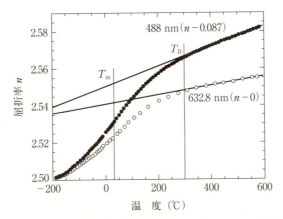

図 11.6 PMN の屈折率の温度依存性[15]．●で示した波長 488 nm の結果は 0.087 上にずらして描いてある．T_m は誘電率の最大温度，T_B はバーンズ温度．太い実線は高温からの外挿線．

いはボンド長)によって発生するランダム場[14]が秩序変数の発達を妨げ，非極性マトリックスの中に大きさの異なる PNR が点在するモデルが定説となっている．このモデルは1軸性希釈反強磁性体(MnF_2/ZnF_2 など)に見られる現象であるが，実験的にはバーンズらによって行われた PMN の屈折率の温度依存性の実験結果が端緒となり[15]，その後 X 線や中性子による散漫散乱により裏付けられた．図 11.6 に示すように PMN の屈折率は最大誘電率温度より 270℃ も上の約 300℃（発見者の名前にちなんでバーンズ温度（T_B）と呼ばれている）で高温の線形関係からずれる．バーンズはこの現象を単位胞数個のサイズをもった PNR がこの温度から発生するためと説明した．個々の領域の分極は8個の ⟨111⟩ 方位を同じ確率で向くのでマクロな分極は発生しない．しかし分極の自乗平均は0ではないので，2次の電気光学効果を通して屈折率は変化する．

T_B 以下の温度では誘電率がキュリー–ワイス則から外れ，格子体積も高温の外挿線からずれてくる．

リラクサーのブロードな誘電率と特徴的な周波数分散については，PNR のサイズが分散し，その平均サイズ分布が温度依存性を示すことで定性的には説明できる[16]．すなわち PNR の体積が大きくなると高い周波数では電場に対して応答しにくくなり，逆に体積が小さいと応答しやすくなる．すなわち PNR は体積によって周波数依存性が異なる．これが特有の誘電分散を引き起こす．

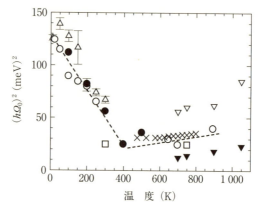

図 11.7 PMN の Γ 点における TO フォノンの温度依存性[18]．中性子非弾性散乱（○，▽，▼，△，●，□）．ハイパーラマン散乱（×）．

11.7　リラクサーのフォノンの挙動

　リラクサー特有な誘電特性や局所的な構造変化を光散乱や中性子非弾性散乱を用いて調べる試みが多数なされてきた[17,18,19]．ハイパーラマンおよび中性子非弾性散乱実験から得られた PMN の Γ 点における低周波フォノンの温度依存性を図 11.7 に示す．

　これらの実験結果から次のようなことがわかった．
（1）　中性子非弾性散乱の実験結果から，誘電率がキュリー-ワイス則を示す $T > T_B$ では TO フォノンのソフト化が観測される．凍結温度 T_f 以下でも高温に向かってフォノン振動数の減少が観測される．一方，$T_f < T < T_B$ ではフォノンは過減衰となり，TO フォノンの分散は波数に対してほぼ垂直に落ちる．この現象はフォノン瀑布（waterfall）と呼ばれており，TO フォノンと TA フォノンとの相互作用で説明されている．またこの結合モードが分極の発達と関係づけられることも指摘された．
（2）　ラマン散乱やハイパーラマン散乱および赤外吸収実験も行われたが，いずれも広い温度範囲では中性子非弾性散乱の結果とは相違があり，これについては現在も明快な説明が得られていない．

11.8 PMNリラクサーの経歴依存性とスローダイナミクス

長距離秩序が極低温まで発達しないPMNも，電場を加えると極性相にすることができる．低温で巨視的な自発分極をもつ状態に移行するには，非常に長い時間がかかる．この緩和時間は温度に依存する．また電場を印加しないで温度をさげるか(ZFC)，電場を加えて温度をさげるか(FC)，FCの後そのまま電場を加えた状態で温度を上昇させるか(FH)，電場を低温で切ってから温度を上昇させるのか(ZFH/FC)によって，秩序変数は異なった経路を辿る．図11.8にはPMNの(001)面単結晶を用いて測定した複屈折Δnの実験結果を示す[20]．ZFCでは低温までΔnは0であり長距離秩序は発生しないことがわかる．FHでは約160KでΔnは増大し，220Kで最大値をとったあと減少し，280Kで0となる．FCでは230KまではFHと同じ経路を辿るが，その温度以下では異なった経路をとり温度とともに単調に増大する．80Kで電場を0にして温度をあげると(ZFH/FC)，次第にFCの経路から外れ230Kで0となる．

このようなΔnの振る舞いは，スピングラスで観測される磁化の経歴依存性[21]とよく似ている．ZFCで温度を190Kまで下ろし，電場を印加すると非常に長い待ち時間を経て秩序変数が発達し，最終的にはFCの値となる(エルゴード的)．結果を図11.9に示す[22]．この待ち時間は温度と電場に依存し，一定電場の場合には低温になると長くなる．$E=3$kV/cmのとき，195Kでは約10分であるが，185Kでは約40分，165Kでは8時間待たないと長距離秩序は発達しない．185Kでも電場が1

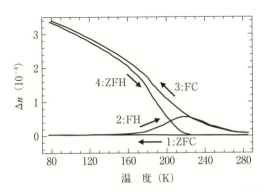

図11.8　PMNの複屈折Δnの温度依存性[20]．FH，FCのときの電場は1.2 kV/cm．

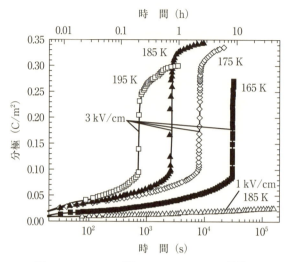

図 11.9　PMN の電場の下での分極の発達[22].

kV/cm のときには実験室時間を超えてしまう（非エルゴード的）．

11.9　MPB での巨大圧電性とその起因

　Pb 系ペロブスカイト型リラクサーと PTO の混晶は，ある組成比で大きな圧電特性を示す．圧電材料に関してこれまでは $Pb(ZrTi)O_3(PZT)$ セラミックスなどのペロブスカイト酸化物が広く用いられてきたが，1980 年代にこれよりも圧電定数が 4 倍以上大きく，電気機械結合係数が 90% を越す材料が見つかった．この材料は，リラクサーと PTO とを均一に混ぜたもので，正方晶と三方晶の組成相境界(MPB)の付近で巨大な圧電効果の増大が見られる．MPB はヤッフェ(Jaffe)らが作った造語であり[23]，組成に関して 2 つの相を分ける境界を意味するが，特に温度軸に沿ってほぼ垂直な線で表される狭い領域のことをいう．もっとも典型的な場合が PZT に見られ（図 11.10)，PT の組成比 x が 0.48 付近で三方晶と正方晶を分ける MPB が現れる．
　PZN/xPTO の場合には $x = 0.09$ 付近の組成が，また PMN と PT の固溶体 PMN/xPT では $x \simeq 0.35$ が MPB となる．PZN/xPT の MPB 組成近傍で測定された圧電定数 d および電気機械結合係数 k の組成比依存性を図 11.11 に示す．MPB で

11.9 MPBでの巨大圧電性とその起因

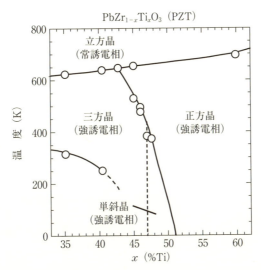

図 11.10 PZT の相図[24]．PTO 比が 50% の近くに三方晶と正方晶を分ける MPB が存在する．

圧電定数 d が 1500 pm/V という非常に大きな値をとる．また電気機械結合係数 k も 90% を越す値となる[25]．このような MPB での圧電応答特性の増大は PZT や PMN/PT にも見られる共通した物性である．

MPB においてなぜ高い圧電特性が得られるかについては，ブルックヘブン研究所の白根のグループが X 線および中性子散乱実験を精力的に行い，この領域の対称性が両端末組成よりも低下していることを発見したことで大きな前進を見せた[26]．この実験結果に基づき，第 1 原理計算が行われ，大きな圧電効果は分極回転によることが示された[27]．すなわち MPB では対称性は単斜晶の点群 m になり，分極が鏡映面内で自由に回転でき大きな電場誘起歪みを引き起こすというものである．今，図 11.12 に示すように，原点から分極軸方向に引いたベクトルの終点で相を表すと，分極が [001] 方向を向いた正方晶は T 点で，[111] 方向を向いた三方晶は R 点で，[101] 方向を向いた直方晶は O 点で表される．単斜晶の分極軸は次の 2 つの場合がある．

(1) P_s が $(1\bar{1}0)$ 面内で [001] と [111] 方向の間にあり，T と R を結ぶ Ma 線の方向を向く．この単斜晶の空間群は Cm で，これは正方晶 $P4mm$ と三方晶 $R3m$ 両相の部分群となっている[28]．自発分極が [111] 方向 (R 点) から [001] (T 点) へと回

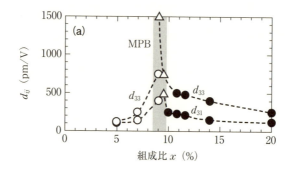

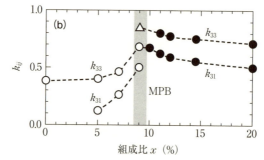

図 11.11 PZN/xPT の圧電定数 d(a) および電気機械結合係数 k(b) の組成比依存性[24, 25].

転すると,格子定数は大きく変化する.PZT がこの例である.

(2) P_s は (010) 面内にあり,T と O を結ぶ Mc 線の方向を向く.この単斜晶の空間群は Pm で,PZN/0.09PT がその例である[29].

この分極回転モデルは第 1 原理計算やランダウ現象論によっても裏付けられた[30].現象論によると MPB の対称性が熱力学的に安定な単斜晶となるためには P を 8 次まで展開する必要がある[31].このことはリラクサーの非調和性が非常に大きいことを意味しているが,この理由として,これらの物質が本質的に不均一構造をもつ物質であること,秩序・無秩序相転移をするので必然的に非調和性が大きくなること,熱揺らぎと歪みとの結合が重要な役割を果たしていること,などが挙げられている.現在ではこの分極回転モデルの他に,対称性の異なるミクロな分域構造が共存し,それが単一化されていくという説[32],MPB が系の臨界終点に近いからだとい

11.9 MPBでの巨大圧電性とその起因　193

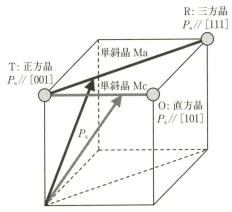

図 11.12 MPB における分極回転モデル．T, O, R はそれぞれ正方晶，直方晶，三方晶における P_s の向きを表す．単斜晶の P_s は Ma 線の上にある場合(空間群 Cm)と Mc 線の上にある場合(空間群 Pm)がある．

表 11.2 代表的な圧電材料(値はいずれも室温で測定されたもの)[24]．

物質名	圧電定数 $(10^{-12}$ m/V)		電気機械結合定数 (%)		比誘電率	
クォーツ(水晶) SiO_2	d_{11}	2.31	k_{11}	10	ε_{11}	4.5
ニオブ酸リチウム $LiNbO_3$	d_{15}	74			ε_{11} ε_{33}	84 30
チタン酸バリウム $BaTiO_3$	d_{31} d_{33} d_{15}	-34.5 85.6 392	k_{31}	30	ε_{33}	160
ジルコン酸チタン酸鉛 (PZT)	d_{33}	400	k_{33}	68	ε_{33}	1400
MPB 組成をもつリラクサー・チタン酸鉛の固溶体 $Pb(Mg_{1/3}Nb_{2/3})O_3/xPbTiO_3$ $Pb(Zn_{1/3}Nb_{2/3})O_3/xPbTiO_3$	d_{33} d_{33}	$1000 (x=0.35)$ $1570 (x=0.09)$	k_{33} k_{33}	89 92	ε_{33} ε_{33}	3000 2200

う説もある[33]．また PZO の MPB 近傍の相図（図 11.10）も再検討されている[34]．

相境界近傍で非常に大きな感受率を示す例は，他の物質系でも見られる現象である．例えば，不純物ドーピング効果による Mn 酸化物の示す巨大磁気抵抗効果，インバー効果として知られている面心立方晶と体心立方晶の境界組成をもつ FeNi 強磁性体の大きな磁歪効果，マルテンサイト合金の示す擬弾性率などがその例としてあげられる．

表 11.2 にリラクサーを含めた応用で使用されているいくつかの圧電材料の圧電定数，電気機械結合定数，および比誘電率を示す．これよりわかるように Pb を含む酸化物が非常に高い圧電特性をもつことがわかる．

一方で国際的な環境規制により Pb を含む物質の使用が厳しく制限されるようになってきた．リラクサーの大部分は Pb イオンを A サイトに含むペロブスカイト酸化物なので，大きな圧電特性をもつ非鉛系の材料を開発することが急務となっている．

文　献

[1]　G. A. Smolensky, V. A. Isupov, A. I. Agranovskaya, and S. N. Popov, Soviet Phys. - Solid State, 2, 2584(1961)；G. A. Smolensky, J. Phys. Soc. Jpn. 28, Suppl. 26(1970).

[2]　上江洲由晃，固体物理 33, 498(1998)．

[3]　A. A. Bokov, Z.-G. Ye, J. Matrials Science 41, 31(2006).

[4]　D. Vieland, S. J. Jang, L. E. Cross, and M. Wuttig, J. Appl. Phys. 68, 2916(1990).

[5]　A. E. Glazounov, and A. K. Tagantsev, Appl. Phys. Letters 73, 856(1998).

[6]　M. L. Mulvihill, S. E. Park, G. Risch, Z. Li, K. Uchino, and T. R. Shrout, Jpn. J. Appl. Phys. 35, 3984(1996).

[7]　M. A. Subramanian, D. Li, N. Duan, B. A. Reisner, and A. W. Sleight, J. Solid State Chem. 151, 323(2000).

[8]　A. R. ブライス，高分子の電気的性質，培風館(1982)．

[9]　M. Fukunaga, Y. Uesu, W. Kobayashi, and I. Terasaki, Jpn. J. Appl. Phys. 44, 7141(2005).

[10]　Y. Uesu, H. Tazawa, K. Fujishiro, and Y. Yamada, J. Korean Phys. Soc. 29, S703(1996).

[11]　S. Vakhrushev, S. Zhukov, G. Fetisov, and V. Chernyshev, J. Phys. Condens. Matter 6, 4021(1994).

[12]　C. Malibert, B. Dkhill, J. M. Kiat, D. Durand, J. F. Berar, and A. Spasojevic-deBirre, J. Phys. Condens. Matter 9, 7485(1997).

[13]　P. K. Davies, and M. A. Akbas, J. Phys. Chem. Solids **61**, 159 (2000).
[14]　V. Westphal, W. Kleemann, and M. D. Glinchuk, Phys. Rev. Lett. **68**, 847 (1992).
[15]　G. Burns and F. H. Dacol, Solid State Commun. **48**, 853 (1983).
[16]　例えば Z. G. Lu, and G. Calvarin, Phys. Rev. **B51**, 2694 (1995).
[17]　Eds : R. J. Birgeneau, M. Blume, R. A. Cowley, and Y. Endoh, "*Special Topics : Neutron and X-ray scattering studies at the frontiers and G. Shirane*", J. Phys. Soc. Jpn. **75**, no. 11 (2006).
[18]　R. A. Cowley, S. N. Gvasaliya, S. G. Lushnikov, B. Roessli, and G. M. Rotaru, Adv. Phys. **60**, 229 (2011).
[19]　K. Hirota, Z. G. Ye, S. Wakimoto, P. M. Gehling, and G. Shirane, Phy. Rev. **B65**, 104105 (2002) ; H. Hiraka, S. H. Lee, P. M. Gehring, G. Xu, and G. Shirane, Phy. Rev. **B70**, 184105 (2004).
[20]　W. Kleemann, and R. Lindner, Ferroelectrics **199**, 1 (1997).
[21]　A. J. Bell, J. Phys. Condens. Matter **5**, 8773 (1993).
[22]　S. B. Vakhrushev, J. M. Kiat, and B. Dkhil, Solid State Commun. **103**, 477 (1997).
[23]　B. Jaffe, W. R. Cook, and H. Jaffe, *Piezoelectric ceramics*, Academic, London (1971).
[24]　上江洲由晃, 日本物理学会誌, **57**, 646 (2002).
[25]　J. Kuwata, K. Uchino, and S. Nomura, Ferroelectrics **37**, 579 (1981).
[26]　B. Noheda, D. E. Cox, G. Shirane, J. A. Gonzalo, L. E. Cross, and S.-E. Park, Appl. Phys. Lett. **74**, 2059 (1999).
[27]　H. Fu, and R. E. Cohen, Nature **403**, 281 (2000).
[28]　B. Noheda, J. A. Gonzalo, L. E. Cross, R. Guo, S.-E. Park, D. E. Cox, and G. Shirane, Phys. Rev. **B61**, 8687 (2000).
[29]　J. M. Kiat, Y. Uesu, B. Dkhil, M. Matsuda, C. Malibert, and G. Calvarin, Phys. Rev. **B65**, 64106 (2002).
[30]　Y. Ishibashi, and M. Iwata, Jpn. J. Appl. Phys. **37**, L985 (1998).
[31]　D. Vanderbilt, and M. H. Cohen, Phys. Rev. **B63**, 94108 (2001).
[32]　Y. M. Jin, Y. U. Wang, A. G. Khachaturyan, J. F. Li, and D. Viehland, Phys. Rev. Lett. **91**, 197601 (2003).
[33]　Z. Kutnjak, J. Petzelt, and R. Blinc, Nature **441**, 956 (2006).
[34]　N. Zhang, H. Yokota, A. M. Glazer, Z. Ren, D. A. Keen, D. S. Keeble, P. A. Thomas, and Z.-G. Ye, Nature Communications **5**, 5231 (2014).

II. 不均一系としての強誘電体とその関連物質 12

第12章

分域と分域壁

　強誘電体，強磁性体，強弾性体などのフェロイック物質は分域[*1]構造と呼ばれる秩序変数の方位方向の異なる領域をもつ．高対称相から低対称相への相転移に伴って必然的に発生する現象である．秩序変数が示す外場に対する履歴曲線は，多分域構造が単分域になる過程であるので，分域はフェロイック物質の本質的な特性であるといってよい．この章では分域構造の種類，起因，温度や電場のもとでのパターン形成を説明する．特に分域間の境界（分域壁）はバルクとは異なる構造と特異な物性を示すことが巨視的微視的に明らかにされている．分域または分域壁は応用の面からも着目され，それぞれ分域エンジニアリング，分域境界エンジニアリングと呼ばれている新しい分野が拓かれつつある．

12.1　強誘電体と分域構造

　強誘電体の自発分極 P_s は結晶の対称性（高温相と低温相の点群）により，エネルギー的に等価ないくつかの向きがある．例えば1軸性結晶であるリン酸2水素カリウム（KH_2PO_4）やニオブ酸リチウム（$LiNbO_3$）の場合は，上向き，下向きの2種類しかないが，チタン酸バリウム（$BaTiO_3$）の場合には，正方晶では6種類，直方晶では12種類，三方晶では8種類ある．1つの結晶内部にこのような方向の異なる P_s をもつ領域がある状態を分域構造という．強誘電体で観測される D-E 履歴曲線は，多分域構造が電場によって単分域となる過程を表している（第2章，図2.1）．分域境界（分域壁）では分極の勾配がもたらす界面エネルギーが存在する．したがって分域構造をとるよりも単分域のほうがエネルギー的には一見有利である．実際12.5節で述べるように，熱力学的なシミュレーションによると，常誘電相から無限の時間をかけて結晶を冷却すると単分域になる．しかし実際の試料においては，異なる場所で現れる分域は欠陥，あるいは温度などの試料内の不均一性よって固定化され分域構造をとりやすい．分域構造の形成には，試料が平板状か柱状か，試料の両端につけた電極が短絡されているか，開放されているかも大きな要因となる．これは P_s が作る反電場の作

[*1]　ドメイン（domain），強磁性体の場合には磁区，強弾性体ではヴァリアント（variant），ツイン（twin）などとも呼ばれている．

用によるものである．また分域の大きさは，強誘電転移温度からゆっくりと温度を下げるか，あるいは急激に温度を下げるかによっても異なる．一般にゆっくりと温度を下げた方が，大きな分域が発生する．これは分域を反転させるときに超えなければならないポテンシャルの障壁が，転移温度に近いほど低いためである．

12.2 フェロイック物質で観測される分域構造の例

強誘電体および強弾性体は，結晶の対称性を反映したさまざまなパターンの分域構造をもつ．ここでは代表的な強誘電体/強弾性体の分域構造の図や写真をいくつか示そう．観察原理については第9章，2回折実験，光学実験，分域構造観察法を参照のこと．

（1） $BaTiO_3$(BTO)：図 12.1 に示すように，BTO の正方晶においては 180° と 90° 分域構造が存在する．このうち 90° 分域構造は偏光顕微鏡で観測できる（図 12.2）．

より空間分解能が高い電子顕微鏡(TEM)で観察した分域構造を図 12.3 に示す．

ここで 90° 分域構造は回折強度が異なるために識別できる．一方，180° 分域構造は動力学的回折効果によるフリーデル則の破れを利用している[1]．

注意すべき点は 90° 分域構造の分域壁の方向である．P_s が同一平面内にある場合 (a-a 分域構造)には分域壁は正方晶軸から 45° 傾いている．一方 P_s のどちらかが観測する方向に向いている場合(a-c 分域構造)には分域壁は正方晶軸に一致する．90°

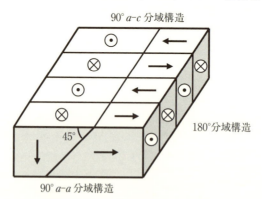

図 12.1　BTO の分域構造の模式図．

12.2 フェロイック物質で観測される分域構造の例

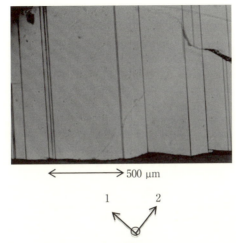

図 12.2 BTO の 90° a-a 分域構造の偏光顕微鏡写真.境界で囲まれた領域は,P_s が面内にあって互いに直交している分域.ただし偏光顕微鏡では P_s は 1 の方向を向いているのか 2 かは識別できない.

分域構造の場合,隣接する分域の P_s は分域壁が電荷をもたないような向きをとる. P_s が角を突き合せるような向き(head-to-head, tail-to-tail)は通常とらない.

分域壁の方位は境界での弾性エネルギーを最小にするようにして決まる(12.7 節参照).90°分域が存在するので,BTO 単結晶を単分域にするには電場を印加するだけでは不十分である.BTO が強弾性体でもあることを利用し,電場と同時に応力を印加する.温度を下げていくと +5°C において正方晶から直方晶への構造相転移があり分域構造はさらに複雑なパターンを示す.

(2) 薄膜強誘電体:基板上に作成した強誘電性薄膜の分域構造観察にはピエゾ応力走査顕微鏡(PFM)が適している.観察例として**図 12.4** には STO(001)面基板の上に堆積させた $Pb(Zr_{0.2}Ti_{0.8})O_3$(PZT)薄膜の分域構造を示す[2].図(a)で明るい部分は P_s が下向きの c 分域,暗い部分は P_s が横を向いている a 分域を表している. (b)は(a)の黒い境界線の部分の分域構造を横方向から見た模式図である.高さ Δz は軸比 c/a および a 分域の幅 d を用いて次式で与えられる.

$$\Delta z \approx d \tan^{-1}(c/a - 1) \tag{12.1}$$

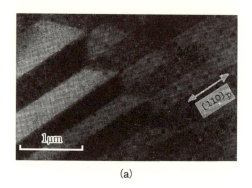

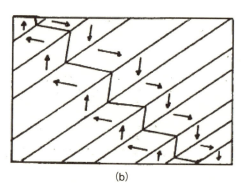

図 12.3 BTO 薄膜の分域構造[1]．(a)は(001)面の電顕写真，(b)は観測された a-a 分域構造の模式図．矢印は P_s の向きを表す．試料は単結晶から化学研磨して薄くしてある．$(110)_p$ は分域壁の方位を示す．

このような段差はPZTに限らず，ペロブスカイト型強誘電体の正方晶における a-c 分域で必ず観測される．

(3) ロッシェル塩($NaKC_4H_4O_6 \cdot 4H_2O$, RS)：RS は 24℃ (T_{C1})と -18℃ (T_{C2})の間で強誘電性を示す．その対称性は $T > T_{C1}$ および $T < T_{C2}$ で直方晶 222，強誘電相で単斜晶 2 である．図 12.5 に P_s に垂直な平面を切り出して観察した分域構造を示す[3]．強誘電相で 1 次の電気光学効果(Pockels 効果)により P_s の正負に対応して光学弾性軸がそれぞれ逆向きに約 1° 回転する(〜17℃)．したがって偏光顕微鏡を用

12.2 フェロイック物質で観測される分域構造の例　　201

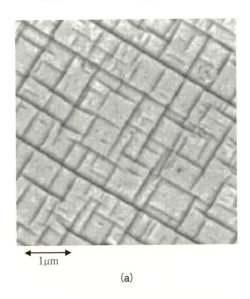

(a)

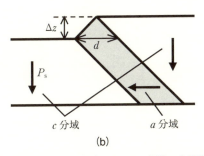

(b)

図 12.4　PFM を用いて観察した PZT 薄膜の分域構造[2].

いて直交ニコル状態で一方の分域を消光位にすると，もう一方の分域は明るくなる．このようにして 180°分域構造の観察が可能となる．

（**4**）　$Gd_2(MoO_4)_3$(GMO)：GMO は 1 軸性強誘電強弾性体であり，180°分域構造しかもたない．この場合には鋭敏色板を試料に重ね合わせることにより，180°分域構造を干渉色の違いで識別できる．KDP やボラサイトの場合も同様である．分域構

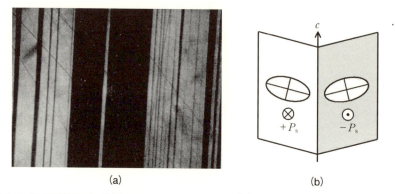

図 12.5　偏光顕微鏡下で観測した RS の 180° 分域構造[3]．（a）偏光顕微鏡写真，平均の分域幅は 3〜5 μm．（b）は正負分域の屈折率楕円体を表す．2 つの分域は c 軸と平行な 2 回回転軸で結びつけられている．$P_s /\!/ b$ 軸．

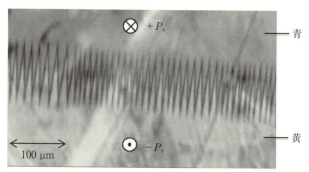

図 12.6　偏光顕微鏡下（鋭敏色板を挿入）で観察した GMO の 180° 分域構造[4]．

造は通常は縞状になるが，図 12.6 に示すように分域境界がジグザグ状になることがある．これは局所的な歪みのためとして説明できる[4]．このようなジグザグパターンは強弾性体によく見られる．この写真では色調の違いは複屈折の符号の違い，すなわち分極の向きの違いを示している．

（5）　$LiNbO_3$（LN）および $LiTaO_3$（LT）：LN と LT はともに 1 軸性強誘電体であ

12.2 フェロイック物質で観測される分域構造の例　　203

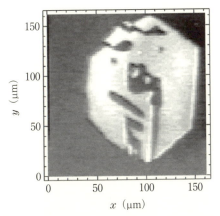

図 12.7　SHG 顕微鏡で観察した LN(001) 板の分域構造. ここで黒白が分域の向き (P_s は紙面に垂直方向) の違いを示す. LN に特有な六角パターンが観察されている.

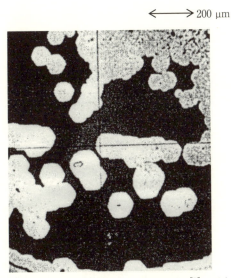

図 12.8　旋光能を利用して観察した PGO(001) 板の分域構造[5]. 黒白が分域の向き (P_s は紙面に垂直方向) の違いを示す.

り180°分域しか存在しない．結晶格子も方位や形は相転移によって変化せず，光学異方性は P_s の正負で変化しない．したがって偏光顕微鏡で分域構造を識別することはできない．もっともよく用いられる分域観察法は酸(例えばフッ酸とフッ化アンモニウムの混合溶液)で表面を腐食させ，正負分域の腐食速度の違いを表面の高低の差として走査型電顕(SEM)や原子間力顕微鏡(AFM)で観測する方法である．しかしながらこのような方法は破壊法であるためにデバイスを作成する場合には欠点となる．光第2高調波の干渉を用いた新しい顕微法(SHG顕微鏡)が開発されて，LNやLTの分域構造を非破壊的に観察することができるようになった(第9章，2)．図12.7にはこの方法を用いて観察したLNの分域構造を示す．

(6) $Pb_5Ge_3O_{11}$ (PGO)：ユニークな観測法として旋光能 ρ (第9章，2)の違いで180°分域構造を観測する方法がある．PGOは $T_C=177℃$ で六方晶の点群 $\bar{6}$ から三方晶の点群3へ相転移する1軸性強誘電体である．この対称性は複屈折の存在しない光軸方向に ρ の存在を許し，かつ ρ は正負分域で反対符号をもつ．したがって光軸(z軸)に入射させた直線偏光は試料を通過するにつれて正負分域で逆向きに回転する．このため偏光顕微鏡で容易に観測できる(図12.8)[5]．

12.3 分域構造と対称性

強誘電相転移に伴って，結晶は高対称相から低対称相へと変化する．このとき発生する分域構造は，相転移によって失われた対称要素によって結びついている．これをキュリーの法則という．今簡単のため $+P_s$ と $-P_s$ の2種類しか存在しない強誘電体を考えよう．巨視的な P_s が存在しない高対称相では，P_s の向きを不変に保つ対称要素と反転させる対称要素とがある．一方，低対称相では P_s が不変な対称要素のみから成り立っている．このことは，相転移によって失われた対称要素(この場合には P_s の符号を反転させる対称要素)によって正負の分極をもつ分域が結びついていることを示している．前節に示したPGOの場合には，高温相の点群 $\bar{6}$ から強誘電相の点群3になったときに失われる対称要素は z 軸に垂直な鏡映面である(図12.9)．したがって分域はこの鏡映面で結びついていて，互いに対掌体(右手系と左手系)の関係にある．これは旋光能の符号を逆転させる．

180°分域以外の構造をもつ強誘電体にも同じことが結論される(演習問題12.1)．また可能な全ての分域構造をもつ結晶では，相転移によって失われた対称性は回復し，その平均構造の対称性は高対称相と同じになる．$LiNbO_3$ の場合の対称要素を図

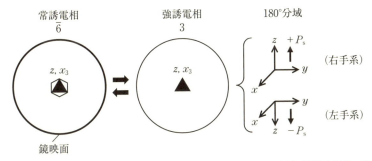

図 12.9 点群 $\bar{6}$ から 3 への強誘電相転移の対称要素のステレオ図と強誘電分域の関係.

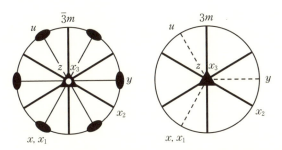

図 12.10 LiNbO$_3$ の分域の関係. 点群 $\bar{3}m$ および $3m$ の対称要素のステレオ図.

12.10 に示した. 高対称相は三方晶系の点群 $\bar{3}m$, 低対称相(強誘電相)は同じく三方晶系の点群 $3m$ に属する. 図 12.10 から明らかなように, 強誘電相転移により失われた対称性は x 軸方向の 2 回の回転軸であり, この回転軸によって正負分域($+P_s$, $-P_s$)は結びつけられている.

12.4 分域形成の熱力学

12.2 節で示した分域構造はどのようにして形成されるかをランダウの現象論に基づいて考えてみよう. 以下では簡単のため, LiNbO$_3$ のような 1 軸性強誘電体の場合を考える. この場合には 180°分域構造のみを考えればよい. また反電場は考えない, すなわち試料表面は電気的に短絡されているとする. 分極 P が空間的に均一な場合, 自由エネルギー F は次のように表される.

第12章 分域と分域壁

$$F = \frac{1}{2}\alpha_0(T-T_\mathrm{C})P^2 + \frac{1}{4}\beta P^4 \tag{12.2}$$

分域構造が存在する場合，P は場所 r の関数となる．このとき自由エネルギー密度 $f(r)$（単位体積当たりの自由エネルギー）には分域壁での界面エネルギーを生じさせる P の勾配項が入ってくる．すなわち隣接するセル（この中では P は一定と見なせる）間の相互作用は

$$(P_l - P_{l+1})^2$$

と書くことができる．連続体近似では隣接するセル間の距離を l とすると

$$P_l - P_{l+1} \sim l\,\mathrm{grad}\,P$$

と書けるので $f(r)$ は次式となる．

$$f(r) = \frac{1}{2}\alpha_0(T-T_\mathrm{C})P^2(r) + \frac{1}{4}\beta P^4(r) + \frac{1}{2}g(\mathrm{grad}\,P)^2 \tag{12.3}$$

ここで $g > 0$ である．自由エネルギー F はこの $f(r)$ を空間積分して得られる．

$$F = \int f(r)\,dr \tag{12.4}$$

$g > 0$ であるので，P に空間的な変動があると F は増加する．このように拡張した自由エネルギーの式をギンツブルグ-ランダウ（GL）方程式と呼ぶ．

(12.4)式を次のような境界条件で解いてみよう．端点 $x = +L$ と $x = -L$ で分極をそれぞれ $+P_\mathrm{s}$ と $-P_\mathrm{s}$ に固定し，分域壁の中心は $x = 0$ にあるとする．もし分域壁において P が階段状に変わると，$\mathrm{grad}\,P$ はそこで無限大となってしまう．この問題は P が連続的に変化するとして回避できる．今，(12.4)式を最小にする $(\delta F = 0)$ P の解を求めよう．ここで

$(\mathrm{grad}\,P)_x = \dfrac{\partial P}{\partial x} = \dot{P}$ とおくと(12.4)式より次式が得られる．

$$\delta F = \int \left(\frac{\partial f}{\partial P}\delta P + \frac{\partial f}{\partial \dot{P}}\delta \dot{P} \right) dx \tag{12.5}$$

ただし $\delta \dot{P} = \dfrac{\partial}{\partial x}(\delta P)$．右辺第2項に部分積分を用いると最小条件は次式となる．

$$\delta F = \int \frac{\partial f}{\partial P}\delta P\,dx + \left[\frac{\partial f}{\partial \dot{P}}\delta P \right]_{-L}^{L} - \int \left[\frac{\partial}{\partial x}\left(\frac{\partial f}{\partial \dot{P}} \right)\delta P \right] dx = 0 \tag{12.6}$$

が得られる．左右の端点では P はそれぞれ P_s および $-P_\mathrm{s}$ に固定されているので $\delta P = 0$．したがって上式の右辺第2項は0となる．これより

12.4 分域形成の熱力学

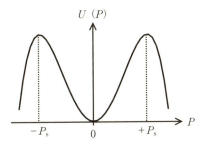

図 12.11 (12.10)式で表されるポテンシャルの形.

$$\int \left(\frac{\partial f}{\partial P} - \frac{\partial}{\partial x} \frac{\partial f}{\partial \dot{P}} \right) \delta P dx = 0 \tag{12.7}$$

これが成立するためには

$$\frac{\partial}{\partial x} \left(\frac{\partial f}{\partial (\mathrm{grad}\, P)} \right) - \frac{\partial f}{\partial P} = 0 \tag{12.8}$$

でなければならない．この方程式はオイラー–ラグランジュ(Euler-Lagrange)方程式と呼ばれている．この式と(12.3)式より次式が得られる．

$$g \frac{d^2 P}{dx^2} = \alpha_0 (T - T_\mathrm{C}) P + \beta P^3 \tag{12.9}$$

この式は P を変位，x を時間に焼き直すと，右辺の力のもとで運動する質点の運動方程式に対応することがわかる[6]．この力を与えるポテンシャルエネルギーを U とすると

$$U(P) = -\frac{1}{2} \alpha_0 (T - T_\mathrm{C}) P^2 - \frac{1}{4} \beta P^4 \tag{12.10}$$

強誘電相($T < T_\mathrm{C}$)に対応するポテンシャルを**図 12.11** に示す．

これより $-P_\mathrm{s}$ から $+P_\mathrm{s}$ に至る P の空間分布は，質点が左のポテンシャルの山から出発して右のポテンシャルの山に到達する過程に対応する．エネルギー保存則に対応させると次式を得る．

$$\frac{1}{2} g \left(\frac{dP(x)}{dx} \right)^2 + U(P(x)) = U(P_\mathrm{s}) \tag{12.11}$$

この方程式の解は

$$\widetilde{P} = \sqrt{\frac{\beta}{\alpha_0 (T_\mathrm{C} - T)}} P,$$

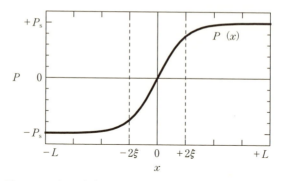

図 12.12 (12.13)式から求めた分域壁近傍での分極の変化.

$$\tilde{x} = \sqrt{\frac{2\alpha_0(T_\mathrm{C}-T)}{g}}\, x$$

とおいて次式で与えられる(演習問題 12.3).

$$\tanh^{-1}\widetilde{P} = \pm\frac{1}{2}\tilde{x} + C \tag{12.12}$$

$x=0$ で $P=0$ から積分定数 C が求められ,

$$P(x) = \pm\sqrt{\frac{\alpha_0(T_\mathrm{C}-T)}{\beta}}\tanh\!\left(\frac{x}{2\xi}\right) \tag{12.13}$$

が得られる. ここで

$$\xi = \pm\sqrt{\frac{g}{2\alpha_0(T_\mathrm{C}-T)}} \tag{12.14}$$

となる. 2ξ は原点$(x=0)$から P が約 0.77 になる x の値であるので, 分域壁の厚さの目安を与える量である(図 12.12).

12.5 分域成長の運動学

巨視的な分極をもたない高温相から, 強誘電相に温度を下げると結晶中に分域構造が発達する. この節では, この分域成長の運動学を考えよう. 平衡状態への緩和過程は, 次のような P の緩和型の運動方程式で記述される. すなわち P の時間発展は F を減少させる方向に向かうので

$$\frac{\partial P}{\partial t} = -L \frac{\partial F}{\partial P} \qquad (12.15)$$

と表すことができる．ここで $L>0$．これを**時間発展型 GL**(**TDGL**, Time-Dependent Ginzburg-Landau)**方程式**と呼ぶ．z 方向に電場 E を加えた場合の自由エネルギー密度 f は(12.3)式に静電エネルギー項 $-EP$ を加えて

$$f(r) = \frac{1}{2}\alpha_0(T-T_\mathrm{C})P^2(r) + \frac{1}{4}\beta P^4(r) + \frac{1}{2}g(\mathrm{grad}\,P(r))^2 - EP(r) \qquad (12.16)$$

となる．今 (x,y) 平面内で P が変化する2次元モデルを考えよう．このとき TDGL 方程式は次式となる．

$$\begin{aligned}\frac{dP(x,y)}{dt} \\ = L\left\{-\alpha_0(T-T_\mathrm{C})P(x,y) - \beta P^3(x,y) + E - \left(g_x\frac{\partial^2 P(x,y)}{\partial x^2} + g_y\frac{\partial^2 P(x,y)}{\partial y^2}\right)\right\}\end{aligned}$$
$$(12.17)$$

時刻 $t=0$ で常誘電相($P=0$)にしておき，$T<T_\mathrm{C}$ 以下のある温度に急冷して強誘電状態にしたときの分域構造形成過程を，計算機シミュレーションで観察してみよう．外部電場 E は0とし，計算は周期的な境界条件，初期条件は $P=0$ 付近で揺らいでいるランダムな値を使用する．

すなわち(12.17)式の右辺に P の揺らぎを表す ξ を付加する．

$$\frac{dP}{dt} = -L\frac{\partial f}{\partial P} + \xi \qquad (12.18)$$

この式はランジュヴァン(Langevin)方程式として知られている．ξ は次式を満たすことが要請される．

$$\begin{aligned}\langle\xi(r,t)\rangle &= 0, \\ \langle\xi(r,t)\xi(r',t')\rangle &= 2k_\mathrm{B}TL\delta(t-t')\delta(r-r')\end{aligned} \qquad (12.19)$$

ここで $P=0$ の状態は強誘電相では不安定であるので，$+P_\mathrm{s}$ か $-P_\mathrm{s}$ に向かうのかは初期状態の0からのわずかな揺らぎに依存する．**図 12.13** は時間とともに平衡状態に近づいていく過程を示している．ここで正負分域は黒白の領域で示されている[7]．

図 12.14 は計算機シミュレーションで求めた時間が十分経過した後の分域構造を示したものである．これより分域の大きさは自由エネルギーの係数に依存することがわかる．(a)に示すように P の勾配項の係数 g を大きくしていくと，大きな分域構造が得られる．

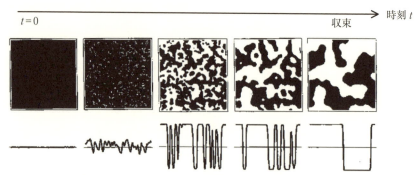

図12.13 時間発展型 GL 方程式を用いた分域構造の時間発展のシミュレーション[7]．黒白は分極がそれぞれ上下を向いた状態を表す．下図は上図の分極の空間分布をある軸で切った1次元分布を示す．

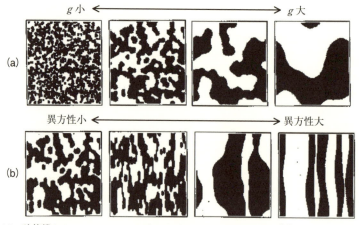

図12.14 計算機シミュレーションで求めたある時刻での分極分布[7]．(a)等方的な場合，左から $g_x = g_y = 1, 2, 3, 4$ の場合を示す．(b)異方性を持つ場合．左端は $g_x/g_y = 1/2$，右端は $g_x/g_y = 1/100$．

一方(b)に示すように g に異方性をもたせると，縞状の分域構造が得られる．分域構造の大きさは，温度がどの程度転移点から離れているかにも依存する．温度が転移温度に近いときは，正負の分極間のポテンシャルは低く大きな分域が発達しやすい

12.5 分域成長の運動学　211

図 12.15　結晶を高温相から急冷し，一定時間が経過したときの分域構造の計算機シミュレーション[7]．左から右に行くほど温度は転移温度から離れる（ポテンシャルが深くなる）．

図 12.16　BTO の正方晶における 90°分域形成の計算機シミュレーション[8]．軸は立方晶軸を示す．

が，離れているときにはポテンシャルは深くなり，分域構造は細かくなる．この結果は図 12.15 に示されている[7]．

次に相転移に際して変形を伴う場合を考えよう．この場合には分極と歪み e_{ij} が秩序変数となり，(12.8)式の P に関するオイラー–ラグランジュ方程式の他に次のような変位 u_i に関する方程式が得られる．

$$\frac{\partial f}{\partial u_i} - \sum_j \frac{\partial}{\partial x_j} \frac{\partial f}{\partial e_{ij}} = 0 \qquad (12.20)$$

ただし e_{ij} と u_i の間には次のような関係があることを用いている．

$$e_{ij} = \frac{1}{2}\left(\frac{\partial u_i}{\partial x_j} + \frac{\partial u_j}{\partial x_i}\right) \qquad (12.21)$$

系が平衡状態に緩和するとき，一般に分極の緩和時間の方が歪みよりはるかに長いと考えてよい．この場合には e_{ij} はすでに平衡に到達していて P の緩和過程だけを考えればよいことになる．すなわち TDGL 方程式は次式となる．

$$\frac{\partial F}{\partial P} = -\frac{\partial P}{\partial t},$$
$$\frac{\partial F}{\partial u_x} = \frac{\partial F}{\partial u_y} = 0 \qquad (12.22)$$

(12.22)式および自由エネルギーとして第 3 章，(3.28)式を用いて BTO の正方晶における 90° 分域構造の時間発展の計算機シミュレーションが行われた[8]．結果を図 12.16 に示す．観測結果をよく再現していることがわかる．

12.6 分域の厚さ

試料が短絡されていない場合，あるいは試料自身の電気伝導性による自由電荷，あるいは空気中の自由電荷によって分極電荷との相殺が起こらない場合には，反電場効果によって強誘電性は一部分遮蔽される．これは P_s/ε の大きさをもつ反電場が抗電場よりも大きくなるためである．しかし分域が発生するとこの反電場効果は相殺される．このような状態のときの分域の厚さを簡単な Kittel のモデルで見積もってみよう[4,9,10]．以下平板試料の 180° 分域構造のみを考え，分域は試料を突き抜けていると仮定する．また分域壁の厚さ δ は無視する．このとき，分域は反電場を考慮した静電エネルギーと分域壁エネルギーの競合で決まる．今，図 12.17 に示すような大きさをもった分域構造を考えよう．

w を平均の分域の厚さとすると単位長さ当たりの分域壁の数は $1/w$ となる．したがって単位体積当たりの静電エネルギーを u，単位面積当たりの分域壁エネルギーを σ とすると，系の単位面積当たりのエネルギー密度 U は次式で与えられる．

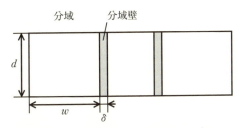

図 12.17　平行平板試料の分域構造の模式図．

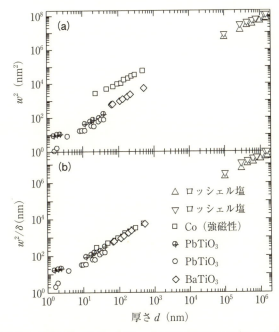

図 12.18　強誘電体と強磁性体の分域の厚さ w と平行平板試料の厚さ d の関係[12]．（a）は w^2 と d の関係，（b）は w^2/δ と d の関係を示す．

$$U = uw + \sigma d/w \tag{12.23}$$

この U を最小にするような w が分域の厚さである，すなわち

$$w = \sqrt{\frac{\sigma}{u}} d \tag{12.24}$$

分域の厚さは平板試料の厚さの平方根に比例する．この関係式は実験結果とも一致し，いろいろな強誘電体において成立するスケーリング則となっている（図 **12.18**（a））．Kittel はこの式を強磁性体について求めた．強磁性体の場合には分域壁の厚さ（ブロッホ壁）は強誘電体よりもはるかに厚く，無視できない．そこで Scott は上式に分域壁の厚さ δ を導入することにより，より一般的なスケーリング則

$$\frac{w^2}{\delta d} = G \tag{12.25}$$

を提案した[11,12]．ここで G は無次元の定数である．この式は図 12.18（b）に示すように強磁性体を含むさまざまなフェロイック物質について成立している．

12.7 分域壁の方位

　強弾性体のように秩序変数が格子歪み自身の場合，あるいは分域と格子歪みが双1次結合した強誘電体の場合には，分域壁の方向を結晶の対称性と弾性エネルギーのみ考えることにより求めることが可能である[13]．分域壁では接する2つの分域の格子変形は同じでなければならない．この条件から次の式が導かれる．今隣接する2つの分域の歪みをそれぞれ e_{ik}，e'_{ik}，テンソル主軸座標（直交格子の場合には結晶軸に一致する）を x_i，x_j とすると

$$\sum_{i=1}^{3}\sum_{j=1}^{3}(e_{ij}-e'_{ij})x_ix_j = 0 \tag{12.26}$$

上式が非自明解をもつためには

$$\det|e_{ij}-e'_{ij}| = 0 \tag{12.27}$$

これらの式を満たす x_i は互いに直交する2つの平面（分域壁）となる．分域壁には2種類あり，結晶学的な方位をもつ場合（W 分域壁）と，方位を表す変数に格子歪みが入ってくる場合（W′ 分域壁）とがある．温度を変化させた場合，W 分域壁の方位は変化しないが，W′ 分域壁の場合には格子歪みの温度依存性を反映して方位が変化する．
　分域壁の方位を求めるには次のような過程を踏めばよい．

(1) 高温相と低温相の点群から，失われた対象要素を見つける．
(2) この対称性によって結びついた歪みテンソルを全て求める．
(3) (12.27)式を満たしているかを調べる．
(4) 歪みテンソルを組み合わせて(12.26)式から分域壁の方位を求める．
(5) 相転移に際して格子の大きさが変わる場合も，常に高温相の格子から見た歪みを考えればよい．

　強誘電体 KDP および GMO の場合を考えよう．高対称相は正方晶系の点群 $\bar{4}2m$，低対称相は直方晶系の点群 $mm2$ に属するので相転移に際して自発すべり歪み ε_{12} が発生する．この自発歪みは自発分極と1次結合をするので P を反転させると，ε_{12} の符号も反転する(第2章, 図2.15)．したがって2つの分域に対する歪みテンソルは

$$\begin{bmatrix} 0 & \varepsilon_{12} & 0 \\ \varepsilon_{12} & 0 & 0 \\ 0 & 0 & 0 \end{bmatrix} \text{および} \begin{bmatrix} 0 & -\varepsilon_{12} & 0 \\ -\varepsilon_{12} & 0 & 0 \\ 0 & 0 & 0 \end{bmatrix}$$

で与えられる．ここで座標は正方晶軸をとっている．これは(12.27)式を満たす．(12.26)式から

$$(x, y, z) \begin{bmatrix} 0 & 2\varepsilon_{12} & 0 \\ 2\varepsilon_{12} & 0 & 0 \\ 0 & 0 & 0 \end{bmatrix} \begin{pmatrix} x \\ y \\ z \end{pmatrix} = 0 \tag{12.28}$$

これより

$$e_{12} xy = 0 \tag{12.29}$$

となるが，この解は $x=0$ (y-z 平面)と $y=0$ (x-z)であり(W型)，観測結果と一致する．強弾性分域壁は高対称相と低対称相の点群から94種に分類できる．それらは文献[13]にまとめられている．

　格子変形を伴わない180°分域壁は，通常は P_s と平行になる．そうでない場合には分域壁に電荷が溜まり静電エネルギーを高くしてエネルギー的に不利になるからである．

12.8　反位相境界

　結晶格子がある面で原子層のすべりを起こし，その位相がずれる境界を位相境界と呼ぶ．特に位相が π のときが反(逆)位相境界である．位相境界をもつ領域はある種の分域と考えてよい．しかし原子のオーダーで発生する現象なので光学的に観察する

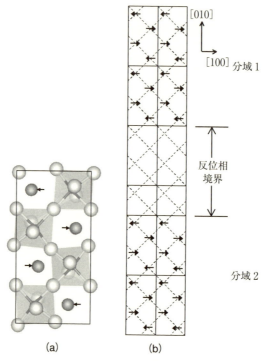

図 12.19 PZO の反強誘電相における酸素八面体の回転と Pb イオンの変位（a），および反位相境界（b）[14]．分域 1 と分域 2 は直方晶の [010] 方向に位相が π ずれていることがわかる．

ことは難しく，通常は電子顕微鏡(TEM)による格子面観察から明らかにされる．最近の TEM の発達により高い分解能での観察が可能になってきて，種々の強誘電体，強弾性体で反位相境界が観察されている．**図 12.19** にペロブスカイト反強誘電体 $PbZrO_3$(PZO) の例を示す[14]．PZO は $T_C = 510$ K で常誘電体（空間群 $Pm\bar{3}m$）から強誘電体へ，さらに $T'_C = 510$ K で直方晶空間群 $Pbam$ をもつ反強誘電体となる．直方格子は立方晶 c 軸の周りに 45° 回転しており，その格子定数は a_0 を立方晶の格子定数として

$$a \approx \sqrt{2}a_0, \ b \approx 2\sqrt{2}a_0, \ c \approx 2a_0 \tag{12.30}$$

となっている．図 12.19(a) は反強誘電相の単位胞を示す．その中での Pb イオンの

変位が矢印で記入されている．a-b面内で隣接する Pb イオンは逆向きに変位している．(b)には球面収差補正型 TEM で観測された反位相境界を模式的に示してある．これより分域壁を挟んで分域 1 と分域 2 の結晶格子が b 軸方向に位相が π ずれていること，その厚さは約 2 格子という非常に薄いものであることがわかる．次節で示すように，この反位相境界において強誘電性が発現することが最近見出された[14]．

12.9　分域壁および反位相境界における特異な物性

　分域壁がバルクとは違う特異な構造と物性をもつことはランダウ現象論に基づいて指摘されていた．GL 方程式において 2 つの秩序変数 Q_1 と Q_2 を考え，双 2 次結合項 $\lambda(Q_1Q_2)^2$ を導入して適当な係数を選べば導かれる[15]．すなわち自由エネルギー密度 f は

$$f = \frac{1}{2}a_1Q_1^2 + \frac{1}{4}b_1Q_1^4 + \frac{1}{2}g_1(\nabla Q_1)^2 + \frac{1}{2}a_2Q_2^2 + \frac{1}{4}b_2Q_2^4 + \frac{1}{2}g_2(\nabla Q_2)^2 + \lambda Q_1^2Q_2^2 \tag{12.31}$$

これより次の連立オイラー方程式が得られる．

$$\begin{aligned} g_1\nabla^2 Q_1 &= a_1Q_1 + b_1Q_1^3 + 2\lambda Q_1Q_2^2, \\ g_2\nabla^2 Q_2 &= a_2Q_2 + b_2Q_2^3 + 2\lambda Q_1^2Q_2 \end{aligned} \tag{12.32}$$

例えば Q_1 を P_s にし，Q_2 を歪みあるいは反強誘電秩序変数にとれば強弾性分域壁や反強誘電境界が強誘電性をもつことを示すことができる(図 12.20)．

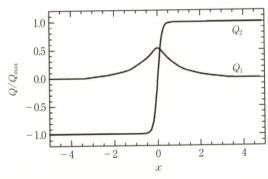

図 12.20　2 秩序変数をもつ系の分域壁[15]．秩序変数 Q_2 が負から正に変化する境界において Q_1 が局所的に発生する．横軸は位置座標(任意スケール)．

$\lambda(Q_1Q_2)^2$ は対称性からどのような結晶についても許される．ランダウ現象論に基づくより詳細な計算も行われている[16]．ただし分域壁のような非常に薄い領域に GL 方程式のような連続体近似が成立するかについては議論がある．

分域壁における特異な現象は，このほかにも分極が角を突き合せる帯電分域壁において，バルクに比較して 10^9 も大きな電気伝導性が BTO などで観測されている[17]．分域壁がもたらす物性は一種の界面効果であるが，他の界面(例えば異なる物質間の境界)と異なる点は次のように要約される．（1）幅が数格子と非常に薄い，（2）外場によって自由に移動させたり，生成消滅させることができる．この特色は新しいナノテクノロジー(domain wall nanoelectronics)として魅力的である[18]．

しかし分域壁の厚さは薄いのでそれを原子スケールで観察することはできなかったが，最近のプローブ顕微鏡や電顕の発達でそれを観測することが可能となってきた．以下にいくつかの例を挙げる．

（1）強弾性体 $CaTiO_3$ (CTO) の分域壁における強誘電性

CTO はペロブスカイト構造をもち，約 1520 K で立方晶 $Pm\bar{3}m$ から正方晶 $I4/mcm$，さらに約 1400 K で直方晶 $Pbnm$ へと構造相転移する非極性強弾性体である．以下では直方晶の強弾性分域を考える．この相では酸素八面体は c 軸の周りだけでなく直交する2つの軸の周りにも回転し，かつ c 軸方向の酸素八面体は互いに逆向きに回転する($a^+b^+c^-$)．その結果，直方晶の結晶軸 a, b は c 軸の周りに 45° 回転して長さは立方相の a_0 軸の $\sqrt{2}$ 倍に，c 軸の長さは2倍となる．この結果，次式の行列で示されるような自発歪みが発生する．

$$\begin{pmatrix} e_{11} & e_{12} & 0 \\ e_{12} & e_{11} & 0 \\ 0 & 0 & -2e_{11} \end{pmatrix} \quad (12.33)$$

この歪みテンソルについての分域壁での歪み適合理論から，CTO は 21 種類の分域壁をもち，そのうち 9 種類は W 分域壁で，12 種類は W′ 分域壁であることが導かれる[13]．収差補正型 TEM 観察は，CTO の分域壁では酸素八面体は回転せず，その代わりに Ti イオンが分極壁面内で変位して 4~20 μC/cm² の大きさの BTO に匹敵する自発分極をもつ極性構造をとることを見出した(図 12.21)[19]．

この電顕観察は 21 種類の分域壁のうちの {110} 面境界 (W 型) 観察にとどまったが，のちに行われた SHG 顕微鏡による内部観察は W 分域壁および W′ 分域壁とも SHG 活性を示すこと，すなわち極性をもつことを明らかにした[20]．図 12.22 の (a)~

12.9 分域壁および反位相境界における特異な物性　219

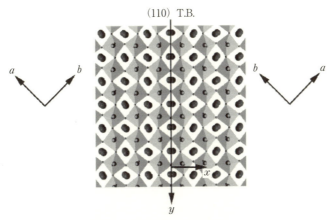

図 12.21　CTO の (110) 面を境界とする分域壁[19]．●は Ti，○は Ca，・は O を表している．分域壁における Ti の変位はほぼ y 軸方向に向いている．

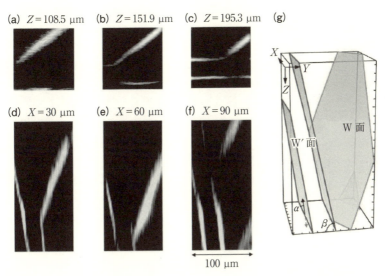

図 12.22　CTO 単結晶断面の SHG 像 ((a)〜(f))．明るい部分が SHG 活性領域．(g) はそれから得られた極性分域壁の模式図[20]．

(c)は Z 軸に垂直な断面の SHG 像，(d)〜(f)は X 軸に垂直な断面の SHG 像を示している．ここで明るい部分が SHG 活性の面を示し，その面は歪み適合理論から予想される分域壁とよく一致した．(g)には SHG 観察から得られた極性分域壁を模式的に描いたものである．W，W′ 型のいずれも極性をもつことを示している．分域壁の対称性は，観測面を分割し，それぞれの領域の SHG 強度異方性を 2 次元表示化した方法で解析された(第 9 章，2)．その結果，W 型は単斜晶点群 m，W′ 型は点群 2 と決定された[20]．

(**2**) 反強誘電体 $PbZrO_3$(PZO)の反位相境界の強誘電性

PZO の電顕観察の結果，反位相境界面(図 12.19(b))において Pb と Zr イオンの変位から面内で約 $14\,\mu C/cm^2$ の大きさの自発分極が生成され，さらに計算機シミュレーションから Pb の変位は上記の P_s の値に対応する正負の大きさをもつことが示された．この結果から PZO の反位相境界は強誘電状態となっていることがわかった[14]．

(**3**) $BiFeO_3$(BFO)の強誘電性分域壁の光起電力効果

BFO の強誘電相(三方晶)は立方相の $\langle 111 \rangle$ 方向に向いた 8 種類の P_s の向きをもち隣接する分域の P_s が 109° をなすものと，71° をなすものがある．このとき 109° 分域壁は {100} 面であり，一方 71° 分域壁は {110} 面である(**図 12.23**)．

これらの分域壁の厚さは 1〜2 nm である．分域壁では価電子帯と伝導帯の傾きが

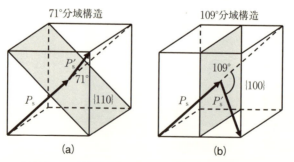

図 12.23 BFO の分域壁．71° 分域構造の場合(a)，109° 分域構造の場合(b)．$P_s = (1, 1, 1)$ のとき，71° 分域では $P_s' = (\bar{1}, 1, 1)$ で，なす角 $\theta = \cos^{-1}(1/3)$，109° 分域では $P_s' = (\bar{1}, 1, \bar{1})$，$\theta = \cos^{-1}(-1/3)$．

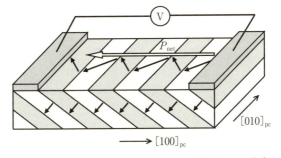

図 12.24 BFO 薄膜の 71° 分域構造を用いた光起電力の測定法．この方向に大きな光起電力効果が観測された[21]．

変化し，電気双極子が形成され局所的な電場が発生する．光を照射すると電子正孔対が生成されるが，内部電場によって逆向きに移動して起電力が発生する．71° 分域構造に分域壁方向に電極を印加した場合(図 12.24)，16 V という大きな光起電力が観測されたと報告されている[21]．この機構は pn 接合半導体と類似していて，半導体の空乏層が強誘電分域壁に対応する．異なっている点は分域壁の厚さが空乏層に比較して非常に小さいこと，そこで発生する起電力がバンドギャップに依存しないことである．分域壁で発生した起電力はカスケードに加算されて大きな起電力を発生する．この実験は BFO 薄膜についてなされたものであるが，最近は BTO 単結晶の 90° 分域壁を用いて，1 kV という大きな光起電力が観測されている[22]．

12.10 強誘電分域と磁区との違い

　強誘電体の場合には，分域構造は静電エネルギーと分域壁エネルギーの兼ね合いで決まる(12.6 節)．一方，磁壁の厚さはなるべく厚くしようとする交換相互作用となるべく薄くしようとする磁気異方性エネルギーの兼ね合いで決まる．強誘電分域壁においては原子の変位(P_s)の大きさは変わることができるが，強磁性体の場合にはスピンの大きさは変わらない．したがってスピンは回転してブロッホ壁を形成する．それが強誘電体分域境界と磁性体分域壁との違いをもたらす．典型的な遷移金属強磁性体の場合には磁壁の厚さは数 100 格子面となり，強誘電体の分域壁の大きさの数十倍となる．また強誘電体の分域壁エネルギー(数十 mJ/m^2)は強磁性体(数 mJ/m^2)に比較して 1 桁大きい．

12.11 分域反転のダイナミクス

分域反転時間 t_R を見積もることは,FeRAM などの応用において非常に重要である.電場のもとでの分域反転のダイナミクスは,主に 180°分域について考察されてきた.全体的な反転時間は R や C などの回路定数にも依存するが,以下では強誘電体の物性にのみ依存する場合を考える.t_R は次の3つの特性時間の和となる.反転分域の核が形成される時間 t_N,反転分域が電場の向きに成長し反対極板に到達する時間 t_F,および分域壁が横方向に移動して領域全体を覆う時間 t_S である[23].すなわち

$$t_R = t_N + t_F + t_S \tag{12.34}$$

t_N は一般的な核形成過程と同じく,反対分極をもつ芽が揺らぎを伴って発生し,ある閾値を越すと発達する.この形成時間は約 1 ns と見積もられている.前方方向の分域壁は音速 v_a で移動し,したがって試料の厚さを d とすると $t_F = d/v_a$ となる.一方,横方向の移動時間は電場 E に依存し経験的に

$$t_S \propto E^{-3/2} \tag{12.35}$$

となる.t_S は物質に大きく依存する.

分域反転に関してはさまざまなモデルが提案されている.石橋らはコルモゴロフ-アブラミ(Kolmogorov-Avrami)理論を用いて,反転領域の時間依存性(反転電流に対応)を1次元および2次元の場合について計算した.その結果,潜在的な核成長と呼んでいる電極領域での反転成長を考えた2次元系が,強誘電性薄膜で観測された結果,とくにそのサイズ依存性を定性的に説明した[24].

文　献

[1] M. Tanaka, and G. Honjo, J. Phys. Soc. Jpn. **19**, 954(1964).
[2] C. S. Ganpule, V. Nagarajan, B. K. Hill, A. L. Roytburd, E. D. Williams, R. Ramesh, S. P. Alpay, A. Roelofs, R. Waser, and L. M. Eng, J. Appl. Phys. **91**, 1477(2002).
[3] A. Kuroda, K. Ozawa, Y. Uesu, and Y. Yamada, Ferroelectrics **219**, 851(1998).
[4] T. Mitsui, and J. Furuichi, Phys. Rev. **90**, 193(1953).
[5] J. P. Dogherty, E. Sawaguchi, and L. E. Cross, Appl. Phys. Lett. **20**, 364(1972).

[6] B. A. Strukov, and A. P. Levanyuk, *Ferroelectric Phenomena in Crystals*, Chap. 10, Springer(1998).
[7] 宮澤信太郎，栗村直監修，"分極反転デバイスの基礎と応用"第1章 強誘電体の分域の概念(上江洲由晃)，オプトロニクス(2005).
[8] S. Nambu, and D. A. Sagala, Phys. Rev. **B50**, 5838(1994).
[9] C. Kittel, Phys. Rev. **70**, 965(1946).
[10] A. L. Roitburd, Phys. Status Solidi **A37**, 329(1976).
[11] J. F. Scott, J. Phys. Condens. Matter **18**, R361(2006).
[12] G. Catalan, I. Lukyanchuk, A. Schilling, M. Gregg, and J. F. Scott, J Mater Sci. **44**, 5307(2009).
[13] J. Sapriel, Phys. Rev. **B12**, 5128(1975).
[14] X-K. Wei, A. K. Tagantsev, A. Kvasov, K. Roleder, C-L. Jia, and N. Setter, Nature Commun. **5**, 303(2013).
[15] B. Houchmandzadeht, J. Lajzerowicz, and E. H. K. Salje, J. Phys. Condens. Matter **3**, 5163(1991).
[16] A. N. Morozovska, E. A. Eliseev, M. D. Glinchuk, L-Q. Chen, and V. Gopalan, Phys. Rev. **B85**, 094107(2012).
[17] T. Sluka, A. K. Tagantsev, P. Bednyakov, and N. Setter, Nature Commun. **4**, 2839(2013).
[18] G. Catalan, J. Seidel, R. Ramesh, and J. F. Scott, Rev. Mod. Phys. **84**, 119(2012).
[19] S. Van Aert, S. Turner, R. Delville, D. Schryvers, G. Van Tendeloo, and E. K. H. Salje, Adv. Materials **24**, 523(2012).
[20] H. Yokota, H. Usami, R. Haumont, P. Hicher, J. Kaneshiro, E. K. H. Salje, and Y. Uesu, Phys. Rev. **B89**, 144109(2014).
[21] S. Y. Yang et al., Nature Nanotechnol. **5**, 143(2010).
[22] R. Inoue, S. Ishikawa, R. Imura, Y. Kitanaka, T. Oguchi, Y. Noguchi, and M. Miyayama, Scientific Reports **5**, 14741(2015).
[23] J. F. Scott, *Ferroelectric memories*, Springer-Verlag(2000).
[24] Y. Ishibashi, and H. Orihara, J. Phys. Soc. Jpn. **61**, 4650(1992).

演習問題

問題 12.1
点群 $m\bar{3}m$ から $4mm$, $mm2$, $3mm$ へと逐次相転移をするとき，それぞれの相の分域はどのような対象要素で結びついているかを示せ．

問題 12.2

強弾性体 $Pb_3(PO_4)_2$ は180℃で三方晶 $R\bar{3}m$ から単斜晶 $C2/c$ へと構造相転移をする．このとき3つの分域 S_1, S_2, S_3 が発生し，その歪みテンソル e_{ij} は次式で与えられる．

$$e_1(S_1) = \begin{pmatrix} e_{11} & 0 & 0 \\ 0 & -e_{11} & e_{23} \\ 0 & e_{23} & 0 \end{pmatrix},$$

$$e_2(S_2) = \begin{pmatrix} -\frac{1}{2}e_{11} & \frac{\sqrt{3}}{2}e_{11} & \frac{\sqrt{3}}{2}e_{23} \\ \frac{\sqrt{3}}{2}e_{11} & \frac{1}{2}e_{11} & -\frac{1}{2}e_{23} \\ \frac{\sqrt{3}}{2}e_{23} & -\frac{1}{2}e_{23} & 0 \end{pmatrix},$$

$$e_3(S_3) = \begin{pmatrix} -\frac{1}{2}e_{11} & -\frac{\sqrt{3}}{2}e_{11} & -\frac{\sqrt{3}}{2}e_{23} \\ -\frac{\sqrt{3}}{2}e_{11} & \frac{1}{2}e_{11} & -\frac{1}{2}e_{23} \\ -\frac{\sqrt{3}}{2}e_{23} & -\frac{1}{2}e_{23} & 0 \end{pmatrix}$$

これより可能な分域壁の方位を求めよ．

問題 12.3

(12.11)式の解は次式で与えられることを証明せよ．

$$P(x) = \pm\sqrt{\frac{\alpha_0(T_C - T)}{\beta}}\tanh\left(\frac{\chi}{2\xi}\right)$$

問題 12.4

自発分極 $P_s = 10\,\mu C/cm^2$，比誘電率 $\varepsilon^r = 100$ として強誘電体平板試料の反電場の大きさを計算せよ．

II. 不均一系としての強誘電体とその関連物質 13

第13章

強誘電性薄膜

　基板の上に成長させた薄膜は，基板と薄膜との格子のミスマッチに由来する応力を受け構造や物性がバルクとは大きく異なる．したがって単一系と見なすよりは薄膜＋基板の2体系，すなわち一種の不均一系と見なしたほうがよい．この章では薄膜の強誘電性に対する基板からの影響，および具体的な薄膜作成とその構造評価を超格子膜を中心に説明する．強誘電体薄膜の作成は強誘電体メモリーへの関心からすでに1960年代後半から始まった．しかし厚さは数ミクロンに留まっていた．nmのオーダーの厚さをもつエピタキシャル薄膜が作成できるようになったのは1980年になってからである．1990年以降，急速に研究の数が伸びているが，これは薄膜作成・評価技術の進歩，強誘電体メモリー素子(FeRAM)などの応用の進展によるものである[1,2]．

13.1　薄膜成長における基板の重要性

　最近，強誘電性薄膜を含むいろいろな種類の酸化物薄膜を配向(エピタキシャル，基板と整合した方位をもつという意味)成長させることができるようになってきた．この原因として基板技術の発展も大きく貢献している．薄膜は基板の上に成長させるので，基板からの応力を受け歪む．エピタキシャル薄膜の場合，歪みが約2%までのときには，基板格子に合わせるよう応力を受けて一様に変形する方が，薄膜の格子をそのままにしてディスロケーションを導入するよりもエネルギーが低くなる，といわれている．この歪みは圧縮歪みか引張歪みか，またその大きさによってバルクの特性を増強させたり，バルクにはない特性を引き出すことが可能である．基板からの応力によって生じる歪みは薄膜と基板の格子のミスマッチで決まるので，格子定数の異なる良質な単結晶基板が合成されるようになってきたことが薄膜科学に大きな役割を果たしている．表13.1に酸化物薄膜作成に使用されている主な単結晶基板をまとめて示す．この表には比較的入手しやすく，よく使用されているものだけを記載してある．薄膜と基板の組み合わせについては文献[3]のAppendix Bに詳しい表がある．下部電極材料としては，$SrRuO_3$，$La_{2/3}Sr_{1/3}MnO_3$，$La_{1/2}Sr_{1/2}CoO_3$，$LaNiO_3$などがよく使用されている．

　均一な膜や超格子膜を作成するときには基板が格子定数のスケールで平坦となることが必要である．この基板平坦化技術の進展も薄膜技術の進展に大きく寄与した．

表 13.1 強誘電性薄膜作成に使用されている主な単結晶基板.

化学式	晶系	格子定数(Å)			擬立方晶
		a	b	c	
Al_2O_3	三方晶(コランダム型)	4.7588		12.992	
$BaTiO_3$	正方晶(ペロブスカイト型)	3.99		4.04	
$DyScO_3$	直方晶	5.54	5.71	7.89	3.94
$GdScO_3$	直方晶	5.45	5.75	7.93	3.97
$KTaO_3$	立方晶(ペロブスカイト型)	3.989			
$LaAlO_3$	三方晶(ペロブスカイト型)	5.365		13.112	3.79
$LaGaO_3$	直方晶	5.49	5.53	7.78	3.89
$LiNbO_3$	三方晶(コランダム型)	5.148		13.863	
$LiTaO_3$	三方晶(コランダム型)	5.154		13.783	
$(LaAlO_3)-(SrAl_{0.5}Ta_{0.5}O_3)$	立方晶(ペロブスカイト型)	3.87			
MgO	立方晶	4.213			
$SrTiO_3$	立方晶(ペロブスカイト型)	3.905			
$Nb:SrTiO_3$	立方晶(ペロブスカイト型)	3.905			
$La:SrTiO_3$	立方晶(ペロブスカイト型)	3.905			
$SrLaGaO_4$	正方晶	3.843		12.68	
$SrPrGaO_4$	正方晶	3.813		12.53	
$NdGaO_3$	直方晶	5.43	5.5	7.71	3.86
$Y_2O_3:ZrO_2$ (YSZ)	立方晶	5.139			
$YAlO_3$	直方晶	5.176	5.307	7.355	
ZnO	六方晶(ウルツ型)	3.32426		5.1948	

エピタキシャル薄膜は基板からの一様な応力の元で,単分域,多分域,あるいは多相にもなり得るが,以下は単分域となる場合について,ペルツェフ(Pertsev)らがランダウ現象論に基づいて導いた理論の説明を行う[4].この理論は現象論に現れる係数をそれぞれの物質について具体的に取り入れて,ミスフィット歪みと温度に関する相図を定量的に求めている点に特色がある.

自由エネルギーは第3章,(3.28)式と基本的に同じである.ただしペルツェフは歪み x_i の代わりに応力 σ_i を用いている.すなわち(3.28)式において次のような秩序変数と係数の変換をすればペルツェフの自由エネルギー F が得られる.

$x_i \to \sigma_i$, $\alpha \to 2\alpha_1$, $\beta_1^* \to 4\alpha_{11}$, $\beta_2^* \to 2\alpha_{12}$, $\delta \to 6\alpha_{111}$, $c_{11}^P \to -s_{11}$, $c_{12}^P \to -s_{12}$, $c_{44}^P \to -s_{44}$, $q_{11} \to -Q_{11}$, $q_{12} \to -Q_{12}$, $q_{44} \to -Q_{44}$

基板からの影響は次のようにして取り入れられている.

13.1 薄膜成長における基板の重要性

(1) 膜は非常に薄く(ただし強誘電性は発現する厚さである),基板は薄膜に比較して十分厚い.したがって基板からは薄膜に対して一様な応力が働いている.
(2) 基板は立方晶の対称性をもち,膜は立方晶軸の1つに垂直な面であると仮定する.したがってテンソル主軸(添え字の1, 2, 3)は立方晶軸と一致する.
(3) 膜の上部は束縛されていなく,下部は基板からの応力を受けるが,膜は薄いので応力は膜全体に一様に加わる.これよりミスフィット歪みを $x_\mathrm{m} = (a-a_0)/a$ (a は基板に束縛されていない薄膜の格子定数[*1], a_0 は基板の格子定数)とすると,

$$\sigma_3 = \sigma_4 = \sigma_5 = 0,$$
$$\partial F/\partial \sigma_1 = \partial F/\partial \sigma_2 = -x_\mathrm{m},$$
$$\partial F/\partial \sigma_6 = -x_6 = 0 \tag{13.1}$$

実際の計算の手続きは第3章, 3.8節と同じであり, $\sigma_i (i=1\sim3)$ と $P_i (i=1\sim3)$ に関する極小条件から求まる関係式を F に代入すると次式が得られる.

$$\begin{aligned}
F = &\, a_1^*(P_1^2 + P_2^2) + a_3^* P_3^2 + a_{11}^*(P_1^4 + P_2^4) + a_{33}^* P_3^4 \\
&+ a_{12}^* P_1^2 P_2^2 + a_{13}^*(P_1^2 P_3^2 + P_2^2 P_3^2) + a_{111}(P_1^6 + P_2^6 + P_3^6) \\
&+ a_{112}\{P_1^4(P_2^2 + P_3^2) + P_3^4(P_1^2 + P_2^2) + P_2^4(P_1^2 + P_3^2)\} \\
&+ a_{123} P_1^2 P_2^2 P_3^2 + \frac{x_\mathrm{m}^2}{s_{11} + s_{12}}
\end{aligned} \tag{13.2}$$

この式で P の6次項は(3.28)式よりも厳密に取り込んである.(13.2)式に現れる係数は束縛条件化での係数と次式の関係がある.

$$a_{11}^* = a_{11} + \frac{1}{2}\frac{\{(Q_{11}^2 + Q_{12}^2)s_{11} - 2Q_{11}Q_{12}s_{12}\}}{s_{11}^2 - s_{12}^2}, \quad a_{33}^* = a_{11} + \frac{Q_{12}^2}{s_{11} + s_{12}}$$

$$a_{12}^* = a_{12} - \frac{\{(Q_{11}^2 + Q_{12}^2)s_{12} - 2Q_{11}Q_{12}s_{11}\}}{s_{11}^2 - s_{12}^2} + \frac{Q_{44}^2}{2s_{44}},$$

$$a_{13}^* = a_{12} + \frac{Q_{12}(Q_{11} + Q_{12})}{s_{11} + s_{12}} \tag{13.3}$$

(3.33)式と異なる点はミスフィット歪み x_m がパラメータとして付加されていることである.これらの係数はすべて特定の物質について定量的に決定されている値を用いる.一例としてBTOとPTOの相図を計算するときに用いた係数の値を**表13.2**に示す.

[*1] バルク結晶の格子定数を用いる場合が多い.

228 第13章 強誘電性薄膜

表13.2 BTO および PTO の x_m-T 相図(図13.1)を計算するときに用いた係数[4](単位は SI，温度 T は℃).

パラメータ	BaTiO$_3$	PbTiO$_3$
a_1	$3.3(T-110)\times 10^5$	$3.8(T-479)\times 10^5$
a_{11}	$3.6(T-175)\times 10^6$	-7.3×10^7
a_{12}	4.9×10^8	7.5×10^8
a_{111}	6.6×10^9	2.6×10^8
a_{112}	2.9×10^9	6.1×10^8
a_{123}	$7.6(T-120)\times 10^7+4.4\times 10^{10}$	-3.7×10^9
Q_{11}	0.11	0.089
Q_{12}	-0.043	-0.026
Q_{44}	0.059	0.0675
s_{11}	8.3×10^{-12}	8.0×10^{-12}
s_{12}	-2.7×10^{-12}	-2.5×10^{-2}
s_{44}	9.24×10^{-12}	9.1×10^{-12}

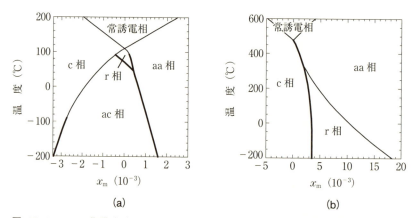

図13.1 BTO 薄膜(a)および PTO 薄膜(b)の x_m-T 相図[4]．ここで，c 相は $P_3\neq 0$, $P_1=P_2=0$, aa 相は $P_3=0$, $P_1=P_2\neq 0$, r 相は $P_3\neq 0$, $P_1=P_2\neq 0$, ac 相は $P_3\neq 0$, $P_1\neq 0, P_2=0$ である．太線は1次相転移を，細線は2次相転移を表す．

これらの値を用いて計算した BTO および PTO 強誘電性薄膜の x_m-T 相図を図 13.1(a),(b)に示す．

これより次のことが導かれる．

（1） BTO と PTO の相図は非常に異なっている．BTO では4つの相(常誘電相，c 相，aa 相，r 相)が会する4重点が存在するのに対し，PTO の場合は3つの相(常誘電相，c 相，aa 相)の3重点が存在する．
（2） PTO 薄膜の場合，基板からの応力が圧縮応力($x_m < 0$)のときには，P が基板に垂直に向いた正方晶(c 相)になりやすい．一方，応力が引張応力($x_m > 0$)の場合には，P は面内にあって立方晶の対角方向に向いた直方晶相(aa 相)となる．さらに温度をさげると，単斜晶相(r 相)へと転移する．
（3） BTO 薄膜，PTO 薄膜のいずれも圧縮応力や引張応力を大きくすると強誘電相転移温度は高くなる．また相転移の次数は2次となる．これらは実験的にも確認されている[5]．

STO や PZT 薄膜に対しても同様な計算がなされ，薄膜特有の相図が得られている．これらの計算に用いられたランダウ理論の係数は文献[3]の Appendix A にまとめられている．

13.2 薄膜作成法

酸化物薄膜合成でよく用いられる4つの方法(スパッター法，PLD 法，CVD 法，MBE 法)について主にその原理を説明する[6]．

（1） スパッター法
$10^2 \sim 10^4$ eV の高いエネルギーをもつ粒子をターゲットに衝突させ，その運動エネルギーでターゲット表面の原子を引き剥がして基板上に移動させる方法である．ターゲットは通常薄膜と同じ組成をもつセラミックスを用いる．強誘電性薄膜を作成する場合には，ターゲットは絶縁体なので高周波(rf)スパッター法かマグネトロンスパッター法が使用されている．

（2） レーザアブレーション(パルスレーザー成膜，PLD)法
原理的には，スパッター法の高速粒子をレーザービームに置き換えた方法と考えればよい．レーザー光源としては，紫外領域の波長をもちパワーの高いエキシマレーザー(ArF = 193 nm，KrF = 248 nm)，あるいは YAG レーザーの3倍波(波長 355 nm)あるいは4倍波(波長 266 nm)を用いる．パルス当たり 1 J/cm^2 以上のエネルギー密度をもつことが必要とされている．このエネルギー密度以下ではレーザーとターゲットが反応して分子を剥離するときに，熱過程の割合が大きくなり薄膜の組成

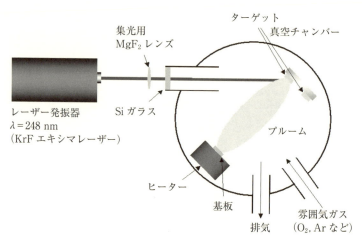

図 13.2　PLD 法の装置の概略図.

ずれが大きくなるためと考えられている．ターゲットから飛び出した粒子はプルームと呼ばれる励起されたイオンの集合体を形成する．プルームの位置と基板との関係も良質な薄膜を作成上で重要な因子となる．図 13.2 に PLD 法の装置の概略図を示す．

PTO 薄膜の成膜条件の一例を示すと，STO(100)基板，ターゲットセラミックス $=PbTiO_3$，基板温度 $=570℃$，レーザー光源 $=$ KrF エキシマレーザー($\lambda=248$ nm)，ビームサイズ $=2.5$ mm^2，レーザーエネルギー密度 $=2$ J/cm^2，酸素圧 $=0.13$ mbar (~ 1 mTorr)，基板-ターゲット間距離 ~ 5 cm[5]．この例ではターゲットセラミックスとして PTO を用いているが，PbO と TiO$_2$ セラミックスを用いて交互にレーザーを照射し，基板上で反応させて PTO 薄膜を作成することもでき，PTO セラミックスをターゲットに用いた場合と遜色のない薄膜ができる．

（3）　化学気相成長(CVD)法

薄膜の構成原子を含む原料ガスを加熱した基板に送り，そこでガスを化学反応させて基板上に薄膜を成長させる方法である．強誘電性薄膜を作成するときは原料ガスとして有機金属化合物(MO, metal organic)を使用し，比較的低温で薄膜を合成する．この方法を MOCVD という．強誘電性薄膜作成でよく用いられる有機金属化合物を表 13.3 に示す．

表 13.3 強誘電性薄膜を MOCVD 法を用いて作成するときに用いられる有機金属化合物[6].

化学式	融点(℃)	蒸気圧 0.1 Torr となる温度(℃)
$Sr(C_{11}H_{19}O_2)_2$	200	200
$Ba(C_{11}H_{19}O_2)_2$	170	194
$Pb(C_{11}H_{19}O_2)_2$	130	128
$La(C_{11}H_{19}O_2)_2$	260	190
$Zr(OC_4H_9)_4$	3	31
$Ti(OC_3H_7)_4$	20	35
$Ti(OC_4H_9)_4$	4	34
$Bi(OC_4H_9)$	150	82

(4) 分子線エピタキシー(MBE)法

MBE のキーワードは超高真空中での薄膜作成である.これにより残留ガスの影響が少ない高品質な膜が得られる.チャンバー内は 10^{-8} Pa の超真空中に保たれている.高純度の原料をクヌーセンセルに入れ,それを加熱して蒸発させ,この分子線を基板付近で反応させて基板上に膜を形成させる.蒸発速度はセルの温度で決まるので,セルを熱的に遮断し,セルの温度を厳密に制御することによって蒸発速度を調整する.膜の構造を成膜時に測定する高速反射電子線回折(RHEED),膜分析用のオージェ電子分光装置などを設置できる.他の方法では得られない高品質な膜を,ユニットセルのスケールで制御できるが装置は非常に高価なものとなる.

13.3 基板の表面処理

エピタキシャル薄膜成長の過程で,結晶成長が基板の単位格子定数の高さをもつステップで起こる場合をステップフロー成長という.ステップフロー成長ではステップが平面内を一様に前進するだけで,表面は常に同じ形態をとる.そのため巨視的に平坦な表面が維持できるという特徴をもつ.この条件は表面拡散係数 D_s と成長速度(単位面積,単位時間当たりに基板表面に到達する供給原子の数に相当)F,および吸着原子がステップ端に到達した際に結晶に取り込まれる確率で決定される.ステップフロー成長をさせるには D_s は大きく,F は小さくすればよい.D_s を大きくするには基板温度 T を高くすればよいが T が高すぎると原子が再蒸発してしまうため最適値を実験で求めることが必要となる.

このように膜厚一定の高品位薄膜や超格子周期の揃った超格子薄膜を成膜するには，薄膜を基板上にステップフロー成長させなければならない．しかし，通常の基板はナノレベルの不規則な凹凸が存在し，そのままでは薄膜がステップフロー成長しない．そのためには表面上にステップとテラスをもつ基板を作成する必要がある．これは化学研磨と熱処理によって行う．以下はSTO基板の場合について具体的な方法を記す[7]．

STOは，[100]方向にSrO層およびTiO$_2$層が交互に積層した結晶構造を有している．pHを調整した緩衝フッ酸溶液(例えばpH 4.5～5.0のNH$_3$-HF緩衝水溶液)を用いた化学研磨によりSrO層を選択的に除去しTiO$_2$層を残すことで，原子レベルで平坦かつ良好な絶縁性を有するSTO(100)基板を作成することが可能である．このNH$_3$-HF緩衝水溶液中にSTO基板を浸し化学研磨を行う．このSTO基板を超純水で超音波洗浄したのち，900～1000℃の空気中で1～2時間ほど熱処理を行うと図13.3のAFM像に示すような平坦な表面をもった基板が得られる[8]．

13.4 超格子薄膜

薄膜作成技術の発達に伴い，半導体や金属磁性体の超格子薄膜だけでなく酸化物の超格子薄膜も作成され，その物性に関する研究が行われるようになってきている．ペロブスカイト型超格子膜の研究において日本の貢献は大きい．単層膜に関しては奥山ら

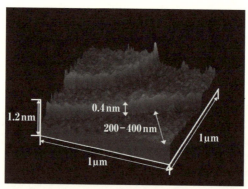

図13.3　表面処理を行ったSTO基板のAFM像[8]．高さ方向と面内方向のスケールのオーダーの違いに注意．

の PbTiO$_3$ 薄膜の仕事が先鞭をつけた．超格子薄膜に関する最初の報告は 1992 年の飯島らによる BTO/STO 超格子薄膜に関するものである[9]．これは**反応性蒸着**(reactive evaporation)と呼ばれる物理吸着法を使って STO 基板上に作られたもので，RHEED を用いて超格子薄膜の成長過程を観測した．引き続き鶴見ら，田畑らにより BTO/STO 超格子において強誘電性の増加や誘電率の増大が観測された[10,11]．これを契機として種々の組み合わせの超格子薄膜の研究がなされるようになった．超格子膜は単層膜よりもミスフィット転位が少なくコヒーレンス長の大きな膜を作成できる．

13.5　XRD を用いた薄膜評価

ここでは X 線回折(XRD)法を用いた薄膜の構造評価について述べる．

(1)　XRD 法を用いた膜厚の測定

薄膜の厚さは XRD 回折プロファイルを次のラウエ(Laue)関数でフィットさせることにより求めることができる．

$$I = \frac{I_0}{N^2} \frac{\sin^2(2\pi Na\sin\theta/\lambda)}{\sin^2(2\pi a\sin\theta/\lambda)} \tag{13.4}$$

ここで N は膜の格子面の数，a は格子面間隔，λ は X 線の波長，θ は回折角，I_0 は主ピークの強度である．N および主ピークの回折角から決定される a を用いて膜厚は $D = Na$ によって求められる．一例として YSZ(yttria stabilized zirconia)基板上に成膜させた六方晶 YbFeO$_3$ 薄膜の XRD プロファイルとそのフィッティング結果を図 13.4 に示す[12]．これから決定した膜厚は 40.1 nm，格子定数は 1.178 nm である．この方法で正確に決定される膜厚の目安は約 50 nm 以下であって，これを越すとサブピークは重なりフィットしにくくなる．

(2)　超格子周期の求め方

超格子膜の周期 Λ は次のようにして求められる．今 XRD のメインピークの回折角を θ_0，m 次の超格子反射回折角を θ_m とする．このとき主格子と超格子に対応する逆格子ベクトル $\boldsymbol{G}$ と $\boldsymbol{K}$ は次のように表される．またこの関係を図 13.5 に示す．

$$\begin{aligned} 2k\sin\theta_0 &= |\boldsymbol{G}|, \\ 2k\sin\theta_m &= |\boldsymbol{G}| + |\boldsymbol{K}| \end{aligned} \tag{13.5}$$

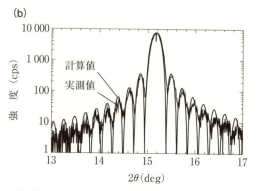

図 13.4 YbFeO$_3$ 強誘電性薄膜の XRD(002) 回折プロファイルとそのラウエ関数を用いたフィッティング[12].

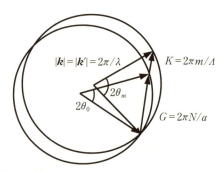

図 13.5 主格子と超格子の逆格子空間における関係. ここで 2 つの円は主格子反射と超格子 m 次反射に対応するエバルド (Ewald) 球を表す.

両辺を差し引くと

$$2(2\pi/\lambda)(\sin\theta_m - \sin\theta_0) = K = 2\pi m/\Lambda$$

これより Λ は次式で与えられる.

$$\Lambda = \frac{m\lambda}{2(\sin\theta_m - \sin\theta_0)} \tag{13.6}$$

超周期がどのくらいの長さで保たれているかを表す相関 (コヒーレンス) 長 ξ は主反射

の半値幅を $\Delta\theta$ とすると次式で与えられる．

$$\xi = \frac{\lambda}{2\Delta\theta \cos\theta_0} \tag{13.7}$$

超格子膜の XRD プロファイルは，主反射 ($m=0$) の周りに，図 13.7 に示すような高次の超格子反射が現れる．この実験結果から上に述べたような関係式を用いて，Λ や ξ を求めることができる．

（3） 超格子膜の成膜速度の決定

超格子膜を作成するとき，各層の成膜速度（PLD 法ではレーザーパルス当たりの格子数）を決めることが重要である．この成膜速度は基板の上に直接載せる単層膜の場合とは異なるので注意が必要である．RHEED を用いれば正確に決定できるが，PLD 法の場合には真空度が低いので RHEED は使用できない．しかし次のような簡便な方法がある[8]．

超格子の超格子構造を BABA⋯BA/基板としよう．まず A 層を作成するのに打つパルス数を N_0 に固定し，B 層作成のパルス数 N のみを変えて 3 種類の超格子薄膜を作成する．次に X 線回折プロファイル（(13.6)式）からそれらの超格子の超格子周期 Λ_i を計算する．Λ の値を N に対してプロットすると線形関係が得られる．ここで B 層のパルス 1 発当たりの薄膜成長速度を d_1 (nm/pulse)，パルス N_0 発で積まれた A 層の厚さを d_0 (nm) とすると，

$$\Lambda = Nd_1 + d_0 \tag{13.8}$$

という関係がある．このグラフの傾きと切片からそれぞれ d_1 と d_0 が求まる．この方法の利点は非破壊でかつ簡便な X 線回折装置のみを使用すること，また超格子の材質や作成条件によらないためさまざまな超格子の作成に応用できることである．一例として PSN/PT 超格子膜の実験結果を **図 13.6** に示す．

（4） 超格子からの X 線回折強度の式の導出

A/B 超格子膜の XRD 強度は次のようなパラメータを用いて求められる[8]．

 A 層と B 層の格子定数：d_A, d_B
 A 格子および B 格子の結晶構造因子の絶対値：f_A, f_B
 A, B 格子の層数：N_A, N_B，(A + B) 層の繰り返し数：N
 超格子周期：$\Lambda = N_A d_A + N_B d_B$，超格子薄膜の厚さ：$N\Lambda$

簡単なために次の仮定をおく．

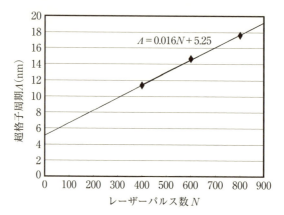

図 13.6 PSN/PT 超格子膜の PT 成膜パルス数と超格子周期の関係. これよりこの超格子膜の成膜速度は 0.016 nm/パルスと決定できた[8].

（1） 層の境界面は平坦とする.
（2） 構成層はラウエ関数のプロファイルをもともともっている.
（3） A 層と B 層は超格子周期の半分 $\Lambda/2$ に対応する位相因子 ϕ をもつ. すなわち

$$\phi = i2\pi(\boldsymbol{K}\cdot\boldsymbol{L}) = i2\pi\left(\frac{2}{\lambda}\sin\theta\right)\left(\frac{\Lambda}{2}\right)$$

$$\mathrm{Re}\,[\exp(i\phi)] = \cos\left(\frac{2\pi\Lambda}{\lambda}\sin\theta\right) \tag{13.9}$$

これより超格子の構造因子 F_{sl} は次式で与えられる.

$$F_{\mathrm{sl}} = f_{\mathrm{A}}\frac{\sin^2(2\pi N_{\mathrm{A}} d_{\mathrm{A}} \sin\theta/\lambda)}{\sin^2(2\pi d_{\mathrm{A}} \sin\theta/\lambda)}$$
$$+ f_{\mathrm{B}}\frac{\sin^2(2\pi N_{\mathrm{B}} d_{\mathrm{B}} \sin\theta/\lambda)}{\sin^2(2\pi d_{\mathrm{B}} \sin\theta/\lambda)}\cos\{4\pi(\Lambda/2)\sin\theta/\lambda\} \tag{13.10}$$

これより超格子回折強度 I_{sl} は超格子のラウエ関数 $|G_{\mathrm{sl}}|^2$ を用いて次式となる.

$$I_{\mathrm{sl}} = Q(\theta)|G_{\mathrm{sl}}|^2|F_{\mathrm{sl}}|^2$$
$$= Q(\theta)\frac{\sin^2(2\pi N\Lambda \sin\theta/\lambda)}{\sin^2(2\pi\Lambda \sin\theta/\lambda)}|F_{\mathrm{sl}}|^2 \tag{13.11}$$

ここで $Q(\theta)$ は L_{p}(Lorentz-Polarization)因子である.

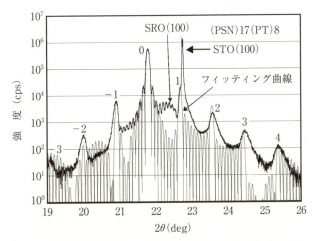

図 13.7 (PSN)17(PT)8 超格子薄膜の XRD プロファイルと計算式によるフィッティング[8]．図中の数字は超格子反射の次数を示す．STO(100) 単結晶基板からの強い反射が見られる．PSN と PT の添字は 1 周期中のそれぞれの層数を表す．

STO 基板上に堆積させた PSN/PT 超格子膜の XRD 回折強度をフィットさせた結果を図 13.7 に示す．これより超格子膜中の A，B 層の格子定数を求めることができる．

13.6 薄膜の誘電的性質

薄膜の誘電率や D-E 履歴曲線の測定は，バルクに比較して電気伝導率が高いことが多く，特に 300℃ 以上の高温では再現性のあるデータが少ない．一方，低温では信頼性のある結果が得られている．一例として $(Ba_{0.4}Sr_{0.6})TiO_3$ 薄膜の比誘電率の温度・周波数依存性を図 13.8 に示す[13]．

一般に薄膜の誘電率は同じ組成のバルク試料に比較して誘電率ピークがブロードで，ピーク値が小さい．また逆誘電率の温度依存性から求められるキュリー温度 T_C は周波数依存性をもち，かつバルク試料よりも小さい．

この現象は界面モデル，すなわち薄膜と電極の間に薄く誘電率の小さな層があるとして説明されている．全体の誘電特性はこの界面と薄膜とが直列につながれているとして計算される[13]．*2．

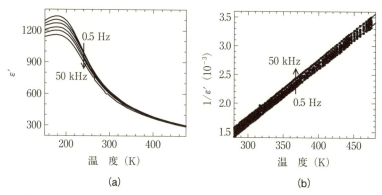

図 13.8 $(Ba_{0.4}Sr_{0.6})TiO_3$ 薄膜の比誘電率（実部）ε'（a），および逆誘電率 $1/\varepsilon'$（b）の温度・周波数依存性[13].

今，薄膜，界面，薄膜試料全体の誘電率および厚さをそれぞれ，(ε_f, d_f)，(ε_i, d_i)，(ε, d) として，$t = d_i/d_f$ とおくと，

$$\frac{1+t}{\varepsilon} = \frac{1}{\varepsilon_f} + \frac{t}{\varepsilon_i} \tag{13.12}$$

これより

$$\varepsilon = \frac{1+t}{1+t(\varepsilon_f/\varepsilon_i)}\varepsilon_f \tag{13.13}$$

$\varepsilon_f/\varepsilon_i > 1$ ならば $\varepsilon < \varepsilon_f$ となるので薄膜本来の誘電率よりも小さくなる．バルク試料で同様に電極との界面を考えたとしても，バルクは界面よりずっと厚い，つまり $t \sim 0$ なので界面の影響が現れにくいが薄膜になると界面を無視できなくなるといえる．また見かけのキュリー温度 T_Θ は(13.13)式を

$$\varepsilon \sim \frac{1}{1+t(\varepsilon_f/\varepsilon_i)}\varepsilon_f \tag{13.14}$$

と近似し，$\varepsilon_f = C/(T-T_C)$ を(13.14)式に代入すると，

$$\varepsilon = \frac{C}{T-T_\Theta}$$

ここで

---

*2 ペルツェフ(P)現象論との相違に注意．上のモデルでは基板からの束縛条件は全く考慮していない．一方 P 現象論では薄膜の上部は自由な状態と仮定している．

$$T_\theta = T_C - (tC/\varepsilon_i) < T_C \tag{13.15}$$

となり，薄膜本来のキュリー温度 T_C より低くなる．このようにして実験結果は定性的に説明される．

薄膜系の誘電分散も同様に計算できる．この場合には第9章，1 電気的測定，9.1節の等価回路を用いて薄膜と界面に対応する 2 つの回路を直列に接続することによって得られる．

文　献

[1] 奥山雅則, 固体物理, 特集号「誘電体物理の新しい展開」, **35**, no. 9, 117 (2000)；和佐清孝, 足立秀明, 北畠真, 同上, **35**, no. 9, 125 (2000).
[2] M. Dawber, K. M. Rabe, and J. F. Scott, Rev. Mod. Phys. **77**, 1083 (2005).
[3] K. Rabe, Ch. H. Ahn, and J.-M. Triscone (Eds.), *Physics of Ferroelectrics, A modern Perspective*, Springer (2007).
[4] N. A. Pertsev, A. G. Zembilgotov, and A. K. Tagantsev, Phys. Rev. Lett. **80**, 1988 (1998).
[5] S. Venkatesan et al. Phys. Rev. **B78**, 104112 (2008).
[6] 平尾孝, 吉田哲久, 早川茂, 薄膜技術の新潮流, 工業調査会, Kbooks series 128, p. 101 (1997).
[7] M. Kawasaki et al., Science **266**, 1540 (1994).
[8] S. Asanuma, Y. Uesu, C. Malibert, and J. M. Kiat, J. Appl. Phys. **103**, 094106 (2008).
[9] K. Iijima, T. Terashima, Y. Bando, K. Kamigaki, and H. Terauchi, J. Appl. Phys. **72**, 2840 (1992).
[10] T. Tsurumi, T. Suzuki, M. Yamane, and M. Daimon, Jpn. J. Appl. Phys. **33**, 5192 (1994).
[11] H. Tabata, H. Tanaka, and T. Kawai, Appl. Phys. Lett. **65**, 1970 (1994).
[12] H. Iida et al., J. Phys. Soc. Jpn. **81**, 024719 (2012).
[13] M. Tyunina, J. Phys. Condens. Matter **18**, 5725 (2006).

演習問題

問題 13.1
(13.4)式で $a/\lambda = 1/3$ とし，$N = 10, 50, 100$ のラウエ関数を θ の関数として描け．

III. 強誘電体の応用　14

第 14 章

強誘電体の応用

　強誘電体は図 14.1 に示すように，多種多様な分野において応用されている．この章ではその中からセラミックコンデンサー，および強誘電体の性質を直接使用した強誘電体メモリ素子 (FeRAM) とレーザーの高効率波長変換に用いられる擬似位相整合 (QPM) 素子の原理について説明する．

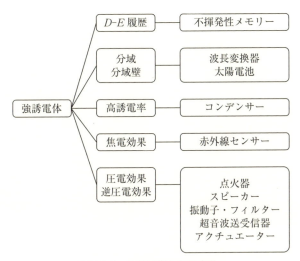

図 14.1　強誘電体の応用分野．

14.1　セラミックコンデンサー

　酸化物誘電体を材料として用いたセラミックスコンデンサーがさまざまな電子機器において用いられている．コンデンサーにはセラミックコンデンサーの他にも電解コンデンサーやフィルムコンデンサーなどがあるが，生産個数はセラミックコンデンサーが圧倒的に多く，80% 以上を占めている[1]．

　材料としては表 14.1 に示したような材料が用いられている．非常に幅広い用途が

第14章 強誘電体の応用

表14.1 セラミックコンデンサーの材料と特性[1].

誘電体材料	比誘電率(ε_r) (20℃, 1 kHz, 1 V)	誘電損失($\tan\delta$)	静電容量 定格電圧
TiO_2	60〜120	0.0003	0.1 pF〜0.1 μF 25 V〜6.3 kV
$MgTiO_3$	10〜30	0.0004	0.1 pF〜0.1 μF 10 V〜1000 V
$SrTiO_3$	170〜430	0.0005	100 pF〜0.1 μF 16 V〜40 kV
$BaTiO_3$	1000〜20000	0.01〜0.02	100 pF〜100 μF 4 V〜40 kV

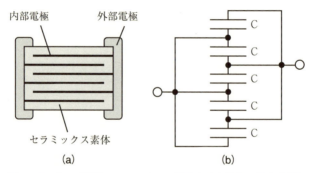

図14.2 チップ積層コンデンサーの構造(a)と等価回路(b)[1].

あり，(1)カップリング回路，(2)デカップリング回路，(3)バイパス回路，(4)スイッチング電源回路，(5)フィルター回路，(6)発振回路などに用いられている．

各種のコンデンサーは静電容量(周波数1 kHz あるいは1 MHz，電圧振幅5 Vrms 以下での測定値)，定格電圧，$\tan\delta$，周波数特性，静電容量の温度係数，絶縁破壊電圧などの特性が規定されているので，用途に応じて選択する．特に電極とセラミック誘電体を交互に重ねたチップ積層コンデンサー(図14.2)は，小型で大容量，寄生インダクタンスや直列抵抗成分が小さいので高周波特性に優れている，などの特徴をもっているために，単板型コンデンサーに代わってセラミックコンデンサーの主力と

なっている．チップコンデンサーの誘電体厚みも 1 μm を切った製品が作成されるようになった．

セラミックコンデンサーの種類，作製法，機能，特性，用途などについては文献[1]に詳しい．

14.2 不揮発性強誘電体メモリ

強誘電体は D-E 履歴曲線を示す．残留分極 P_r の正負を "1" または "0" として，コンピューターの 2 進法コードメモリに利用する素子を，**不揮発性強誘電体メモリ** (FeRAM, nonvolatile ferroelectric random access memory) と呼ぶ．P_r は電圧を切断してもその値と符号が保たれるのでそれが不揮発性の性質を与える．FeRAM は他のメモリ素子に比較して低電力で読み書きが速いという特徴をもっている．使用されている強誘電体膜には，PZT，SBT ($SrBi_2Ta_2O_9$) などが用いられている[2,3]．

FeRAM の回路構成は，2 つの方式がある．すなわち，高集積化が可能であるが読み出しの際に書き込んだ情報が失われてしまう 1 トランジスター 1 キャパシター (1T1C) 方式と，読み出しで情報が失われない 2 トランジスター 2 キャパシター (2T2C) 方式とがある．以下では 2T2C 方式についてその動作原理を説明する．

図 14.3 は 2T2C の 1 ビット分のメモリセルを示す．C_{F1}, C_{F2} の 2 個の強誘電体キャパシター (コンデンサー) と，T_1, T_2 の 2 個のトランジスタの組み合わせが 1 つのビットを構成している．実際の FeRAM 内にはそのメモリ容量分だけセルが存在するが，セルの読み書き (アクセス) を制御する SA (センスアンプ) と BL, /BL (ビッ

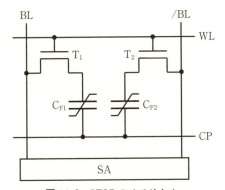

図 14.3　2T2C のメモリセル．

244　第14章　強誘電体の応用

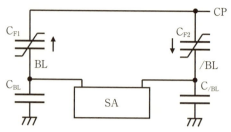

図 14.4　選択された状態のメモリセル．C_{BL}, $C_{/BL}$ は BL, /BL の容量成分．

ト線) や CP(セルプレート線) は複数のセルで共有されるため，その中からアクセスするセル 1 つを WL(ワード線) により選択する．T_1 と T_2 は電圧で動くスイッチとして機能し，WL に電圧をかけると C_{F1}, C_{F2} の上側がそれぞれ BL, /BL に接続されて，そのセルだけがアクセス可能になる．わかりやすくするために，図 14.3 で WL に電圧をかけたときに相当する回路を図 14.4 に示す．図 14.4 では読み出しのときに考慮する BL, /BL の電気容量成分 C_{BL}, $C_{/BL}$ も明示しておく．

図 14.4 で 2T2C の動作をおおまかに説明すると，C_{F1}, C_{F2} はアクセスしていない状態では図のように常に逆向きの分極をもたせておき，アクセス時は分極変化による電流を SA の BL, /BL で検知して比較する．そのため，片側 1 つだけの分極変化を検知する 1T1C のセルよりも信頼性の高いアクセスができる．

図 14.4 のセルにデータを書き込むときの動作を図 14.5 に示す．書き込みは CP, BL, /BL の 3 本にかける電圧の操作で行われる．まず t_1 で BL, /BL の電圧はゼロで CP だけに電圧 V をかけると，C_{F1}, C_{F2} とも正の電圧がかかり，どちらも分極は下向きになる．それから t_2 で，BL, /BL のうち上向きにしたい方だけに電圧をかけるが，このときは分極変化は起こらない．次に t_3 で CP の電圧をゼロにすると，C_{F1}, C_{F2} のうち t_2 で V をかけた方だけ負の電圧がかかり，分極が反転して上向きになる．最後に t_4 で BL, /BL の電圧をゼロに戻しても分極は保持される．

図 14.4 のセルでデータを読み出すときの動作を図 14.6 に示す．書き込みのときと同様に，まず t_1 で CP に電圧をかけるが，書き込みのときと異なり SA は BL, /BL の電圧をゼロにするのではなく，その電圧を検知する．このとき C_{F1}, C_{F2} の分極が反転するかどうかで，BL, /BL に流れる電流の大きさが異なるが，図 14.5 で C_{BL}, $C_{/BL}$ の存在を踏まえると，ちょうどソーヤー–タワー回路による分極測定と同様で，BL, /BL の電圧は分極反転が起こった方が高く，起こらなかった方が低くなる．図

14.2 不揮発性強誘電体メモリ   245

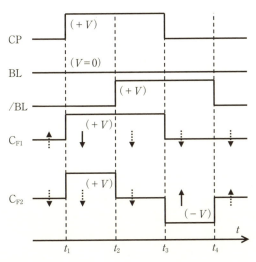

図 14.5 　書き込み動作のタイミングチャート．WL は省略．CP，BL，/BL それぞれの線，および BL，/BL を基準にした C_{F1}，C_{F2} の電圧波形を示す．C_{F1}，C_{F2} の矢印は分極の向きで，変化したときは実線，変化しないときは点線で表す．

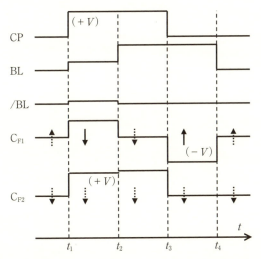

図 14.6 　読み出し動作のタイミングチャート．矢印などの意味は図 14.5 と同じ．

14.6の場合は、C_{F1}は反転するためBLの電圧が上がるが、それに対してC_{F2}側の/BLの電圧はあまり上がらない．それからt_2で、SAはBL, /BLの電圧の大小を比較して、それをVとゼロに置き換え（増幅して）BL, /BLに出力する．これが元のメモリ状態を読み出した出力となる．t_3以降は書き込みのときと同じで、CPの電圧をゼロにするとt_2でVがかかった方に負の電圧がかかり、読み出しのときに反転させた分極が再度反転して上向きになり、元のメモリ状態に戻る．このように、読み出しのためにメモリの状態を一度破壊してから、元に戻すという操作が行われる．

14.3 擬似位相整合素子

強誘電体の反転分域構造を周期的に作成し、その周期方向にレーザーを通過させることで高い変換効率で入射光の波長変換を実現できる．この技術を**擬似位相整合**(QPM, quasi-phase matching) と呼ぶ[4]．これは強誘電体において、SHG定数d_{ijk}がP_sに比例することを利用した技術である*1．

角振動数ωをもつ基本波が非線形光学結晶に入射すると、2次の非線形光学効果によって透過方向の各点において2ωの分極波が生成される．これが波源となって角振動数2ωのSH波が伝播する．しかし入射波とSH波の位相速度が異なるために、各点で生成されたSH波の位相は異なり、コヒーレンス長l_cと呼ばれる距離までは互いに加算されるように干渉するが、l_cを超えると互いに打ち消し合って振幅は減少する．図14.7(a)に示すようにこれが$2l_c$の周期で繰り返される．一方、SHG強度は第9章、(9.68)式で表されるので、

$$\Delta k = \frac{4\pi(n^{(2\omega)} - n^{(\omega)})}{\lambda^{(\omega)}}$$

で定義される波数のミスフィットΔkが0となると、各点で生成されるSH波の位相は揃い、振幅は単純に足し合わされる．振幅は伝播距離に比例し、したがって強度は距離の2乗に比例する．これが通常の位相整合である．このとき出力されるSHG強度は位相整合のない場合に比較して10^4から10^5倍となり、変換素子としての実用化が可能となる．しかしこの方法は、最大SHGテンソル成分dを利用できないことが多く、また使用波長に厳しい制限がつく．これを解決した方法がQPM法であり、強誘電体の180°分域を周期的に反転した分域構造(PPD, periodically-poled domain)を

---

*1 正確にはd_{ijk}とP_sとの積が結晶点群の対称操作によって不変である条件が課せられる．

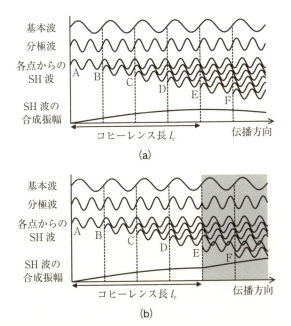

図 14.7 非線形結晶内の SH 波の生成．(a) 位相整合がとれていない場合．(b) QPM を用いた場合．網かけの部分が分極反転領域を表す．結晶中の SH 波の波長は屈折率分散があるため，基本波の波長の半分ではないことに注意．

利用する．すなわち，P_s が d に比例することを利用し，周期 $2l_c$ で P_s の符号を反転させる(図 14.7(b))．このとき各点で発生する SH 波の位相はほぼ揃い，強い合成 SH 波を生成できるのである．

QPM の条件は次のようになる．P_s の反転周期を Λ とすると，$\Delta k = \pi/l_c$ であるから

$$\Lambda = 2l_c \tag{14.1}$$

となる．これより P_s の反転周期をコヒーレンス長の 2 倍にすれば位相整合がとれることになる．PPDQPM の模式図を**図 14.8**に示す．

QPM 技術で用いられる強誘電体結晶は，強い入射レーザーに対して光学損傷の起こらない MgO 添加 LiNbO$_3$，定比組成をもつ LiTaO$_3$ が主流であるが，最近は短波

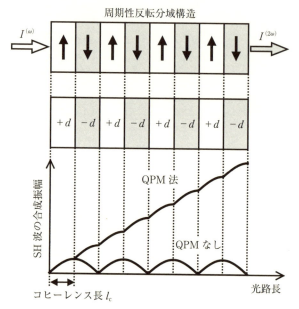

図 14.8　PPD を用いた QPM の模式図．黒矢印は分極の向きを表す．

長（～200 nm）を狙った LaBGeO$_5$（LBGO）結晶も注目を集めている[5,6]．

文　　献

[1]　村田製作所編，セラミックコンデンサの基礎と応用，オーム社(2003)．
[2]　J. F. Scott, *Ferroelectric memories*, Springer-Verlag(2000)．
[3]　和佐清孝，足立秀明，北畠真，固体物理 **35**, no. 9, 125(2000)．
[4]　宮澤信太郎，栗村直監修，分極反転デバイスの基礎と応用，オプトロニクス(2005)．
[5]　小野寺彰，上江洲由晃，新強誘電体 LaBGeO$_5$，固体物理 **28**, 478(1993)．
[6]　B. A. Strukov, E. V. Milov, V. N. Milov, A. P. Korobtsov, K. Sato, M. Fukunaga, and Y. Uesu, Ferroelectrics **314**, 105(2005)．

A.1
結晶テンソルについて

相転移に際して,軸の向きを変えて見た方が便利な場合がよくある.z 軸の周りの回転操作 a_{ij} に関する直交座標 (x_1, x_2, x_3) の変換を考えよう.回転角を θ とすると,

$$\alpha_{ij} = \begin{pmatrix} \cos\theta & -\sin\theta & 0 \\ \sin\theta & \cos\theta & 0 \\ 0 & 0 & 1 \end{pmatrix} \tag{A1.1}$$

なので,回転前の座標系 (x_1, x_2, x_3) と回転後の座標系 (x'_1, x'_2, x'_3) の関係は

$$x'_i = \sum_{j=1}^{3} \alpha_{ij} x_j \tag{A1.2}$$

となる.この回転操作に関してそれぞれの物理量はどのように変換されるかを以下に示す.

(1) 1階のテンソル(ベクトル)T_i(電場,電気分極など)の場合

$$T'_i = \sum_{j=1}^{3} \alpha_{ij} T_j \tag{A1.3}$$

(2) 2階のテンソル T_{ij}(誘電率など)の場合

$$T'_{ij} = \sum_{m=1}^{3}\sum_{n=1}^{3} \alpha_{im}\alpha_{jn} T_{mn} \tag{A1.4}$$

(3) 3階のテンソル T_{ijk}(圧電定数,SHG 定数など)の場合

$$T'_{ijk} = \sum_{m=1}^{3}\sum_{n=1}^{3}\sum_{p=1}^{3} \alpha_{im}\alpha_{jn}\alpha_{kp} T_{mnp} \tag{A1.5}$$

(4) 4階のテンソル T_{ijkl}(弾性率,電歪定数など)の場合

$$T'_{ijkl} = \sum_{m=1}^{3}\sum_{n=1}^{3}\sum_{p=1}^{3}\sum_{r=1}^{3} \alpha_{im}\alpha_{jn}\alpha_{kp}\alpha_{lr} T_{mnpr} \tag{A1.6}$$

テンソルを記述する座標は直交系であるので,特に結晶軸が直交系ではない晶系(六方晶,三方晶,単斜晶,三斜晶)の場合には注意が必要である.六方晶,三方晶の場合には,それぞれ 6 回回転軸,3 回回転軸を z 軸に選び,z 軸を含む鏡映面あるいは z 軸に垂直な 2 回回転軸を x 軸に選ぶ.単斜晶系の場合は 2 回回転軸あるいは鏡映面

250　A.1　結晶テンソルについて

に垂直な方向を z 軸に選ぶ．三斜晶の場合には，テンソル主軸と結晶軸とは一致しない．和の記号 Σ の添え字と同じ添え字があとに続くテンソル成分と同じ場合には和の記号を省略することも多い．例えば (A1.4) 式および (A1.5) 式はそれぞれ $T_{ijk} = \alpha_{im}\alpha_{jn}\alpha_{kp}T_{mnp}$，$T_{ijkl} = \alpha_{im}\alpha_{jn}\alpha_{kp}\alpha_{lr}T_{mnpr}$ と記述される．また3階テンソル成分 T_{ijk}，4階テンソル成分 T_{ijkl} は次のように2次元行列で記述されることが多い．すなわち $ij = 11 \to 1$，$22 \to 2$，$33 \to 3$，$23(32) \to 4$，$31(13) \to 5$，$12(21) \to 6$ とおいてそれぞれ $T_{il}(i = 1 \sim 3, \ l = 1 \sim 6)$，$T_{mn}(m = 1 \sim 6, \ n = 1 \sim 6)$ と書く．これをフォークト (Voigt) の記号と呼ぶ．これは考えているテンソル量が対称テンソルであることを利用している．32の結晶点群のテンソル成分は文献[1]を参照のこと．

A.2
結晶光学

A2.1 結晶中を伝播する光

　ここでは誘電体結晶を進む光の性質について説明する．結晶は異方性をもつため，その中では2つの直交する固有偏光をもつ光に分かれる．この2つの波の屈折率は異なるので，光が伝播すると光の偏り状態が変化する．これに関連したさまざまな現象が発生し，結晶の物性を研究するため簡便で基礎的な実験手段を提供する．また光の位相や強度を変調できるので光エレクトロニクスなどの応用分野でも重要な技術となっている．光と結晶の相互作用を記述するためには，光をベクトル波として取り扱う．これにより結晶のような異方性をもった媒質中を光がどのように伝播するかが議論できる．ここで取り扱うのは主に線形光学であるが，非線形光学においてもこの性質をさまざまな所で利用する．

（1）フレネルの式—結晶光学の基礎方程式—
　フレネル（Fresnel）の式を波動方程式から直接求めることもできるが，ここでは屈折楕円体を説明したいので文献[1]に準拠して式を導く．
　絶縁体で非磁性（$\mu = \mu_0$）の結晶を考えると，マックスウェル方程式は次式で与えられる．

$$\mathrm{div}\, \boldsymbol{E} = 0 \tag{A2.1}$$

$$\mathrm{div}\, \boldsymbol{B} = 0 \tag{A2.2}$$

$$\mathrm{rot}\, \boldsymbol{E} = -\mu_0 \left(\frac{\partial \boldsymbol{H}}{\partial t} \right) \tag{A2.3}$$

$$\mathrm{rot}\, \boldsymbol{H} = \frac{\partial \boldsymbol{D}}{\partial t} \tag{A2.4}$$

今，結晶に次式で表される平面波が入射するとしよう．

$$\boldsymbol{E} = \boldsymbol{E}_0 \exp\left\{ i\omega \left(t - \frac{\boldsymbol{l} \cdot \boldsymbol{r}}{v} \right) \right\} \tag{A2.5}$$

252　A.2　結晶光学

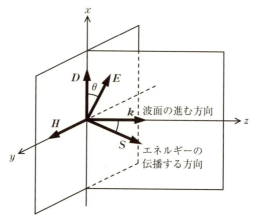

図 A2.1　異方性をもつ媒質中を伝播する光の k, E, D, H および S の関係[1].

ここで l は波数ベクトル k の単位ベクトル，$v(=\omega/k)$ は光の位相速度である．
　(A2.5)式を(A2.3)式左辺に代入し，両辺を t で積分すると次式が得られる．

$$\mu_0 H = \left(\frac{1}{v}\right)\{l \times E\} \tag{A2.6}$$

同様に結晶中を伝播する光波の磁場は

$$H = H_0 \exp\left\{i\omega\left(t - \frac{l \cdot r}{v}\right)\right\} \tag{A2.7}$$

で表されるので，これを(A2.4)式に代入し時間積分を行うと((A2.6)式で E を H，H を D，μ_0 を -1 に置き換えればよい)

$$D = -\left(\frac{1}{v}\right)\{l \times H\} \tag{A2.8}$$

を得る．これらの式は $l(k)$, E, D, H の関係を表している．これらの関係を図示すると，**図 A2.1** となる．
　ここで注意すべきことは，異方性媒質を考えているので D と E の方向は一般的に一致しない．波数ベクトル k は波面が進む方向を示すが，これに垂直な場は D である．一方，エネルギーの伝播する方向はポインティング(Poynting)ベクトル S によって記述されるが，$S = E \times H$ であるのでこの方向は一般的に波面の進む方向とは一致しない．上式の v は波面が進む速度であることに注意しなくてはならない．位相速度は屈折率を n とすると，$v = c/n$ で表される．X線領域の電磁波では屈折率は

A 2.1 結晶中を伝播する光

1よりも小さいので，位相速度は見かけ上，光速 c よりも大きくなる．(A2.7)式に(A2.6)式を代入し，ベクトルの3重積の定理を使うと次式を得る．

$$\mu_0 v^2 \boldsymbol{D} - \boldsymbol{E} + \boldsymbol{l}(\boldsymbol{l} \cdot \boldsymbol{E}) = 0 \tag{A2.9}$$

$\boldsymbol{D}$ と $\boldsymbol{E}$ の関係は $D_i = \sum_j \varepsilon_{ij} E_j$ で与えられるが，これを主軸変換して対角化した座標系で考える．このとき $D_i = \varepsilon_i E_i (i=1\sim 3)$ なので(A2.9)式から次の式が得られる．

$$\left(\frac{1}{\varepsilon_i} - \mu_0 v^2\right) D_i = l_i (\boldsymbol{l} \cdot \boldsymbol{E}) \tag{A2.10}$$

これより

$$\left(\frac{1}{\varepsilon_2} - \mu_0 v^2\right)\left(\frac{1}{\varepsilon_3} - \mu_0 v^2\right) l_1^2 + \left(\frac{1}{\varepsilon_3} - \mu_0 v^2\right)\left(\frac{1}{\varepsilon_1} - \mu_0 v^2\right) l_2^2$$
$$+ \left(\frac{1}{\varepsilon_1} - \mu_0 v^2\right)\left(\frac{1}{\varepsilon_2} - \mu_0 v^2\right) l_3^2 = 0 \tag{A2.11}$$

となる．ただし $\boldsymbol{D}$ と $\boldsymbol{l}$ の直交条件 $\boldsymbol{D} \cdot \boldsymbol{l} = 0$ を用いた．この式は v^2 に関する2次方程式であり，伝播方向 $\boldsymbol{l}$ を与えれば v^2 に関する2つの解をもつ．$\pm v$ は逆向きに伝播する光波を表している．すなわち，これより異方性をもつ媒質を伝播する光波は2つあることが導かれた．例えば $\boldsymbol{l} /\!/ (001)$ 方向に伝播する波を考えよう．このとき，波の位相速度 v は，(A2.11)式において $l_1 = l_2 = 0$，$l_3 = 1$ とおくと

$$v'^2 = \frac{1}{\mu_0 \varepsilon_1} = \frac{1}{\mu_0 \varepsilon_0 \varepsilon_1^r} = \left(\frac{c}{n_1}\right)^2, \quad v''^2 = \left(\frac{c}{n_2}\right)^2 \tag{A2.12}$$

となる．すなわち屈折率 n_1 と n_2 をもつ2つの光波が伝播することがわかる．

上式で

$$v_i^2 = \left(\frac{1}{\varepsilon_i \mu_0}\right) (i=1\sim 3)$$

とおくと，v_i が0でないときは

$$\sum_i \left\{\frac{l_i^2}{(v_i^2 - v^2)}\right\} = 0 \tag{A2.13}$$

(A2.11)式あるいは(A2.13)式をフレネル(Fresnel)の式という．ここでフレネルの式を満たす2つの波は互いに垂直に振動，すなわち $\boldsymbol{D}$ が互いに垂直であることを示そう．このためには $\boldsymbol{D'} \cdot \boldsymbol{D''} = 0$ を示せばよい．そこで

254   A.2 結晶光学

$$f(v) = \sum_i \frac{l_i^2}{(v_i^2 - v^2)} \tag{A2.14}$$

とおく．ここでフレネル方程式の解である 2 つの波の位相速度を v', v'' とすると

$$f(v') = f(v'') = 0 \tag{A2.15}$$

一方，(A2.10)式と(A2.12)式より

$$D_i = \frac{l_i(\boldsymbol{l} \cdot \boldsymbol{E})}{\mu_0(v_i^2 - v^2)} \tag{A2.16}$$

これより D_i の方向余弦は $\dfrac{l_i}{(v_i^2 - v^2)}$ に比例する．したがって

$$\boldsymbol{D}' \cdot \boldsymbol{D}'' \propto \sum_i \frac{l_i^2}{(v_i^2 - v'^2)(v_i^2 - v''^2)} = \frac{1}{(v'^2 - v''^2)} \sum_i \left\{ \frac{l_i^2}{(v_i^2 - v'^2)} - \frac{l_i^2}{(v_i^2 - v''^2)} \right\}$$

$$= \frac{1}{(v'^2 - v''^2)} \{f(v') - f(v'')\} = 0 \tag{A2.17}$$

これより，フレネルの式の解である 2 つの光波の振動方向は互いに直交していることが証明された．

（2） 屈折率曲面

誘電率のような 2 階のテンソルは 2 次曲面で表示される．今

$$E_i = \left(\frac{1}{\varepsilon_0}\right) B_{ij} D_j \tag{A2.18}$$

で表される逆誘電率テンソル B_{ij} を係数にもつ 2 次曲面を考える．すなわち

$$B_{ij} x_i x_j = 1 \tag{A2.19}$$

$B_{ij} \geq 0$ なので，これは回転楕円体となる．主軸変換した座標 (X_1, X_2, X_3) を用いると B_{ij} 成分は対角成分しかもたないので

$$B_{11} X_1^2 + B_{22} X_2^2 + B_{33} X_3^2 = 1 \tag{A2.20}$$

$B_{ii} = \dfrac{1}{\varepsilon_i^r} = \dfrac{1}{n_i^2}$ であるから

$$\left(\frac{X_1}{n_1}\right)^2 + \left(\frac{X_2}{n_2}\right)^2 + \left(\frac{X_3}{n_3}\right)^2 = 1 \tag{A2.21}$$

この回転楕円体を屈折率曲面あるいは屈折率楕円体(optical indicatrix)と呼ぶ.

A 2.2 屈折率曲面

結晶中をその波面が k 方向に進行する光を考える. k に垂直で原点を通る平面で屈折率曲面を切ると,その断面は一般的に楕円となる.このとき,楕円の長軸,短軸の長さが結晶中を伝播する2つの光の屈折率を表す.またこの2つの波の振動方向は,それぞれ長軸,短軸の方向である.したがって x_1 方向に伝播する光の屈折率は n_2 と n_3 であり,その振動方向(電気変位ベクトルの方向)は x_2 と x_3 である(第9章,2, 図9.15).

主軸(光学弾性軸)方向の屈折率を主屈折率と呼ぶが,このとき,例えば n_1 は1方向に伝播する波の屈折率を表しているのではない.1方向に振動する波の屈折率を示している点に注意が必要である.主屈折率が小さい方の軸(したがって位相速度が大きい)をファスト(fast)軸,大きい方の軸をスロー(slow)軸と呼ぶ.

屈折率曲面は,逆誘電率 B_{ij} という2階テンソルを係数とするテンソル曲面である.屈折率曲面の形と主軸の方位は結晶の対称性,特に晶系によって次のように分類できる.

(**1**) 立方晶系

この対称要素を含む回転楕円体は球である.球の切り口はどのように切っても円となる.したがって立方晶系に属する結晶中を伝播する光は,唯1つの屈折率あるいは位相速度をもつ波が伝播する.複屈折は生じない.ガラスや空気,水などを伝播する光と同じである.したがって立方晶系を等方性結晶という.屈折率楕円体は

$$\left(\frac{1}{n^2}\right)(x^2+y^2+z^2)=1 \tag{A2.22}$$

と書ける.

(**2**) 六方晶系,三方晶系,正方晶系

これらの対称要素を含む回転楕円体は,対称軸(3, 4, 6回回転軸)に垂直な曲面が円となるスフェロイド(spheroid)である.このとき,対称軸方向に進む波には複屈折は生じない.この方向を光軸と呼ぶ.これらの晶系に属する結晶を"1軸性"と呼ぶ.屈折楕円体の形は,

$$\left(\frac{1}{n_o^2}\right)(x^2+y^2) + \left(\frac{1}{n_e^2}\right)z^2 = 1 \qquad (A2.23)$$

このとき，任意の方向に進む波の屈折率は，1つは必ず n_o であり，もう1つは n_o と n_e の間にある．n_o の屈折率をもつ波の振動方向は，光軸と伝播方向に垂直である．また n_e の波の振動方向は，光軸と伝播方向のなす平面内にある．したがってこの平面に垂直方向に振動する波の屈折率は，伝播方向に依存しない．あたかも等方性媒質のように振る舞う．このためにこの屈折率 n_o を正常光の屈折率と呼ぶ．一方 n_e を異常光の屈折率と呼ぶ．$n_o < n_e$ の結晶を正結晶，一方 $n_o > n_e$ を負結晶と呼ぶ．

(**3**) 直方晶系，単斜晶系，三斜晶系

屈折率曲面は次式で与えられる．

$$\left(\frac{x}{n_1}\right)^2 + \left(\frac{y}{n_2}\right)^2 + \left(\frac{z}{n_3}\right)^2 = 1 \qquad (A2.24)$$

イ．直方晶系の場合，屈折率曲面の主軸は必ず結晶軸と一致する．
ロ．単斜晶系の場合，主軸の1つが2回回転軸(あるいは鏡映面に垂直な軸)と一致する．あとの2つの主軸は，結晶軸とは一致しない．
ハ．三斜晶系の場合，主軸と結晶軸とは一致しない．

いずれの場合も，結晶中を伝播する波は全て異常光である．ただし断面が円となる方向が2つある．例えば，$n_1 < n_2 < n_3$ の場合，(x, z) 平面の中に n_2 と等しくなる軸があり，それに垂直な方向に進む波は複屈折をもたない．この方向(光軸)は2つあるため，これらの結晶は2軸性結晶と呼ばれている．

A2.3 光の偏光状態の記述

光が結晶中を伝播するとき位相変化を受けるが，そのとき結晶の異方性のために x 方向と y 方向の位相が異なってくる．このために結晶を出たときには，光の偏光状態が変化する．この現象は光の偏光状態を変化される素子として光エレクトロニクスでよく用いられる方法である．ここでは偏光状態およびその変換に関する2つの方法(ジョーンズ行列法およびポアンカレ球法)を説明する．

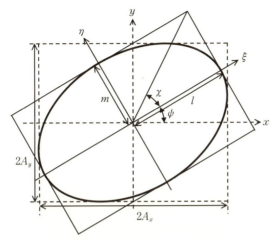

図 A2.2 楕円偏光を表すパラメータ.

A2.3.1 ジョーンズ行列

偏光の一般的な形は図 A2.2 に示すように楕円偏光であり，次の 3 つのパラメータによって記述される．
（1） 方位(azimuth)ψ：楕円の主軸の 1 つが x 軸となす角度．
（2） 楕円率(ellipticity)χ：楕円の膨らみ．ここで図 A2.2 の記号を用いると，

$$\tan \chi = m/l \tag{A2.25}$$

で表される．したがって $\chi=0$ のときは直線偏光を，$\chi = \pm \pi/4$ のときは円偏光を表す(符号は正のとき右回り)．
（3） 楕円の大きさ ＝ 光の強度：$l^2 + m^2$ で表される．
　これら 3 つのパラメータには次のような関係がある[2]．

$$\begin{aligned}
l^2 + m^2 &= A_x^2 + A_y^2, \\
\tan(2\psi) &= \tan(2\alpha)\cos(\delta), \\
\sin(2\chi) &= \sin(2\alpha)\sin(\delta)
\end{aligned} \tag{A2.26}$$

A.2 結晶光学

ここで
$$\delta = \delta_y - \delta_x,$$
$$\tan\alpha = A_y/A_x \tag{A2.27}$$

光の偏光状態を D_x と D_y を成分とし,強度を 1 に規格化した 2 次元ベクトルを用いて表す.すなわち

$$\begin{pmatrix} D_x \\ D_y \end{pmatrix} = \frac{1}{\sqrt{A_x^2 + A_y^2}} \begin{pmatrix} A_x \\ A_y \exp(i\delta) \end{pmatrix} = \frac{1}{\sqrt{A_x^2 + A_y^2}} \begin{pmatrix} A_x \exp(-i\delta/2) \\ A_y \exp(i\delta/2) \end{pmatrix} \tag{A2.28}$$

直線偏光では $\delta = n\pi$ なので

$$\begin{pmatrix} D_x \\ D_y \end{pmatrix} = \frac{1}{\sqrt{A_x^2 + A_y^2}} \begin{pmatrix} A_x \\ \pm A_y \end{pmatrix} \tag{A2.29}$$

あるいは直線偏光の方位 Φ を用いると

$$A_x/\sqrt{A_x^2 + A_y^2} = \cos\Phi,$$
$$A_y/\sqrt{A_x^2 + A_y^2} = \sin\Phi \tag{A2.30}$$

であるから

$$\begin{pmatrix} D_x \\ D_y \end{pmatrix} = \begin{pmatrix} \cos\Phi \\ \sin\Phi \end{pmatrix} \tag{A2.31}$$

右回り円偏光は

$$\begin{pmatrix} D_x \\ D_y \end{pmatrix} = \frac{1}{\sqrt{2}} \begin{pmatrix} 1 \\ i \end{pmatrix} \tag{A2.32}$$

左回り円偏光は

$$\begin{pmatrix} D_x \\ D_y \end{pmatrix} = \frac{1}{\sqrt{2}} \begin{pmatrix} 1 \\ -i \end{pmatrix} = \frac{1}{\sqrt{2}} \begin{pmatrix} i \\ 1 \end{pmatrix} \tag{A2.33}$$

となる.

楕円偏光の場合は

$$\begin{pmatrix} D_x \\ D_y \end{pmatrix} = \begin{pmatrix} \cos\alpha \exp(-i\delta/2) \\ \sin\alpha \exp(i\delta/2) \end{pmatrix} \tag{A2.34}$$

楕円偏光の方位 ϕ や楕円率 χ は(A2.26)式を用いて求めることができる.

一般的に 2 つの(複素)ベクトル $\boldsymbol{A}$, $\boldsymbol{B}$ が直交する条件は $\boldsymbol{A} \cdot \boldsymbol{B}^* = 0$ となることである.今 A の成分を (m, n) とすると B が $(-n^*, m^*)$ であればこの条件を満たす.したがって 2 つの直交する直線偏光は $\begin{pmatrix} \cos\Phi \\ \sin\Phi \end{pmatrix}$ と $\begin{pmatrix} -\sin\Phi \\ \cos\Phi \end{pmatrix}$ である.

A 2.3 光の偏光状態の記述   259

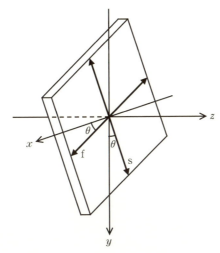

図 A2.3 偏光変換用の光学素子の方位．光の進行方向を z 軸にとる．x, y 直交座標は任意に選べる．通常は計算しやすいように選ぶ．例えば入射光が直線偏光であるときにはその偏光方向を x 軸に選ぶ．

円偏光の場合には右回り円偏光に直交する偏光は左回り円偏光である．どのような偏光も，直交する 2 つの偏光を基底として，そのベクトル和で表すことができる．

今，図 A2.3 に示すような方位 θ と位相差 δ をもつ光学素子を考え，これによって偏光状態がどのように変換されるかを考えよう．偏光状態は (A2.34) 式で表される 2 次元ベクトルで表されるので，この光学素子は次のような (2×2) 行列で表される．

$$T_{\theta,\delta}=\begin{pmatrix} e^{i\delta/2}\cos^2\theta + e^{-i\delta/2}\sin^2\theta & i\sin 2\theta \sin(\delta/2) \\ i\sin 2\theta \sin(\delta/2) & e^{i\delta/2}\sin^2\theta + e^{-i\delta/2}\cos^2\theta \end{pmatrix} \quad (A2.35)$$

以下によく用いられる位相板のジョーンズ (Jones) 行列を示す．

（1） 半波長 ($\lambda/2$) 板：$\delta=\pi$ なので

$$T_{\lambda/2}=\begin{pmatrix} \cos 2\theta & \sin 2\theta \\ \sin 2\theta & -\cos 2\theta \end{pmatrix} \quad (A2.36)$$

（2） 4 分の 1 波長 ($\lambda/4$) 板：$\delta=\dfrac{\pi}{2}$ なので

$$T_{\lambda/4} = \begin{pmatrix} e^{i\frac{\pi}{4}}\cos^2\theta + e^{-i\frac{\pi}{4}}\sin^2\theta & \dfrac{1}{\sqrt{2}} i\sin 2\theta \\ \dfrac{1}{\sqrt{2}} i\sin 2\theta & e^{i\frac{\pi}{4}}\sin^2\theta + e^{-i\frac{\pi}{4}}\cos^2\theta \end{pmatrix} \quad (A2.37)$$

（3） 直線偏光素子：x軸からθ回転した偏光子は

$$T_\theta = \begin{pmatrix} \cos^2\theta & \cos\theta\sin\theta \\ \cos\theta\sin\theta & \sin^2\theta \end{pmatrix} \quad (A2.38)$$

A2.3.2 偏光顕微鏡の原理

図 A2.4 のように直交する 2 つの偏光子 P_1, P_2 の間にファスト（f）軸が x 軸より θ 傾き，位相差が δ の結晶をおく．この配置を直交ニコル（Nicol）と呼ぶ．このとき，P_2 から出てくる光の強度を求めよう．P_1 を x 軸に平行にすると入射光は

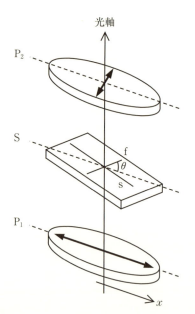

図 A2.4　偏光顕微鏡の光学系．P_1, P_2は直交する 2 つの偏光子．S は結晶試料．

A2.3 光の偏光状態の記述

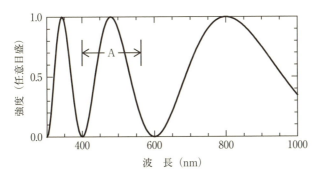

図 A2.5 透過光強度の波長依存性．偏光子 P_1 は 45° に固定し，P_2 は P_1 に対して直交させる．

$$\Psi_0 = \begin{pmatrix} 1 \\ 0 \end{pmatrix}$$

と表されるので，透過光 Ψ は (A2.35) 式および (A2.38) 式を用いれば

$$\Psi = T_{\pi/2} T_{\theta,\delta} \Psi_0 = \begin{pmatrix} 0 \\ i \sin(2\theta) \cdot \sin\left(\dfrac{\delta}{2}\right) \end{pmatrix} \tag{A2.39}$$

その強度は上式より

$$I = I_0 |\Psi|^2 = I_0 \sin^2(2\theta) \cdot \sin^2\left(\dfrac{\delta}{2}\right) \tag{A2.40}$$

ここで位相差 δ は複屈折 $\Delta n = n_1 - n_2$ と結晶の厚さ d を用いて

$$\delta = \left(\dfrac{2\pi}{\lambda}\right) \Delta n \cdot d \tag{A2.41}$$

と書けるので

$$I = I_0 \sin^2 2\theta \cdot \sin^2 \left\{ \left(\dfrac{\pi}{\lambda}\right) \Delta n \cdot d \right\} \tag{A2.42}$$

これより，次のような現象が観察される．
（1） θ を変えると $\pi/2$ ごとに暗くなる．結晶の光学弾性軸が P_1 の偏光面と一致するとき，強度は 0 となる．この方法は，結晶の光学弾性軸を見つける一般的な方法となっている．ただし f 軸か s 軸かを識別することは強度からはできない．
（2） θ が 45°のとき，透過光強度は最大となる．θ を 45°に固定し，透過光強度が

入射波長に対してどのように変化するかを見てみよう．結果を図 A2.5 に示す．
　結晶の厚さを適当に調整し，図 A2.5 の A の範囲が可視領域としよう．このとき透過光の色は，この領域で最大強度となる波長である．この色を干渉色という．したがって入射光として白色光を入れると，結晶の厚さ，位相差の違いが干渉色の違いとして観測できる．ただし，結晶の厚さが厚いときは，可視光領域の中にたくさんのピークができるので，透過光の色は混色となってしまい白く見える．
　(1)，(2)が偏光顕微鏡の基本原理である．

A2.4　ポアンカレ球

　ポアンカレ球によって偏光状態と偏光の変換を直感的にすばやく求めることができる．ポアンカレ球は，ストークス(Stokes)ベクトルと呼ばれている 4 元成分 (S_0, S_1, S_2, S_3) で偏光を記述する方法に立脚している．ここで
$$S_0 = A_x^2 + A_y^2, \quad S_1 = A_x^2 - A_y^2, \quad S_2 = 2A_x A_y \cos\delta, \quad S_3 = 2A_x A_y \sin\delta \quad (A2.43)$$
(A2.26)式と(A2.43)式より
$$S_1^2 + S_2^2 + S_3^2 = S_0^2,$$
$$S_3 = 2A_x A_y \left(\frac{\sin 2\chi}{\sin 2\alpha}\right) = 2A_x A_y \frac{(A_x^2 + A_y^2)}{2A_x A_y} \sin 2\chi = S_0 \sin 2\chi,$$
$$S_2 = 2A_x A_y \left(\frac{\tan 2\psi}{\tan 2\alpha}\right) = 2A_x A_y \frac{(A_x^2 - A_y^2)}{2A_x A_y} \tan 2\psi = S_1 \tan 2\psi,$$
$$S_1^2 = S_0^2 - S_2^2 - S_3^2 = S_0^2 - S_1^2 \tan^2 2\psi - S_0^2 \sin^2 2\chi$$
これより
$$S_1^2 = S_0^2 \cos^2 2\chi \cos^2 2\psi$$
結局
$$S_1 = S_0 \cos 2\chi \cos 2\psi, \quad S_2 = S_1 \tan 2\psi = S_0 \cos 2\chi \sin 2\psi, \quad S_3 = S_0 \sin 2\chi \quad (A2.44)$$
となる．これは直角座標 (S_1, S_2, S_3) と極座標 $(S_0, 2\chi, 2\psi)$ の関係を示している．ここで ψ は楕円偏光の方位，χ は楕円率を表しているので，半径 S_0 の球上の各点がいろいろな方位と楕円率をもつ偏光状態を表していることになる(図 A2.6)．ここで球の経度が方位の 2 倍を，緯度が楕円率の 2 倍を表している．これをポアンカレ球(P球)と呼ぶ．

A 2.4 ポアンカレ球   263

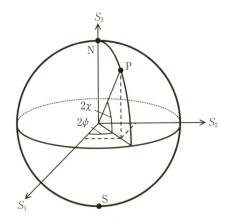

図 A2.6 ポアンカレ球による偏光状態の表示．P 点の楕円偏光の方位 ψ と楕円率 χ．

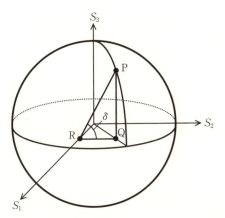

図 A2.7 P 球の上の偏光状態．P 点の楕円偏光の位相差 δ．

各偏光状態は次のように表される．
(1) 直線偏光：楕円率が 0 の楕円偏光であるから P 球では赤道上の点で表される．
(2) 円偏光：$\chi = \pm \dfrac{\pi}{4}$ で表されるので，極点 $\left(2\chi = \pm \dfrac{\pi}{2}\right)$ で表される．ここで一般に右回り偏光 ($\delta > 0$) では $\sin 2\chi = \sin 2\alpha \sin \delta$，$\sin \alpha > 0$ なので $\sin 2\chi$

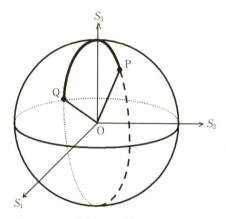

図 A2.8 P 球を用いた透過光強度の計算.

>0,すなわち $\chi>0$ となる.したがって北半球にあれば右回り偏光を,また南半球にあれば左回り偏光を表す.これより北極点 N が右回り偏光,南極点 S が左回り円偏光となる.

今,**図 A2.7** に示すように,P 球の任意の点 (S_1, S_2, S_3) から下ろした足が (S_1, S_2) 平面と交わる点を Q とする.Q から S_2 軸に平行に線を引くと,この線は S_1 軸と R で交わる.QR と PR のなす角度を ω とすると,

$$\tan\omega = \frac{S_3}{S_2} = \frac{2A_x A_y \sin\delta}{2A_x A_y \cos\delta} = \tan\delta \tag{A2.45}$$

したがって $\omega = \delta$ となる.すなわち任意の偏光の位相差 δ は,偏光を表す P 球上の点から上のような操作をすることによって得られる.

(3) **直交する2つの偏光**:直交する2つの偏光は,P 球の原点に関して互いに球の反対にある点で表される.すなわち右回りは左回りとなり,方位 ϕ は 90°異なり,楕円率の絶対値が同じ偏光が直交する.

(4) **強度**:**図 A2.8** に示すように,P 点で表される偏光(強度 I_0)を Q 点で表される偏光方向をもつ偏光子に入れたとき,出てくる光の強度 I は P と Q を通る大円の弧の長さ PQ を用いて

$$I = I_0 \cos^2\left(\frac{\mathrm{PQ}}{2}\right) \tag{A2.46}$$

となる.

例えば直交する直線偏光は ∠POQ＝π なので

$$I = I_0 \cos^2\left(\frac{\pi}{2}\right) = 0 \tag{A2.47}$$

円偏光が任意の偏光面の偏光子を通った後の強度は，∠POQ＝$\frac{\pi}{2}$ であるから

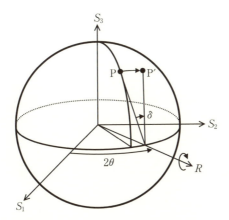

図 A2.9 P 球を用いた偏光状態の変換.

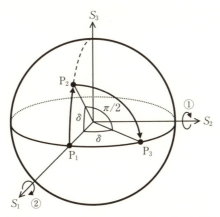

図 A2.10 P 球を用いたセナルモン法の原理.

A.2 結晶光学

$$I = I_0 \cos^2\left(\frac{\pi}{4}\right) = \frac{I_0}{2} \tag{A2.48}$$

すなわち強度は半分となる.

偏光状態の変換は,次のようにしてP球上の図形的な操作により求められる.

今,Pで表される偏光を方位 θ,位相差 δ をもつ位相板に入射させたときの透過光の偏光状態を求めてみよう.これは S_3 軸の周りに 2θ 回転させて得られる R 軸の周りに,P点を δ だけ時計回りに回転して得られる点 P′ が求めるものである(図 A2.9).

一例として第9章,9.6節bで説明したセナルモン法を考えよう.図 A2.10 に示すように,入射光は S_1 軸上の P_1 で表される直線偏光である.この直線偏光を光学弾性軸が 45°傾き,位相差が δ の結晶を通して得られる偏光状態は,S_1 軸から 90°回転した S_2 軸の周りに P_1 点を δ 回転させて得られる点 P_2 である.次に傾きが0の1/4波長板を通すので,これは S_1 軸の周りに P_2 を 90°回転させる操作に対応する.この結果 P_2 は赤道線上の点 P_3 に移る.このとき S_1 軸と OP_3 軸のなす角度は δ であるので,結局得られる偏光は傾きが $\delta/2$ の直線偏光となる.これは実験からすぐ決定できる.すなわち透過直線偏光の傾きを測定すれば,結晶試料の位相差がわかり,もし試料の厚さがわかっていれば複屈折を決定できる.

文　献

[1] J. F. Nye, *Physical properties of crystals*, Oxford, Clarendon Press (1957).
[2] M. Born, and E. Wolf, *Principles of Optics*, Chap. I, Pergamon Press (1970).

演習問題解答

第1章
問題 1.2

誘電体を挿入する前の電圧,電荷,電気容量を (V_0, Q_0, C_0), 誘電体を入れた場合を (V, Q, C), 表面電荷密度を σ とする.

(電荷一定の場合),
$$Q = C_0 V_0, \quad Q = CV$$
また $V_0 = E_0 d = (\sigma/\varepsilon_0)d$, $V = Ed = (E_0/\varepsilon^r)d$, $Q = \sigma S$ を用いると
$$\sigma S = C(\sigma/\varepsilon_0 \varepsilon^r)d$$
これより
$$C = \varepsilon_0 \varepsilon^r (S/d)$$

(電圧一定の場合)
$$Q = Q_0 + \Delta Q = Q_0 + PS,$$
$$Q_0 = C_0 V_0$$
これより
$$Q = CV_0 = C_0 V_0 + \Delta Q$$
したがって
$$C = C_0 + (\Delta Q/V_0) = C_0 + (PS/V_0) = C_0 + [\varepsilon_0(\varepsilon^r - 1)S/d]$$
$$= C_0 + \varepsilon_0 \varepsilon^r S/d - \varepsilon_0 S/d = \varepsilon_0 \varepsilon^r S/d$$

問題 1.3

原子核の電荷を $+Ze$ とし,一方電子は半径 a の球状に電荷 $-Ze$ が一様に分布していると仮定する. 電場 E_{eff} のもとで原子核と電子雲の重心が x だけ変位したとすると,電子雲が原子核の位置に作る電場 E と E_{eff} が釣り合う. 電子雲がその中心から x 離れた場所に作る電場 E はガウスの法則より

$$\int_\Sigma \boldsymbol{E} \cdot d\boldsymbol{S} = \frac{Ze(x/a)^3}{\varepsilon_0 a^3}$$

これより
$$4\pi x^2 E = \frac{Zex^3}{\varepsilon_0 a^3}$$

したがって双極子モーメント p は
$$p = Zex = 4\pi\varepsilon_0 a^3 E = 4\pi\varepsilon_0 a^3 E_{\text{eff}} = \varepsilon_0 \alpha E_{\text{eff}}$$

となり，$a = 4\pi a^3$ を得る．

問題 1.4

（1）
$$P = Np = N\varepsilon_0 \alpha E_{\text{loc}} = N\varepsilon_0 \alpha \left(E + \frac{P}{3\varepsilon_0}\right) \equiv \varepsilon_0 \chi E$$

これより
$$\frac{N\alpha}{3} = \frac{\chi}{3+\chi} = \frac{\varepsilon^r - 1}{\varepsilon^r + 2}$$

（2） $\varepsilon^r = 1.0005$, $N = 6 \times 10^{23}/22.4 \times 10^{-3} = 2.7 \times 10^{25}/\text{m}^3$
を用いれば $\alpha = 2 \times 10^{-29}\,\text{m}^3$ を得る．一方，$a = 10^{-10}\,\text{m}$ から $\alpha = 4\pi a^3 = 1.2 \times 10^{-29}\,\text{m}^3$ を得る．ほぼ同じ値となる．

問題 1.5

(1.23)式の微分で，
$$\frac{d\varepsilon'}{d\omega} = \chi_0 \omega_1^2 \frac{d}{d\omega}\left\{\frac{(\omega_1^2 - \omega^2)}{\{(\omega_1^2 - \omega^2)^2 + 4\omega^2 \kappa^2\}}\right\}$$

の分子部分を計算すると，
$$-2\omega\{(\omega_1^2 - \omega^2)^2 + 4\omega^2 \kappa^2\} - (\omega_1^2 - \omega^2)\{-4\omega(\omega_1^2 - \omega^2) + 8\kappa^2 \omega\}$$
$$= 2\omega(\omega_1^2 - \omega^2) - 8\omega_1^2 \kappa^2 \omega$$
$$= 2\omega(\omega^4 - 2\omega_1^2 \omega^2 + \omega_1^4 - 4\omega_1^2 \kappa^2)$$

であり，これがゼロとなるとき
$$\omega^2 = \omega_1^2 \pm \sqrt{\omega_1^4 - (\omega_1^4 - 4\omega_1^2 \kappa^2)}$$
$$= \omega_1^2 \pm 2\omega_1 \kappa$$

ここで $\kappa \ll \omega_1$ とすると，$\omega^2 \approx \omega_1^2 \pm 2\omega_1 \kappa + \kappa^2 = (\omega_1 \pm \kappa)^2$

よって，$\omega = \omega_1 \pm \kappa$ で極値となる．

$d\varepsilon'/d\omega = 0$ の条件のもとで，$d^2 \varepsilon'/d\omega^2$ の符号を考える．分母は常に正で，分子を計算するときに，その条件から残る項は
$$2\omega(\omega^4 - 2\omega_1^2 \omega^2 + \omega_1^4 - 4\omega_1^2 \kappa^2)' = 2\omega(4\omega^3 - 4\omega_1^2 \omega)$$
$$= 8\omega^2(\omega^2 - \omega_1^2) = 8\omega^2(\pm 2\omega_1 \kappa)$$

となり，符号は $\omega = \omega_1 \pm \kappa$ の複号と一致する．

よって，$\omega = \omega_1 - \kappa$ で極大，$\omega = \omega_1 + \kappa$ で極小となる．

問題 1.7

(1.46)式
$$\varepsilon''(\omega) = \frac{\{\varepsilon(0) - \varepsilon_\infty\}\omega\tau}{1 + (\omega\tau)^2}$$

を微分すると，
$$\frac{d\varepsilon''(\omega)}{d\omega} = \{\varepsilon(0) - \varepsilon_\infty\} \frac{\tau\{1+(\omega\tau)^2\} - 2\omega^2\tau^3}{\{1+(\omega\tau)^2\}^2}$$

$\{\varepsilon(0) - \varepsilon_\infty\}$ は正なので，$d\varepsilon''(\omega)/d\omega$ の符号は
$\tau\{1+(\omega\tau)^2\} - 2\omega^2\tau^3 = \tau\{1-(\omega\tau)^2\}$ の符号と一致し，
$\omega\tau < 1$，$\omega\tau = 1$，$\omega\tau > 1$ のときにそれぞれ正，ゼロ，負となるため，
ε'' は $\omega = 1/\tau$ で最大値となる．
$$\tau = \tau_0 \exp(\Delta U/kT)$$
のときの ε'，ε'' の温度変化は，単純な形ではないので数値計算で描く．

図 1.7 に合わせて，
$$\varepsilon_\infty - \varepsilon(0) = 4, \quad \varepsilon_\infty = 2.5$$
($\tau_0 = 10^{-10}\exp(-1)$, $\Delta U/k = 300$ ($T=300$ のとき $\tau = 10^{-10}$ になる) としたときの図を示す．
周波数の低い方が，温度変化に対する誘電率の変化が鋭いことがわかる．

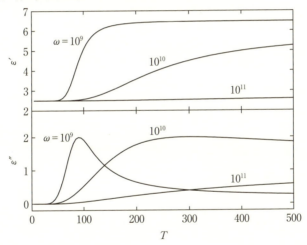

第2章
問題 2.1
c 軸の周りの 45° 回転は
$$\begin{pmatrix} \alpha_{11} & \alpha_{12} & \alpha_{13} \\ \alpha_{21} & \alpha_{22} & \alpha_{23} \\ \alpha_{31} & \alpha_{32} & \alpha_{33} \end{pmatrix} = \frac{1}{\sqrt{2}} \begin{pmatrix} 1 & -1 & 0 \\ 1 & 1 & 0 \\ 0 & 0 & \sqrt{2} \end{pmatrix}$$

で表される.

$\bar{4}2m$ の2階テンソル

$$\begin{pmatrix} \varepsilon_1 & 0 & 0 \\ 0 & \varepsilon_1 & 0 \\ 0 & 0 & \varepsilon_3 \end{pmatrix} = \begin{pmatrix} \varepsilon_{11} & 0 & 0 \\ 0 & \varepsilon_{22} & 0 \\ 0 & 0 & \varepsilon_{33} \end{pmatrix}$$

を,

付録,A.1,(A1.4)式から $\varepsilon'_{ij} = \sum_{m=1}^{3}\sum_{n=1}^{3} \alpha_{im}\alpha_{jn}\varepsilon_{mn}$ と変換すると,

$$\varepsilon'_{ij} = \alpha_{i1}\alpha_{j1}\varepsilon_{11} + \alpha_{i2}\alpha_{j2}\varepsilon_{22} + \alpha_{i3}\alpha_{j3}\varepsilon_{33} = (\alpha_{i1}\alpha_{j1} + \alpha_{i2}\alpha_{j2})\varepsilon_1 + \alpha_{i3}\alpha_{j3}\varepsilon_3$$

と書ける.これより,

$$\varepsilon'_{11} = (\alpha_{11}\alpha_{11} + \alpha_{12}\alpha_{12})\varepsilon_1 = (1/2 + 1/2)\varepsilon_1 = \varepsilon_1,$$
$$\varepsilon'_{12} = (\alpha_{11}\alpha_{21} + \alpha_{12}\alpha_{22})\varepsilon_1 = (1/2 - 1/2)\varepsilon_1 = 0,$$
$$\varepsilon'_{13} = 0$$

他も同様にして,変換後のテンソルは

$$\varepsilon'_{ij} = \begin{pmatrix} \varepsilon_1 & 0 & 0 \\ 0 & \varepsilon_1 & 0 \\ 0 & 0 & \varepsilon_3 \end{pmatrix}$$

となって変わらない.

これを $mm2$ のテンソル成分

$$\begin{pmatrix} \varepsilon_1 & 0 & 0 \\ 0 & \varepsilon_2 & 0 \\ 0 & 0 & \varepsilon_3 \end{pmatrix}$$

と比べると,$\varepsilon_2 = \varepsilon_1$ となる.

$\bar{4}2m$ の3階テンソル

$$\begin{pmatrix} 0 & 0 & 0 & d_{14} & 0 & 0 \\ 0 & 0 & 0 & 0 & d_{14} & 0 \\ 0 & 0 & 0 & 0 & 0 & d_{36} \end{pmatrix} = \begin{pmatrix} 0 & 0 & 0 & d_{123} & 0 & 0 \\ 0 & 0 & 0 & 0 & d_{231} & 0 \\ 0 & 0 & 0 & 0 & 0 & d_{312} \end{pmatrix}$$

を,

付録,A.1,(A1.5)式から

$$d'_{ijk} = \sum_{m=1}^{3}\sum_{n=1}^{3}\sum_{p=1}^{3} \alpha_{im}\alpha_{jn}\alpha_{kp}d_{mnp}$$

と変換すると,

$$d'_{ijk} = \alpha_{i1}\alpha_{j2}\alpha_{k3}d_{123} + \alpha_{i2}\alpha_{j3}\alpha_{k1}d_{231} + \alpha_{i3}\alpha_{j1}\alpha_{k2}d_{312}$$
$$= (\alpha_{i1}\alpha_{j2}\alpha_{k3} + \alpha_{i2}\alpha_{j3}\alpha_{k1})d_{14} + \alpha_{i3}\alpha_{j1}\alpha_{k2}d_{36}$$

より,
$$d'_{14} = d'_{123} = (\alpha_{11}\alpha_{22}\alpha_{33} + \alpha_{12}\alpha_{23}\alpha_{31})d_{14} + \alpha_{13}\alpha_{21}\alpha_{32}d_{36} = (1/2 + 0)d_{14}$$
などから,
$$d'_{ijk} = \begin{pmatrix} 0 & 0 & 0 & d_{14}/2 & -d_{14}/2 & 0 \\ 0 & 0 & 0 & d_{14}/2 & d_{14}/2 & 0 \\ -d_{36}/2 & d_{36}/2 & 0 & 0 & 0 & d_{36}/2 \end{pmatrix}$$
となる.

これを $mm2$ のテンソル成分
$$\begin{pmatrix} 0 & 0 & 0 & 0 & d_{15} & 0 \\ 0 & 0 & 0 & d_{24} & 0 & 0 \\ d_{31} & d_{32} & d_{33} & 0 & 0 & 0 \end{pmatrix}$$
と比べると, $d_{33} = 0$, $d_{14} = d_{25} \neq 0$ などとなる.

第3章
問題 3.1

(1) (3.4)式と(3.7)式を用いて
$$F = -\frac{1}{4}\frac{\alpha_0^2}{\beta}(T_C - T)^2$$
これより(3.15)式から
$$c = -T\left(\frac{d^2F}{dT^2}\right) = \frac{\alpha_0^2}{2\beta}T$$

(2) (3.26)式より
$$F = -\frac{1}{3}\frac{\alpha_0^{3/2}}{\delta^{1/2}}(T_C - T)^{3/2}$$
これより
$$c = \frac{1}{4}\frac{\alpha_0^{3/2}}{\delta^{1/2}}\frac{T}{\sqrt{T_C - T}}$$

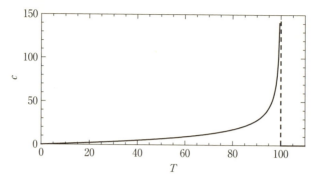

グラフは $c = \dfrac{T}{\sqrt{T_\mathrm{C} - T}}$ で $T_\mathrm{C} = 100$ とした．

問題 3.4

第 1 章，(1.2)式から，単位体積当たりの双極子モーメント（の総和）が P_s であるため，$Np = P_\mathrm{s}$ また，単位格子当たりの双極子モーメント（n 個の和）は $P_\mathrm{s} \cdot (abc)$ であるから，双極子モーメント 1 個の大きさは $p = P_\mathrm{s} \cdot abc/n$ である．よって，

$$\begin{aligned}
\varepsilon_0 C &= P_\mathrm{s}^2 \cdot abc/(nk) \\
&= (6 \times 10^{-12}\,\mathrm{C/m})^2 \times 5.4 \times 10^{-10}\,\mathrm{m} \times 5.6 \times 10^{-10}\,\mathrm{m} \\
&\quad \times 3.6 \times 10^{-10}\,\mathrm{m}/(2 \times 1.381 \times 10^{-23}\,\mathrm{J/K}) \\
&= 1.419 \times 10^{-8}\,\mathrm{K \cdot C^2/J \cdot m}
\end{aligned}$$

上式を $\varepsilon_0 = 8.854 10^{-12}\,\mathrm{F/m}$ で割ると，$C = 1.603 \times 10^3\,\mathrm{K} \sim 1600\,\mathrm{K}$ となる．

問題 3.5

（1）正方晶の場合：$P_x = P_y = 0$ なので

$$P_z^2 = P^2 = \dfrac{\alpha}{\beta_1}(T_\mathrm{C} - T)$$

自由エネルギーは

$$F_\mathrm{T} = \dfrac{1}{2}\alpha(T - T_\mathrm{C})P^2 + \dfrac{1}{4}\beta_1 P^4 = -\dfrac{\alpha^2}{4\beta_1}(T_\mathrm{C} - T)^2$$

（2）直方晶の場合：$P_x = P_y$，$P_z = 0$ なので

$$P_x^2 = P_y^2 = \dfrac{1}{2}P^2 = \dfrac{\alpha(T_\mathrm{C} - T)}{\beta_1 + \beta_2'}$$

したがって自由エネルギーは

$$F_\mathrm{O} = \alpha(T - T_\mathrm{C})P_x^2 + \dfrac{1}{2}(\beta_1 + \beta_2')P_x^4 = -\dfrac{\alpha^2}{2(\beta_1 + \beta_2')}(T_\mathrm{C} - T)^2$$

（3）三方晶の場合：$P_x = P_y = P_z$ なので
$$P_x^2 = P_y^2 = P_z^2 = \frac{1}{3}P^2 = \frac{\alpha(T_C - T)}{(\beta_1 + 2\beta_2')}$$
したがって自由エネルギーは
$$F_R = \frac{3}{2}\alpha(T - T_C)P_x^2 + \frac{3}{4}(\beta_1 + 2\beta_2')P_x^4 = -\frac{3\alpha^2}{4(\beta_1 + 2\beta_2')}(T_C - T)^2$$

P_3 が一定として直線で描いた図3.9 に比べるとわかりにくいが，$T_C = 400$，$\alpha_0 = 1$，$\beta_1 = 20$，$\beta_2 = 120$，$\delta = 100$（6次の項まで取り入れて）とすると下記のような結果が得られ，BTOの逐次相転移を説明する．破線は F_T，点線は F_O，実線は F_R．

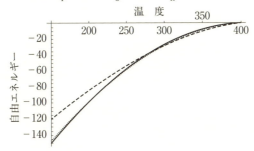

第5章

問題 5.1

電磁波を次のような平面波とする．
$$\boldsymbol{E} = \boldsymbol{E}_0 \exp i(\omega t - \boldsymbol{k} \cdot \boldsymbol{r})$$
横波条件は $\boldsymbol{E}$ と $\boldsymbol{k}$ が直交する，すなわち $\boldsymbol{E} \cdot \boldsymbol{k} = 0$ となることである．

ここで上式の発散をとると
$$\mathrm{div}\,\boldsymbol{E} = -(\boldsymbol{E}_0 \cdot \boldsymbol{k})\exp i(\omega t - \boldsymbol{k} \cdot \boldsymbol{r}) = -\boldsymbol{E} \cdot \boldsymbol{k}$$
すなわち $\boldsymbol{E} \cdot \boldsymbol{k} = 0$ であれば，$\mathrm{div}\,\boldsymbol{E} = 0$ となる．

第6章

問題 6.2

緩和関数を α とする．電場を加えたあとの分極 P の時間変化は次式で与えられる．
$$P(t) = \int_{-\infty}^{t} E(t')\alpha(t - t')dt'$$
ここで $P(t) = P \exp(i\omega t)$，$E(t') = E_0 \exp(i\omega t')$ とおき，$t - t' = t''$ の変数変換を行うと

274　演習問題解答

$$P = E_0 \int_0^\infty \exp(-i\omega t'') \alpha(t'') dt''$$

これより

$$\varepsilon_0 \chi = \int_0^\infty \exp(-i\omega t'') \alpha(t'') dt'' = \int_0^\infty (\cos \omega t'' - i \sin \omega t'') \alpha(t'') dt''$$

$\chi = \chi' - i\chi''$ とおくと

$$\varepsilon_0 \chi' = \int_0^\infty \alpha(t) \cos(\omega t) dt,$$

$$\varepsilon_0 \chi'' = \int_0^\infty \alpha(t) \sin(\omega t) dt$$

すなわち感受率 χ は緩和関数 α のフーリエ変換となっている.
　ここで

$$\alpha(t) \text{ を } \alpha(t) = \frac{\chi(0) - \chi(\infty)}{\tau} \exp(-t/\tau)$$

と表すと上式から

$$\varepsilon(\omega) - \varepsilon_\infty = \frac{\varepsilon(0) - \varepsilon_\infty}{1 + i(\varepsilon(0) - \varepsilon_\infty)\tau_0}$$

となり，緩和時間 τ は次式で与えられる．

$$\tau = (\varepsilon(0) - \varepsilon_\infty)\tau_0 = \frac{C}{T - T_C}\tau_0$$

第8章

問題 8.1

$$P = \alpha H, \quad M = \alpha' E$$

ここで $P = [\text{C/m}] = [\text{sAm}^{-2}]$, $H = [\text{Am}^{-1}]$, これより

$$\alpha = P/H = [\text{m}^{-1}\text{s}]$$

$M = \mu H = [\text{Kgms}^{-2}\text{A}^{-2}][\text{Am}^{-1}] = [\text{Kgs}^{-2}\text{A}^{-1}]$, $E = [\text{Vm}^{-1}] = [\text{Kgms}^{-3}\text{A}^{-1}]$

これより

$$\alpha' = M/E = [\text{m}^{-1}\text{s}]$$

したがって $[\alpha] = [\alpha']$.

問題 8.2

　図 8.3(a)および(c)の SDW の場合は

$$S = (S_1 \cos \boldsymbol{Q} \cdot \boldsymbol{r})\boldsymbol{e}_1 + (S_2 \sin \boldsymbol{Q} \cdot \boldsymbol{r})\boldsymbol{e}_2 + S_3 \boldsymbol{e}_3$$

において，$\boldsymbol{Q} \parallel \boldsymbol{e}_2$ で $S_3 = 0$((a)の場合)，$\boldsymbol{Q} \parallel \boldsymbol{e}_2$ かつ $S_3 \neq 0$.
　一方(b)の場合は

$$S = (S_2 \cos \boldsymbol{Q} \cdot \boldsymbol{r})\boldsymbol{e}_2 + (S_3 \sin \boldsymbol{Q} \cdot \boldsymbol{r})\boldsymbol{e}_3 + S_1 \boldsymbol{e}_1$$

において $Q \parallel e_1$ で $S_1 = 0$.

第9章．1
問題 9.1

C_0 の電圧として電荷 Q を測定するのに対して，R_0 の電圧は電流 I の測定を意味する．図 9.5 と同様な要素に分けて考えると，$Q \to D$ は $I \to$ 電流密度 i に対応して，D の時間微分を i として描くと図のようになる．（b）のピークは $|E|$ が増加するときだけ現れる，分極反転に伴う電流を意味する．

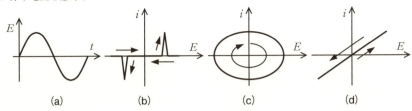

問題 9.2 および問題 9.3

C_p-R_p の合成インピーダンスは

$$\frac{1}{Z_p} = i\omega C_p + \frac{1}{R_p} = \frac{1 + i\omega C_p R_p}{R_p}$$

より，

$$Z_p = \frac{R_p}{1 + i\omega C_p R_p} = \frac{R_p(1 - i\omega C_p R_p)}{1 + (\omega C_p R_p)^2}$$

C_s-R_s の合成インピーダンスは

$$Z_s = \frac{1}{i\omega C_s} + R_s = \frac{-i}{\omega C_s} + R_s$$

$Z_p = Z_s$ とすると，

$$R_s = \frac{R_p}{1 + (\omega C_p R_p)^2}, \quad C_s = \frac{1 + (\omega C_p R_p)^2}{\omega^2 C_p R_p^2} = \frac{1 + (\omega C_p R_p)^2}{(\omega C_p R_p)^2} C_p$$

$k_p = (\omega C_p R_p)^2$ とおくと，

$$R_s = \frac{1}{1 + k_p} R_p, \quad C_s = \frac{1 + k_p}{k_p} C_p$$

となる．
また，

276 演習問題解答

$$\frac{1}{Z_s} = \frac{i\omega C_s}{1+i\omega C_s R_s} = \frac{(\omega C_s R_s)^2/R_s + i\omega C_s}{1+(\omega C_s R_s)^2}$$

で，$1/Z_p = 1/Z_s$ とすると，

$$R_p = \frac{1+(\omega C_s R_s)^2}{(\omega C_s R_s)^2}R_s, \quad C_p = \frac{C_s}{1+(\omega C_s R_s)^2}$$

$k_s = (\omega C_s R_s)^2$ とおくと，

$$R_p = \frac{1+k_s}{k_s}R_s, \quad C_p = \frac{1}{1+k_s}C_s$$

となる．

$C'' = C_p$, $C''' = 1/\omega R_p$ に上記の式を適用すると，

$$C' = \frac{1}{1+(\omega C_s R_s)^2}C_s, \quad C'' = \frac{1}{\omega R_p} = \frac{k_s}{(1+k_s)\omega R_s} = \frac{\omega C_s R_s}{1+(\omega C_s R_s)^2}C_s$$

となり，$C_s R_s = \tau$ として，$C' \sim \varepsilon'(\omega) - \varepsilon_\infty$, $C'' \sim \varepsilon''(\omega)$, $C_s \sim \varepsilon(0) - \varepsilon_\infty$ と見なすと，第1章，(1.45)式，(1.46)式と同じ形となる．したがって，C_s と R_s の直列接続はデバイ型誘電分散に等価な回路となる．試料の C やそれに直列な R_s が大きいと，この見かけの誘電分散が測定されることがある．

問題 9.4

電圧を $V = V_0 \sin(\omega t)$, 試料の電気伝導性を抵抗 R_X と表すと，
電荷は電流を積分して

$$Q = \int \frac{V_0}{R_X}\sin(\omega t)\,dt = -\frac{V_0}{\omega R_X}\cos(\omega t) + \mathrm{const}$$

となる．

横軸が $\sin(\omega t)$, 縦軸が $\cos(\omega t)$ に比例するため，t をパラメータとして描かれる図形は楕円になる．

見かけの P_r は，V が正の範囲，すなわち $t=0$ から $t=\pi/\omega$ まで積分した Q の半分として，

$$Q_r = \frac{1}{2}\left[-\frac{V_0}{\omega R_X}\cos(\omega t)\right]_0^{\pi/\omega} = -\frac{V_0}{2\omega R_X}(-1-1) = \frac{V_0}{\omega R_X}$$

となる．

試料の大きさ (S, d) と電気伝導率 $\sigma = d/SR_X$ で書き直すと，$V_0 = E_0 d$, $P_r = Q_r/S$ として，

$$P_r = \frac{E_0 d}{\omega R_X S} = \frac{E_0 \sigma}{\omega}$$

となり，電場の振幅と電気伝導率に比例し，周波数に反比例する（または電場の振幅と誘電率の虚部に比例する）ことがわかる．

問題 9.5

$P = dX$, $e = d''E$ より

$$d = P/X = [\text{Cm}^{-2}]/[\text{Nm}^{-2}] = [\text{Cm}^{-2}]/[\text{CVm}^{-1}\text{m}^{-2}] = [\text{mV}^{-1}]$$
$$d' = e/E = [\text{mV}^{-1}]$$

したがって $[d] = [d']$．

問題 9.6

（1） BTO の場合，正方晶の点群は $4mm$ なのでポッケルステンソルは次式の行列で表される．ただしフォークト記号を用いている．

$$\begin{pmatrix} 0 & 0 & r_{13} \\ 0 & 0 & r_{13} \\ 0 & 0 & r_{33} \\ 0 & r_{42} & 0 \\ r_{42} & 0 & 0 \\ 0 & 0 & 0 \end{pmatrix}$$

例えば電場を 3 方向（$/\!/z$）に加えて，2 方向で観察すると

$$B_1^E = B_1^0 + r_{13}E_3 \quad \text{したがって} \quad \frac{1}{n_1^2} = \frac{1}{n_o^2} + r_{13}E_3 = \frac{1}{n_o^2}(1 + n_o^2 r_{13}E_3)$$

$$B_3^E = B_3^0 + r_{33}E_3 \quad \text{したがって} \quad \frac{1}{n_3^2} = \frac{1}{n_e^2} + r_{33}E_3 = \frac{1}{n_e^2}(1 + n_e^2 r_{33}E_3)$$

これより

$$n_1 \approx n_o - \frac{1}{2}n_o^3 r_{13}E_3$$

$$n_3 \approx n_e - \frac{1}{2}n_e^3 r_{33}E_3$$

したがって

$$\delta n = n_1 - n_3 \approx n_o - n_e - \frac{1}{2}(n_o^3 r_{13}E_3 - n_e^3 r_{33}E_3)$$

となり，この式のような複屈折の変化が観察される．

KDP の場合も同様に計算できる．

（2） 電場を 3 方向に印加した場合を考える．

$$T > T_C \text{ のとき}, \quad \Delta B_3 = Q_{33}P_3^2$$

$$T \leq T_C \text{ のとき}, \quad \Delta B_3 = B_3^S + \Delta B_3^E = Q_{33}(P_s + \Delta P_3)^2 \approx Q_{33}P_s^2 + 2P_s Q_{33}\Delta P_3$$

これより，

したがって
$$\Delta B_3^E \approx 2P_S(\varepsilon_3)^2 Q_{33} E_3^2$$
$$r_{33} \approx 2P_S(\varepsilon_3)^2 Q_{33}$$

問題 9.7
$$L_C = \frac{\pi}{|\Delta k|} = \frac{\lambda^{(\omega)}}{4|n^{(2\omega)} - n^{(\omega)}|}$$

を用いればよい．

KDP の場合，
$$L_C(d_{36}) = \frac{\lambda^{(\omega)}}{4|n_e^{(2\omega)} - n_o^{(\omega)}|} = \frac{1.06}{4|1.4705 - 1.4938|} = 11.4 \ \mu\text{m}$$

LN の場合，
$$L_C(d_{31}) = \frac{\lambda^{(\omega)}}{4|n_e^{(2\omega)} - n_o^{(\omega)}|} = \frac{1.06}{4|2.2178 - 2.225|} = 36.8 \ \mu\text{m},$$

$$L_C(d_{33}) = \frac{\lambda^{(\omega)}}{4|n_e^{(2\omega)} - n_e^{(\omega)}|} = \frac{1.06}{4|2.2178 - 2.144|} = 3.6 \ \mu\text{m}$$

第 10 章

問題 10.1

$1\,\text{eV} = e\,(電子の素電荷) \times 1\,\text{V}\,(電圧) = 1.602 \times 10^{19}\,\text{J},$

$1\,\text{cm}^{-1} = h\,(プランク定数) \times c\,(光速) = 6.626 \times 10^{-34} \times 2.998 \times 10^{10} = 1.986 \times 10^{-23}\,\text{J},$

$1\,\text{K} = k\,(ボルツマン定数) \times 1\,\text{K}\,(絶対温度) = 1.381 \times 10^{-23}\,\text{J}$

問題 10.2

(10.3)式で $k_i \sim k_s$ と近似すると，
$$q^2 = 2k^2 - 2k^2 \cos\phi = 2k^2(1 - \cos\phi) = 4k^2 \sin(\phi/2)$$

第 12 章

問題 12.2

例えば S_2 と S_3 の境界を考える．

$$e_2 - e_3 = \begin{pmatrix} 0 & \sqrt{3}e_{11} & \sqrt{3}e_{23} \\ \sqrt{3}e_{11} & 0 & 0 \\ \sqrt{3}e_{23} & 0 & 0 \end{pmatrix} = \sqrt{3} \begin{pmatrix} 0 & e_{11} & e_{23} \\ e_{11} & 0 & 0 \\ e_{23} & 0 & 0 \end{pmatrix}$$ であるから，

$\det(e_2 - e_3) = 0$ であり，(12.27)式を満たしている．

(12.26)式から，

$$(x\ y\ z)\begin{pmatrix} 0 & e_{11} & e_{23} \\ e_{11} & 0 & 0 \\ e_{23} & 0 & 0 \end{pmatrix}\begin{pmatrix} x \\ y \\ z \end{pmatrix} = x(e_{11}y + e_{23}z) + ye_{11}x + ze_{23}x = 2x(e_{11}y + e_{23}z) = 0$$

この解は $x=0$ または $e_{11}y + e_{23}z = 0$ であり，yz 平面と，法線ベクトルが $(0, e_{11}, e_{23})$ となる面となる．

問題 12.3

$$P(x) = \pm\sqrt{\frac{\alpha_0(T_C - T)}{\beta}}\tanh\left(\frac{x}{2\xi}\right)$$

から，

$$P_0 = \sqrt{\frac{\alpha_0(T_C - T)}{\beta}}, \quad y = \frac{x}{2\xi}$$

とおくと，

$$P(y) = \pm P_0 \tanh y, \quad \frac{dP(x)}{dx} = \pm\frac{1}{2\xi}P_0 \operatorname{sech}^2 y, \quad \alpha_0(T_C - T) = \beta P_0^2$$

また (12.10) 式から，

$$U(P) = \frac{1}{2}\beta P_0^2 P^2 - \frac{1}{4}\beta P^4$$

一方，(12.14) 式

$$\xi = \pm\sqrt{\frac{g}{2\alpha_0(T_C - T)}}$$

より，

$$g = 2\alpha_0(T_C - T)\xi^2 = 2\beta P_0^2 \xi^2$$

これらを (12.11) 式の左辺に代入すると，

$$\frac{1}{4}\beta P_0^4 \operatorname{sech}^4 y + \frac{1}{2}\beta P_0^4 \tanh^2 y - \frac{1}{4}\beta P_0^4 \tanh^4 y$$

$$= \frac{1}{4}\beta P_0^4 \{(1 - \tanh^2 y)^2 + 2\tanh^2 y - \tanh^4 y\}$$

$$= \frac{1}{4}\beta P_0^4 = U(P_0)$$

よって，

$$P_S = P_0 = \sqrt{\frac{\alpha_0(T_C - T)}{\beta}}$$

で，

$$P(x) = \pm\sqrt{\frac{\alpha_0(T_C - T)}{\beta}}\tanh\left(\frac{x}{2\xi}\right)$$

は(12.11)式の解である.

問題 12.4

反電場の大きさは $E = P_s/\varepsilon = P_s/\varepsilon_0 \varepsilon^r$
$= 10 \times 10^{-2}\,\mathrm{Cm}^{-2}/(8.854 \times 10^{-12}\,\mathrm{F/m} \times 100)$
$= 1.13 \times 10^8\,\mathrm{V/m}$
$\sim 1000\,\mathrm{kV/cm}$

第13章

問題 13.1

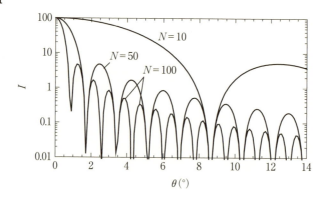

総索引

あ

R 点 …………………………………… 71
R_{25} モード …………………………… 79
アイス則 ……………………………… 92
アクチュエーター …………………… 69
亜硝酸ソーダ ($NaNO_2$) …… 25, 36, 44, 73
圧縮応力 ……………………………… 229
圧縮歪み ……………………………… 225
圧電応答顕微鏡 (PFM) ………… 164, 199
圧電効果 ………………… 31, 134, 141, 190
圧電材料 ……………………………… 193
圧電性 …………………………… 33, 107, 179
　　──強誘電体 ………………… 58, 59
圧電定数 ………………………… 135, 190, 193
圧電テンソル ………………………… 135
アドミッタンス ……………………… 137
アナライザー結晶 …………………… 174
アナログ補償回路 …………………… 130
アレニウスの式 ……………………… 16
安定条件 ……………………………… 47

い

イオン結合性 ………………………… 104
イオン分極 …………………………… 10
異常光の屈折率 ………………… 146, 256
異常分散領域 ………………………… 164
イジングスピン ……………………… 91
　　──モデル ………………… 73, 91
位相境界 ……………………………… 215
位相差 ………………………………… 261
位相整合 ……………………………… 246
位相速度 ……………………………… 253
1 軸性 ………………………………… 255
　　──希釈反強磁性体 ………… 187
　　──強誘電強弾性体 …… 201, 255
　　──強誘電体 …………………… 205
　　──結晶 ………………… 146, 255

1 次相転移 ……………… 24, 25, 26, 39, 46
1 次電気磁気効果 …………………… 110
1 次ラマン散乱 ……………………… 172
1 電子近似ポテンシャル …………… 100
1 トランジスター1 キャパシター (1T1C)
　方式 ………………………………… 243
異方性 (光学) ………………………… 251
　　──媒質 ……………………… 252
インダクタンス ……………………… 125
インバー効果 ………………………… 194
インピーダンス ……………………… 125
　　──アナライザ ………… 10, 125
インプリント ……………………… 32, 132

う

ヴァリアント ………………………… 197
運動量保存則 ………………………… 167

え

鋭敏色板 ………………………… 150, 201
a-a 分域構造 ………………………… 198
a-c 分域構造 ………………………… 198
エキシマレーザ ……………………… 229
SHG 干渉画像 ……………………… 161
SHG 強度 …………………………… 185
　　──異方性 ………………… 162, 220
SHG 顕微鏡 ……………… 121, 157, 204
SHG 定数 …………………………… 155
SHG 偏光依存性 …………………… 156
SHG 活性 …………………… 218, 220
SH 波 ………………………………… 246
XRD スペクトル解析 ……………… 144
XRD 回折プロファイル …………… 233
X 線回折 (XRD) 法 ………… 141, 233
n 次の相転移 ………………………… 46
エネルギー保存則 …………………… 167
エネルギー密度関数 ………………… 66

281

282　総索引

エピタキシャル薄膜·····225
Ma 線·····191
Mc 線·····192
M-H 履歴·····57
MnO_5 六面体·····115
Mn^{2+} 酸化物·····113
M_3 モード·····79
M 点·····62
LST の関係式·····76,177
エルゴート的·····189
エレクトロメータ·····133
エントロピー·····45,93
円二色性(CD)·····151

お

オイラー–ラグランジュ方程式
·····69,207,212
オイラー方程式·····67,68
応力·····57
オージェ電子分光装置·····231
O の 2p 軌道·····104
オペアンプ·····130,133
音響フォノン·····77,173
音響モード振動数·····102
音速·····136,173
温度履歴·····46,47

か

カー効果·····146
カー定数·····146
カイザー cm^{-1}·····167
回折格子分光器·····174
回転軸·····108
回転モード·····71
界面エネルギー·····197,206
界面効果·····218
界面モデル·····237
ガウス関数·····144
化学気相成長法(CVD)·····230
化学気相輸送法·····108

化学欠陥·····186
化学研磨·····233
化学量論組成·····161
書き込み(FeRAM)·····244
核形成過程·····222
確率密度関数(PDF)法·····185
過減衰·····176,188
活性化エネルギー·····12,182
カップリング回路·····242
価電子帯·····220
下部電極材料·····225
ガラス転移·····181
空の d 軌道(d^0 軌道)·····112
カルサイト·····58
感受率·····2,48,94
干渉色·····201,262
緩衝フッ酸溶液·····232
間接型強誘電体·····61,80
Γ 点·····61,71,170
緩和型·····10
緩和過程·····208
緩和時間·····14,98,189

き

記憶媒体·····114
幾何学的効果·····116
幾何学的量子位相·····99,100
擬似位相整合(QPM)·····246
――素子·····161
基準座標·····66,81
基準振動モード·····77
擬スカラー·····153
期待値·····96
擬弾性率·····194
Kittel のモデル·····212
基底·····50,68
――状態·····77,105
起電力·····221
希土類原子·····114
基板温度·····231

総索引 283

基板平坦化技術 …………………… 225
擬フォークト関数 …………………… 144
Gibbs の自由エネルギー …………… 45
逆圧電効果 …………………… 134, 164
逆感受率 ……………………………43, 48
逆ジャロシンスキー–守谷(DM)の式 …117
既約表現 ………………………… 39, 50
　　──の基底 ……………………… 21
　　──の指標 ……………………… 40
逆誘電率テンソル ……………… 146, 256
キャリア濃度 ………………………… 1
吸収端 ……………………………… 164
90°分域構造 ……………………198, 212
90°分域壁 ………………………… 221
球面収差 …………………………… 162
　　──補正 ……………………… 217
キュリー–ワイス則
　…22, 44, 48, 76, 80, 83, 89, 95, 181, 187, 188
キュリー温度 …………………… 19, 237
キュリー定数 …………………… 22, 44
キュリーの法則 …………………… 204
鏡映面 ……………………………… 108
強磁性 ……………………………… 110
　　──強誘電体 ………………… 114
　　──磁区 ……………………… 121
強磁性体 ……………… 19, 45, 57, 109
　　──のワイス理論 …………… 44
共焦点走査型 SHG 顕微鏡 ………… 158
共振周波数 ………………………… 139
共振・反共振法 …………………… 135
共弾性 ……………………………… 58
強弾性 ……………………………… 27
　　──相 ………………………… 58
　　──相転移 …………………… 173
　　──体 ……… 19, 57, 198, 202, 218
　　──転移温度 ………………… 58
　　──分域 ……………………… 218
　　──分域壁 ……………… 215, 217
共鳴型誘電分散 …………………… 10
共鳴現象 …………………………… 10

共有結合性 ……… 100, 103, 104, 113, 181
　　──結晶 ……………………… 99
強誘電性 …………………… 27, 107, 220
　　──薄膜 ………………… 199, 225
強誘電相 …………………………… 27
　　──転移 ………………… 74, 114
強誘電体 ………………………… 19, 57
　　──キャパシター ………… 243
　　──メモリー(FeRAM)
　　　　　　…………… 32, 132, 222, 243
強誘電転移温度 …………………… 19
強誘電反強磁性体(RMn_2O_5) ……… 119
強誘電分域構造 …………………… 121
局所(電)場 ……………… 74, 87, 221
極性点群 …………………………… 21
極性テンソル …………………… 2, 172
極性ナノ領域(PNR) ……… 10, 180, 187
極性ベクトル ……………………… 172
巨大磁気抵抗効果 ………………… 194
ギンツブルグ–ランダウ(GL)方程式
　…………………………………… 206, 217

く

空間群 ……………………………… 20
空間群の既約表現 ………………… 63
空間対称性 ………………………… 21
空間電荷 …………………………… 186
空間点群 …………………………… 108
空間反転 …………………… 117, 155
空乏層 ……………………………… 221
クーロンエネルギー ……………… 113
クーロンの法則 …………………… 5
クォーツ …………………… 151, 193
屈折楕円体 ………………………… 251
屈折率 ……………………… 145, 187
　　──曲面 ……………………… 255
　　──楕円体 ……………… 145, 255
クヌーセンセル …………………… 231
クラウジウス–モソッティの式 … 17
クラマース–クローニッヒの関係 … 153

284　総索引

グレーザー表記・・・・・・・・・・・・・・・・・・30, 79

け

計算機シミュレーション・・・・・・・・・209, 220
結合エネルギー・・・・・・・・・・・・・・・・・・・・50
結合モード・・・・・・・・・・・・・・・・・・・・・・・188
結晶格子の運動量変化・・・・・・・・・・・・・174
結晶の対称性・・・・・・・・・・・・・・・・・・・・・108
原子間力顕微鏡(AFM)・・・・・164, 204, 232
原子層のすべり・・・・・・・・・・・・・・・・・・・215
原子変位・・・・・・・・・・・・・・・・・・・・・・28, 39
減衰係数・・・・・・・・・・・・・・・・・・7, 172, 176
減衰振動モデル・・・・・・・・・・・・・・・・・・・172

こ

抗応力・・・・・・・・・・・・・・・・・・・・・・・・・・・・57
高温相・・・・・・・・・・・・・・・・・・・・・・・・・・・・39
光学素子・・・・・・・・・・・・・・・・・・・・・・・・・259
光学弾性軸・・・・・・・・・・・148, 200, 255, 261
光学フォノン・・・・・・・・・・・・・25, 61, 77, 172
交換相互作用・・・・・・・・・・・・・・・・・113, 221
交差関係・・・・・・・・・・・・・・・・・・・・・・・・・111
光軸・・・・・・・・・・・・・・・・・・・・・・・・146, 255
格子振動(フォノン)・・・・・・・・・・・・・・・・・25
格子定数・・・・・・・・・・・・・・・・・・・・・・・・・143
格子歪み・・・・・・・・・・・・・・・・・・・・・141, 214
格子面観察・・・・・・・・・・・・・・・・・・・・・・・216
高周波(rf)スパッター法・・・・・・・・・・・・229
構造相転移・・・・・・・・・・・・・・・・・・・・・・・・21
構造のキラリティ・・・・・・・・・・・・・・・・・153
高速反射電子線回折(RHEED)・・・・・・231
抗電場・・・・・・・・・・・・・・・・・・・・・・・20, 128
恒等表現・・・・・・・・・・・・・・・・・・・・・・・・・・41
高品位薄膜・・・・・・・・・・・・・・・・・・・・・・・232
コール・コールプロット・・・・・・・・・・・・・15
コヒーレンス長・・・・・・・・・・・・・・・233, 246
固有角振動数・・・・・・・・・・・・・・・・・・・・・・・7
固有偏光・・・・・・・・・・・・・・・・・・・・・・・・・251
孤立電子・・・・・・・・・・・・・・・・・・・・・・・・・113
――対・・・・・・・・・・・・・・・・・・・・・116, 181

コルモゴロフ-アブラミ理論・・・・・・・・・222
混晶・・・・・・・・・・・・・・・・・・・・・・・・・・・・・179
混成・・・・・・・・・・・・・・・・・・・・・・・・・・・・・104
――軌道・・・・・・・・・・・・・・・・・・・・・・・112
コンデンサーの容量・・・・・・・・・・・・・・・・・3

さ

サイン-ゴードン方程式・・・・・・・・・・・・・・68
三角格子・・・・・・・・・・・・・・・・・・・・・・・・・116
酸化クロム(Cr_2O_3)・・・・・・・・・・・・69, 107
酸化物強誘電体・・・・・・・・・・・・・・・・・・・・24
酸化物薄膜・・・・・・・・・・・・・・・・・・・225, 229
3軸回折系・・・・・・・・・・・・・・・・・・・・・・・174
3指数表示(六方晶)・・・・・・・・・・・・・・・142
3重点(薄膜相図)・・・・・・・・・・・・・・・・・229
3重臨界点・・・・・・・・・・・・・・・・・・・・・・・・49
酸素欠陥・・・・・・・・・・・・・・・・・・・・・・・・・186
酸素四面体・・・・・・・・・・・・・・・・・・・・・・・・94
酸素の2p軌道・・・・・・・・・・・・・・・・104, 112
酸素八面体・・・・・・・・・・・・・・・・28, 31, 218
――変形モード・・・・・・・・・・・・・・・・・・77
散漫散乱・・・・・・・・・・・・・・・・・・・・・・・・・187
散漫相転移・・・・・・・・・・・・・・・・・・・・・・・179
残留ガス(MBE法)・・・・・・・・・・・・・・・・・231
残留分極・・・・・・・・・・・・・・・20, 99, 128, 243

し

g因子・・・・・・・・・・・・・・・・・・・・・・・・・・・・45
G型反強磁性・・・・・・・・・・・・・・・・・・・・・114
CVD法・・・・・・・・・・・・・・・・・・・・・・229, 230
シールド線・・・・・・・・・・・・・・・・・・・・・・・127
時間発展型GL方程式(TDGL)・・・・・・・209
時間発展するハミルトニアン・・・・・・・・100
時間発展の計算機シミュレーション・・・212
時間反転・・・・・・・・・・・・・・・・・・・・・・・・・117
――操作・・・・・・・・・・・・・・・・・・・108, 109
――対称性・・・・・・・・・・・・・・・・・107, 155
――対称要素・・・・・・・・・・・・・・・・・・・111
磁気異方性エネルギー・・・・・・・・・・・・・221
磁気空間群・・・・・・・・・・・・・・・・・・・・・・・121

総索引　285

磁気構造‥‥‥‥‥‥‥‥‥‥‥‥‥‥116
磁気双極子‥‥‥‥‥‥‥‥‥‥‥11,117
磁気対称性‥‥‥‥‥‥‥‥‥‥‥‥108
磁気秩序‥‥‥‥‥‥‥‥‥‥‥‥‥‥27
磁気点群‥‥‥‥‥‥‥‥‥‥‥109,110
磁気モーメント‥‥‥‥‥‥‥‥‥‥‥45
磁区‥‥‥‥‥‥‥‥‥‥‥‥‥‥19,197
ジグザグパターン(GMO)‥‥‥‥‥202
軸性テンソル‥‥‥‥‥‥‥‥‥‥‥153
軸性ベクトル‥‥‥‥‥‥‥‥‥‥‥110
Σ点‥‥‥‥‥‥‥‥‥‥‥‥‥‥‥‥71
磁性‥‥‥‥‥‥‥‥‥‥‥‥‥‥‥114
　　――遷移金属イオン‥‥‥‥‥‥122
　　――秩序‥‥‥‥‥‥‥‥‥‥‥107
実効固有角振動数‥‥‥‥‥‥‥‥‥‥7
質量効果‥‥‥‥‥‥‥‥‥‥‥‥‥‥35
自動偏光顕微鏡‥‥‥‥‥‥‥‥‥‥149
自発歪み‥‥‥‥‥‥‥‥‥‥‥‥‥‥57
自発分極 P_s‥‥‥‥‥‥19,50,88,99,128
磁壁‥‥‥‥‥‥‥‥‥‥‥‥‥‥‥221
射影演算子法‥‥‥‥‥‥‥‥‥‥‥‥77
シャノンのイオン半径‥‥‥‥‥‥‥‥30
自由エネルギー‥‥39,43,50,63,91,205,226
　　――密度‥‥‥‥‥‥‥‥68,206,217
周期性反転分極構造‥‥‥‥‥‥‥‥161
周期的な境界条件‥‥‥‥‥‥‥‥‥209
重水素D‥‥‥‥‥‥‥‥‥‥‥‥‥‥34
自由電気感受率‥‥‥‥‥‥‥‥‥‥‥59
周波数特性‥‥‥‥‥‥‥‥‥‥135,242
ジュール熱‥‥‥‥‥‥‥‥‥‥‥‥‥16
主屈折率‥‥‥‥‥‥‥‥‥‥‥‥‥255
主軸(光学弾性軸)‥‥‥‥‥‥‥‥‥255
消光位‥‥‥‥‥‥‥‥‥‥‥‥148,201
常弾性相‥‥‥‥‥‥‥‥‥‥‥‥‥‥58
焦電気電流‥‥‥‥‥‥‥‥‥‥‥‥133
焦電効果‥‥‥‥‥‥‥‥‥‥‥‥‥132
焦点深度‥‥‥‥‥‥‥‥‥‥‥‥‥159
蒸発速度(MBE法)‥‥‥‥‥‥‥‥231
常誘電相‥‥‥‥‥‥‥‥‥‥‥‥‥‥19
ジョーンズ行列‥‥‥‥‥‥‥‥256,259

ジルコン酸チタン酸鉛(PZT)
　‥‥‥54,69,181,190,192,193,199,229,243
ジルコン酸鉛(PZO)
　‥‥‥‥‥‥‥‥‥30,69,70,102,216,220
磁歪効果‥‥‥‥‥‥‥‥‥‥‥‥‥194
真性強弾性体‥‥‥‥‥‥‥‥‥‥‥‥58
真電荷‥‥‥‥‥‥‥‥‥‥‥‥‥‥‥3

す

水晶(α-quartz)‥‥‥‥‥‥‥‥‥151,193
水素結合‥‥‥‥‥‥‥‥‥‥‥34,92,95
　　――型強誘電体
　　　‥‥‥‥‥‥32,35,92,197,201,215
　　――ボンド‥‥‥‥‥‥‥‥‥‥‥92
水素同位体効果‥‥‥‥‥‥‥‥‥‥‥34
スイッチング電源回路‥‥‥‥‥‥‥242
スケーリング則(分域の厚さ)‥‥‥‥214
ステップフロー成長‥‥‥‥‥‥‥‥231
ストークス散乱‥‥‥‥‥‥‥‥‥‥167
ストークスベクトル‥‥‥‥‥‥‥‥262
スパイラルなスピン構造‥‥‥‥‥‥114
スパッター法‥‥‥‥‥‥‥‥‥‥‥229
スピン‥‥‥‥‥‥‥‥‥‥‥‥69,109
　　――カレント‥‥‥‥‥‥‥‥‥117
　　――間相互作用‥‥‥‥‥‥‥‥114
　　――グラス‥‥‥‥‥‥‥‥‥‥189
　　――構造‥‥‥‥‥‥‥‥‥‥‥121
　　――再配列‥‥‥‥‥‥‥‥‥‥116
　　――1/2演算子‥‥‥‥‥‥‥‥‥96
　　――変調‥‥‥‥‥‥‥‥‥‥‥117
スフェロイド‥‥‥‥‥‥‥‥‥‥‥255
すべり歪み‥‥‥‥‥‥‥‥‥‥‥‥‥54
スレーター‥‥‥‥‥‥‥‥‥34,92,95
　　――のカタストロフィー理論‥‥‥78
　　――モード‥‥‥‥‥‥‥‥‥‥‥77
　　――モデル‥‥‥‥‥‥‥‥‥‥‥34
　　――理論‥‥‥‥‥‥‥‥‥‥‥‥93
スロー軸‥‥‥‥‥‥‥‥‥‥‥‥‥255

せ

正圧電効果……………………………134
正結晶………………………………256
整合強誘電相…………………………64
正常光の屈折率………………146, 256
成長速度……………………………231
静電エネルギー……43, 50, 93, 135, 213, 221
静電相互作用………………………116
静電長距離力…………………………76
静電容量……………………………242
　　──の温度係数………………242
成膜速度(薄膜)……………………235
石英…………………………………167
赤外分光……………………………172
積分回路……………………………129
絶縁破壊電圧………………………242
セナルモン法…………………149, 266
セラミックコンデンサー…………241
セルプレート線……………………244
ゼロ電場冷却………………………134
遷移金属強磁性体…………………221
旋回…………………………………152
　　──強度………………………153
　　──テンソル…………………153
全角運動量量子数……………………45
旋光能…………………………151, 204
センスアンプ………………………243
全対称表現……………………………68

そ

相関(コヒーレンス)長……………234
双極子間の静電相互作用……………95
双極子相互作用…………………11, 36, 92
双極子モーメント………………73, 95
　　──演算子……………………96
走査型電顕(SEM)…………………164, 204
層状構造…………………………32, 115
層状酸化物強誘電体…………………32
相図……………………………194, 226, 228
ソーヤー-タワー法…………………128, 244

束縛状態………………………………59
　　──の($P=0$)の弾性率………52
束縛電気感受率………………………59
組成相境界(MPB)…………162, 179, 190
ソフト化……………………………188
ソフトモード…………………71, 73, 74, 76

た

第1原理計算………………28, 99, 103, 191, 192
対称基底関数…………………………96
対称性の変化…………………………39
対掌体…………………………151, 204
帯電分域壁…………………………218
第2高調波発生(SHG)………33, 155, 185
　　──素子………………………33
第2種相転移…………………………39
楕円偏光……………………………258
楕円率…………………………154, 257
W分域壁………………………214, 218
W′分域壁……………………214, 218
多分域…………………………………19
　　──構造………………………197
タングステンブロンズ構造………181
単結晶基板……………………225, 226
tan δ…………………………………242
弾性エネルギー……………50, 135, 199, 214
弾性コンプライアンス…………58, 135
弾性短距離力…………………………76
弾性率………………………52, 58, 59, 173
タンタル酸リチウム(LT)…30, 54, 202, 247
断熱近似……………………………172
単板型コンデンサー………………242
単分域………………………………197

ち

逐次相転移………………24, 50, 52, 105
チタン酸鉛(PTO)
　……27, 54, 102, 103, 176, 179, 227, 230, 233
チタン酸バリウム(BTO)……9, 19, 22, 39,
　44, 50, 54, 77, 102, 103, 181, 193, 197, 198,

総索引　287

212, 227
秩序・無秩序型…………25, 36, 73, 91, 103
　　──構造………………………………186
秩序変数………………………21, 39, 50
　　──が結合した分域構造………121
　　──の経歴依存性………………180
チップ積層コンデンサー…………242
中心対称性…………………………20, 40
中性子散乱実験……………34, 64, 191
中性子非弾性散乱…………73, 174, 188
　　──実験(TMO)……………………63
中性子粉末回折法…………………184
超音波洗浄…………………………232
超音波プローブ……………………69
潮解性………………………………21
長距離秩序…………………182, 189
超交換相互作用……………………113
超格子回折強度……………………236
超格子構造…………………………64
超格子周期…………………………233
超格子点……………………………62
超格子の構造因子…………………236
超格子反射…………………………185
超格子膜………………225, 232, 233
　　──の周期………………………233
超純水………………………………232
超真空(MBE法)……………………231
超塑性………………………………58
超長時間緩和………………………180
直線偏光……………………………258
　　──素子…………………………260
直列等価回路………………………126
直交ニコル……………………148, 201, 260

つ
ツイン………………………………197
　　──構造……………………………57

て
定圧比熱……………………………45

D-E 履歴…………………………57
　　──曲線………19, 128, 131, 197, 243
TO ソフトモードフォノン………103
TO フォノン……………73, 77, 80, 176, 188
d 軌道………………………………103
d^0 問題……………………………111, 113
T_1 表現モード……………………63
T_{1u} モード…………………………77
d 電子………………………………111, 181
定格電圧……………………………242
低周波フォノン……………………188
ディスコメンシュレート相………64
定比組成(化学量論的組成)………31, 247
デカップリング回路………………242
デバイ(D)…………………………11
デバイ-ウォーラー因子……………175
デバイ型の誘電分散………………14, 183
デバイ緩和…………………………12
デヴォンシャーの現象論…………50
転移温度……………………………94
電荷欠陥……………………………186
電気感受率………………………2, 42, 48
電気機械結合定数…………135, 190, 193
電気光学(EO)効果(Pockels効果)
　　…………………………31, 146, 187, 200
電気磁気効果………………………107, 110
電気磁気交差現象…………………120, 122
電気磁気テンソル…………………111
電気旋光効果………………………154
電気双極子…………………………87, 221
　　──モーメント…………………1, 112
電気抵抗……………………………125
　　──率……………………………1
電気伝導性…………………………125
電気伝導率…………………………16
電気分極……………………………2, 19
電気容量……………………………125
電気力線……………………………3
点群……………………………20, 108
電子正孔対…………………………221

電子顕微鏡(TEM) ……… 162,198,216,218
電子の運動方程式………………………… 7
電子の状態密度…………………………104
電子配置…………………………………113
電子波動関数……………………………100
電子分極……………………………………99
　――率…………………………………172
テンソル…………………………………249
　――曲面………………………………255
　――変換………………………………249
伝導帯……………………………………220
電場誘起歪み……………………………191
電場冷却…………………………………134
電流演算子…………………………………96
電流密度…………………………………101
電歪…………………………………………54
　――効果………………………………141
　――定数…………………………………52

と

等価回路…………………………………125
透過光……………………………………261
　――強度………………………………261
統計力学的モデル…………………………73
凍結温度…………………………………182
動的散乱因子……………………………175
等方性結晶………………………………255
動力学的回折効果………………… 164,198
特性温度(1次相転移)……………………47
特性時間(分域反転)……………………222
トップシード溶液法(TSSG)……………23
ドップラー効果…………………………173
ドメイン…………………………………197
　――状態…………………………………64
トレランス因子……………………………29
トンネル運動………………………………35
トンネル演算子……………………………96
トンネル振動数……………………… 96,97

な

71°分域壁………………………………220
ナノテクノロジー(分域壁)……………218
鉛系リラクサー…………………………179
鉛ペロブスカイト複合化合物…………181

に

ニオブ酸カリ($KNbO_3$)………… 27,30,102
ニオブ酸リチウム($LiNbO_3$, LN)
　…… 30,54,146,161,193,197,202,204,205
2軸性結晶………………………………256
2次相転移………………………22,26,46,88
2次の非線形光学効果…………………246
2重混合ペロブスカイト結晶…………113
2重波法…………………………………130
2準位擬スピン系…………………………96
2状態モデル…………………………44,89
2進法コードメモリ……………………243
2端子……………………………………127
2トランジスター2キャパシター(2T2C)
　方式……………………………………243
$2p$軌道……………………………………103

ね

ネール(Néel)温度………………………116
熱処理……………………………………232
熱中性子…………………………………174
熱膨張……………………………………141
熱容量………………………………………89
熱力学関数…………………………………46
熱力学第1法則……………………………45

の

ノイマンの原理…………………………108
ノイマンの法則……………………………20
ノーマル(N)相……………………………64

は

バーンズ温度………………………180,187
配位数…………………………………24,31

総索引　289

配向（エピタキシャル）成長 ………………225
配向分極 ……………………………………10
ハイパーラマン ……………………………188
　　　──散乱 ……………………………167
バイパス回路 ………………………………242
パウリ行列 …………………………………96
薄膜 …………………………………………132
　　　──成長 ………………………………231
　　　──の誘電率 …………………………237
波数のミスフィット ………………………246
発振回路 ……………………………………242
波長板 ………………………………………149
波動関数 ……………………………………100
波動方程式 …………………………………136
ハミルトニアン …………………91, 96, 100
パルスレーザー成膜（PLD）法 ……………229
バレットの式 ………………………………83
パワースペクトル …………………………170
反（逆）位相境界 ………………164, 215, 217, 220
反強磁性 …………………………110, 113, 114
　　　──磁区 ………………………………121
　　　──体 …………………………………69
　　　──秩序変数 …………………………121
反共振周波数 ………………………………139
反強誘電境界 ………………………………217
反強誘電性 …………………………………27
反強誘電相 …………………………………182
反強誘電体 ……………………………34, 69, 220
反強誘電秩序変数 …………………………217
反強誘電的なシフト ………………………71
反ストークス散乱 …………………………167
反対称交換相互作用 ………………………117
反対称基底関数 ……………………………96
反転対称性 ……………………………108, 111
反電場 ………………………………………197, 205
　　　──効果 ………………………………212
反転分域構造 ………………………………246
反応性蒸着 …………………………………233
半波長板 ……………………………………259

ひ

Bi 層状酸化物（SBT）………………32, 54, 243
pn 接合半導体 ………………………………221
Pb 系ペロブスカイト型リラクサー ………190
Pb の 6s 軌道 ………………………………104
ピエゾ応力走査顕微鏡（PFM）………164, 199
非エルゴート的 ……………………………190
光エレクトロニクス …………………251, 256
光干渉法 ……………………………………141
光起電力 ……………………………………221
光散乱 ………………………………………188
光スイッチ …………………………………31
光第 2 高調波 …………………………33, 155
光非弾性散乱 ………………………………167
非干渉性散乱 ………………………………175
非共鳴領域 …………………………………155
非極性強弾性体 ……………………………218
ピコアンメータ ……………………………133
非磁性点群 …………………………………110
歪み …………………………………………57
歪み（x）-応力（X）履歴曲線 ……………57
歪みゲージ法 ………………………………141
歪み適合理論 ………………………162, 218, 220
非線形感受率 ………………………………155
非線形光学結晶 ……………………………246
非線形光学素子 ……………………………31
非線形波動方程式 …………………………155
非線形分極 …………………………………121
左回り円偏光 ………………………………151, 258
非弾性構造因子 ……………………………175
ビット線 ……………………………………243
引張歪み ……………………………………225
引張応力 ……………………………………229
非鉛系の材料 …………………………105, 194
比熱 ……………………………………45, 89
微分散乱断面積 ………………………170, 175
109°分域壁 …………………………………220
105 K 構造相転移 …………………………149
180°周期性反転分域構造（PPD）…………246
180°分域 ……………………………………164

―――構造·················198, 201, 205
比誘電率···························2
表現の基底·························39
表面拡散係数·····················231
表面電荷密度·····················2, 5
表面波フィルター··················31
疲労耐性··························32
ギンツブルグ-ランダウ(GL)方程式
·····························206, 217

ふ

ファスト軸······················255
ファブリー–ペロ干渉計···········174
フィルター回路··················242
フーリエ変換型遠赤外分光器·······10
フェリ磁性······················110
フェロイック物質········19, 198, 214
フォークト(Voigt)の記号····136, 250
Vogel-Fulcher 則············179, 181
フォノン························167
―――エネルギー················167
―――の基準座標···········170, 175
―――の寿命····················172
―――の振幅·····················39
―――の有効振動数···············81
―――瀑布·····················188
―――分散·····················105
フォノンモード···················60
―――の占有数··················82
不揮発性強誘電体メモリ(FeRAM)···243
複屈折···················145, 147, 189, 261
複合酸化物·················107, 179
複素インピーダンス··············127
複素感受率······················170
複素誘電率······················126
負結晶·························256
不純物ドーピング効果············194
腐食速度························204
不整合周期······················114
不整合スピン密度波(SDW)········117

不整合相······················36, 64
不対電子························113
物理吸着法······················233
部分群················21, 24, 39, 53
ブラッグ条件····················141
フリーデル則····················164
―――の破れ····················198
ブリユアン散乱··················167
ブリユアンシフト················167
ブリユアン帯·····················61
―――境界···········61, 62, 66, 78, 170
―――原点·············61, 66, 170
プルーム(PLD法)················230
フレネルの式····················251
プローブ顕微鏡··················218
ブロッホ関数················99, 100
ブロッホ壁·················214, 221
プロトタイプ相···················39
プロトン·················34, 92, 95
―――トンネルモデル············95
―――の秩序・無秩序モデル······34
分域構造····················57, 197
―――形成過程·················209
分域成長の運動学···············208
分域反転時間····················222
分域反転のダイナミクス·········222
分域壁·········105, 164, 197, 198, 206, 214
―――エネルギー···········213, 221
―――の厚さ···············208, 212
分極回転·······················191
―――モデル···················192
分極電荷·····················5, 99
分極電流密度····················99
分極の緩和時間·················212
分極疲労························132
分散関係···················173, 176
分子性強誘電体···················21
分子線エピタキシー(MBE)法···229, 231
分配関数·························91

へ

- 閉殻構造 …………………………… 113
- 平衡条件 ……………………………… 47
- 平衡状態への緩和過程 …………… 208
- 並進周期性 ………………… 21,25,62,63,108
- 並列等価回路 ……………………… 126
- ベリー位相 ……………………… 99,100
- ペルツェフの自由エネルギー …… 226
- ベレーク補償板 …………………… 148
- ペロブスカイト型構造 ……………… 24
- ペロブスカイト酸化物（ABO₃）…27,54,179
  - ──誘電体 ……………………… 10
- ペロブスカイト反強誘電体 ……… 216
- ペロブスカイト複合酸化物 ……… 181
- 変位型 ………………………… 25,73,103
- 変位電流 …………………………… 133
- 偏光顕微鏡 ……………… 148,198,200,260
- 偏光状態の変換 …………………… 266
- 変調構造 …………………………… 64
- 変調周期 …………………………… 67
- 変調波 ……………………………… 66
  - ──数 ………………………… 67

ほ

- ポインティングベクトル ………… 252
- 飽和自発歪み ……………………… 141
- ボーア磁子 ………………………… 45
- ボース-アインシュタイン因子 …… 171
- ポーリング ………………………… 133
- 補償電流 …………………………… 130
- 母相 ………………………………… 39
- ポッケルス効果 ………… 31,146,187,200
- ポッケルス定数 …………………… 146
- ポテンシャル障壁 ………………… 12
- ボラサイト（$M_3B_7O_{13}X$）……… 61,108,201
- ボルツマン因子 …………………… 12
- ボルツマンの式 …………………… 93
- ボルツマン分布 …………………… 87
- ボルン・フォンカルマンの周期的境界 …100
- ボルンの有効電荷 ………………… 102
- ポワンカレ球法 …………………… 256

ま

- 膜厚の測定 ………………………… 233
- マグネトロンスパッター法 ……… 229
- マックスウェル-ワグナー型モデル …… 183
- マックスウェル方程式 …………… 251
- マルチフェロイック現象 ………… 155
- マルチフェロイック物質 …… 111,114,132
  - ──の自由エネルギー ……… 117
- マルチフェロイック分域構造 …… 121
- マルテンサイト合金 ……………… 194

み

- 見かけのキュリー温度（薄膜）…… 238
- 右回り円偏光 ………………… 151,258
- ミスフィット転位 ………………… 233
- ミスフィット歪み ………………… 226
- 密度関数 …………………………… 96
- ミラー指数 ………………………… 164

め

- メーカーフリンジ法 ……………… 156
- メモリセル ………………………… 243

も

- モノクロメーター結晶 …………… 174
- モリブデン酸ガドリニウム（GMO）
  ……………………………… 61,201,215

ゆ

- 有機金属化合物（MOCVD法）…… 230,231
- 誘電緩和 …………………………… 179
- 誘電損（誘電損失角）………… 4,14,16
- 誘電体 ……………………………… 1
- 誘電分散 ……………………… 10,239
- 誘電率 ………………………… 2,125

よ

- 揺動散逸理論 ………………… 170,175

292　総索引

横波光学的格子振動モード…………… 73
横波格子振動…………………………… 74
読み出し(FeRAM)……………… 243, 244
4指数表示(六方晶)………………… 142
4重点(薄膜相図)…………………… 229
4端子対……………………………… 127
4分の1波長板……………………… 259
　　　——振動法……………………… 149
$\lambda/4$波長板………………………… 149

ら
ラウエ関数…………………………… 233
ラストモード………………………… 77
ラマン散乱…………………………… 167
ラマンシフト………………………… 167
ラマンテンソル……………………… 172
λ型……………………………………… 46
ランジュヴァン方程式……………… 209
ランダウ理論(現象論)
　　…… 21, 39, 46, 58, 89, 91, 192, 205, 217, 226
ランダム場…………………… 180, 186

り
リターデーション…………………… 148
立体化学障害………………………… 113
リテンション………………………… 132
リフシッツ不変項…………… 66, 117
硫酸グリシン(TGS)………… 21, 26, 40
量子常誘電性………………………… 27
量子常誘電体………………… 81, 144
量子統計力学………………………… 96
量子揺らぎ(零点振動)……………… 80
量子力学的トンネル効果…………… 96
リラクサー………………… 144, 161, 179
履歴依存性…………………………… 180
履歴特性……………………………… 57
臨界応力……………………………… 57
臨界緩和……………………………… 98

臨界現象……………………………… 147
臨界指数……………………………… 156
臨界終点……………………………… 192
臨界スローダウン…………………… 98
リン酸2水素カリウム(KH_2PO_4)
　　…………… 32, 35, 59, 92, 197, 201, 215

れ
励起状態……………………………… 167
レート方程式………………………… 12
レイリー散乱………………… 167, 172
レイリー長…………………………… 159
レーザー波長変換…………………… 161
レーザアブレーション法…………… 229
連続体近似…………………… 206, 218
連立オイラー方程式………………… 217

ろ
ローレンツ因子……………… 4, 78, 87
ローレンツ関数……………………… 144
ローレンツ係数……………………… 44
ローレンツの式……………………… 17
ローレンツ場………………………… 4
ロックイン転移……………………… 64
ロッシェル塩($NaKC_4H_4O_6 \cdot 4H_2O$, RS)
　　………………………………………… 200
六方晶………………………………… 142
　　——$RMnO_3$………………… 114, 121
　　——$RFeO_3$……………………… 116
　　——$YbFeO_3$薄膜………………… 233

わ
ワード線……………………………… 244
YAGレーザーの3倍波……………… 229
YAGレーザーの4倍波……………… 229
ワイスの平均場理論………………… 41, 89
ワイス理論…………………………… 73
ワニア関数…………………………… 99, 103

欧字先頭語索引

A

- $A(B'_x B''_y)O_3$ ·················· 181
- ABO_3 ·················· 27, 54, 179
- AFM ·················· 164, 204, 232
- Aurivillius ·················· 32

B

- $Ba(Zr_{0.25}Ti_{0.75})O_3$ ·················· 9
- $(Ba_{0.4}Sr_{0.6})TiO_3$ ·················· 238
- $(Ba_{0.6}Sr_{0.4})TiO_3$ ·················· 9
- $BaTiO_3(BTO)$ ·················· 9, 19, 22, 39, 44, 50, 54, 77, 102, 103, 181, 193, 197, 198, 212, 227
- $BaZrO_3$ ·················· 102
- BFO ⟶ $BiFeO_3$
- $Bi_4Ti_3O_{12}(BIT)$ ·················· 32
- $BiFeO_3(BFO)$ ·················· 113, 157, 220
- $BiMnO_3$ ·················· 114
- BIT ⟶ $Bi_4Ti_3O_{12}$
- BTO ⟶ $BaTiO_3$
- BTO/STO ·················· 233

C

- $CaCO_3$ ·················· 58
- $CaCu_3Ti_4O_{12}(CCTO)$ ·················· 183
- $CaTiO_3(CTO)$ ·················· 30, 80, 102, 218
- CD ·················· 151
- $(CH_2NH_2COOH)_3 \cdot H_2SO_4(TGS)$ ·················· 21, 26, 40
- circular dichroism (CD) ·················· 151
- Cr_2O_3 ·················· 69, 107
- CsH_2AsO_4 ·················· 35
- CsH_2PO_4 ·················· 34
- $CsPbCl_3$ ·················· 80
- CTO ⟶ $CaTiO_3$
- CVD 法 ·················· 230

D

- D-E 履歴曲線 ·················· 19, 128, 131, 197, 243
- discommensuration (DC) ·················· 64
- DW (Double Wave) 法 ·················· 130
- $DyPO_4$ ·················· 111

E

- EO 効果 ·················· 31, 146, 187, 200

F

- FeNi 強磁性体 ·················· 194
- Fe_3O_4 ·················· 111
- FeRAM (nonvolatile ferroelectric random access memory) ·················· 32, 132, 222, 243

G

- $Gd_2(MoO_4)_3$ (GMO) ·················· 61, 201, 215
- $GdAlO_3$ ·················· 111
- GMO ⟶ $Gd_2(MoO_4)_3$

H

- head-to-head ·················· 119

I

- IC 相 ·················· 64

K

- $K_{(1-x)}Li_xTaO_3$ ·················· 144
- K_2SeO_4 ·················· 64, 67
- KDP ⟶ KH_2PO_4
- KDP 族 ·················· 34
- KH_2AsO_4 ·················· 35
- KH_2PO_4 (KDP) ·················· 32, 35, 59, 92, 197, 201, 215
- $KNbO_3$ ·················· 27, 30, 102
- $KTaO_3$ (KTO) ·················· 30, 80, 144
- KTO ⟶ $KTaO_3$

L

$La_{1/2}Sr_{1/2}CoO_3$ ……………………225
$La_{2/3}Sr_{1/3}MnO_3$ ……………………225
$LaBGeO_5$(LBGO) ………………………248
$LaNiO_3$ ……………………………………225
LAT ⟶ $LiNH_4C_4H_4O_6 \cdot H_2O$ ……… 60
LBGO ⟶ $LaBGeO_5$
LCR メータ …………………………………125
$LaFe_5O_8$ ……………………………………111
$LiNbO_3$(LN)
 ……30, 54, 146, 161, 193, 197, 202, 204, 205
$LiNH_4C_4H_4O_6 \cdot H_2O$(LAT) ……………… 60
$LiTaO_3$(LT) ………………30, 54, 202, 247
LN ⟶ $LiNbO_3$
L_p(Lorentz-Polarization)因子 …………237
LST(Lyddane-Sacks-Teller) …………… 76
 ──の関係式……………………… 76, 177
LT ⟶ $LiTaO_3$

M

Ma 線 ………………………………………191
MBE 法 ………………………………………231
$M_3B_7O_{13}X$ ……………………… 61, 108, 201
ME 効果(magneto-electric effect)
 …………………………………………107, 110
MgO 添加 $LiNbO_3$ …………………………247
MO ……………………………………………230
MOCVD …………………………………230, 231
morphotropic phase boundary(MPB)
 …………………………………………161, 179

N

$NaKC_4H_4O_6 \cdot 4H_2O$(RS) ………………200
$NaNbO_3$ ……………………………… 80, 102
$NaNO_2$ ………………………… 25, 36, 44, 73
NH_3-HF 緩衝水溶液 ………………………232
$(NH_4)_2BeF_4$ ……………………………68, 69
Ni-I ボラサイト ……………………108, 113

P

(Pb, La)(Zr, Ti)O_3(PLZT) ……………181

$Pb(Fe_{2/3}W_{1/3})O_3$ ……………………………113
$Pb(Mg_{1/2}W_{1/2})O_3$ ……………………………113
$Pb(Mg_{1/3}Nb_{2/3})O_3$(PMN)
 ……………179, 180, 181, 182, 184, 187, 189
$Pb(Mg_{1/3}Nb_{2/3})O_3/PbTiO_3$ ……………193
$Pb(Sc_{1/2}Nb_{1/2})O_3$(PSN) ……………180, 181
$Pb(Sc_{1/2}Ta_{1/2})O_3$(PST) ………180, 181, 185
$Pb(Zn_{1/3}Nb_{2/3})O_3$(PZN)
 ………………………………163, 180, 181, 182
$Pb(Zn_{1/3}Nb_{2/3})O_3/PbTiO_3$ …………163, 193
$Pb(ZnTi)O_3$(PZT)
 ……54, 69, 181, 190, 192, 193, 199, 229, 243
Pb_2CoWO_6 ……………………………………113
Pb_2FeNbO_6 ……………………………………113
Pb_2FeTaO_6 ……………………………………113
$Pb_3(PO_4)_2$ ……………………………………224
$Pb_3(P_{0.8}V_{0.2}O_4)_2$ ……………………………57
$Pb_5Ge_3O_{11}$(PGO) ………………………154, 204
Pb-O の共有結合 ……………………………104
$PbTiO_3$(PTO)
 ……27, 54, 102, 103, 176, 179, 227, 230, 233
$PbZrO_3$(PZO) ………30, 69, 70, 102, 216, 220
$Pb(Zr_{0.2}Ti_{0.8})O_3$ ……………………………199
PDF 法 …………………………………………185
PFM ……………………………………………164, 199
PGO ⟶ $Pb_5Ge_3O_{11}$
Piezo-response Force Microscope(PFM)
 …………………………………………164, 199
PLD 法 …………………………………………229
PMF ……………………………………………164
PMN ⟶ $Pb(Mg_{1/3}Nb_{2/3})O_3$
PMN/xPT ……………………………………190
polar nano region(PNR) ………10, 180, 187
Positive-Up-Negative-Down(PUND)法
 …………………………………………………130
PPD(periodically-poled domain) ………246
PSN ⟶ $Pb(Sc_{1/2}Nb_{1/2})O_3$
PSN/PT 超格子膜 ……………………………235
PST ⟶ $Pb(Sc_{1/2}Ta_{1/2})O_3$
PTO ⟶ $PbTiO_3$

PZN ⟶ Pb(Zn$_{1/3}$Nb$_{2/3}$)O$_3$
PZN/0.09PT ································192
PZN/xPTO ································190
PZO ⟶ PbZrO$_3$
PZT ⟶ Pb(ZnTi)O$_3$

Q
α-quartz ····························151, 193
quasi-phase matching (QPM) ········161, 246

R
RbH$_2$AsO$_4$ ································ 35
RbH$_2$PO$_4$ ································ 35
RHEED ································231
RMn$_2$O$_5$ ································119
RS ································200

S
SBT ⟶ SrBi$_2$Ta$_2$O$_9$
SDW ································117
second harmonic generation (SHG)
 ································33, 155, 185
SEM ································164, 204
Sr$_{(1-x)}$Ba$_x$Nb$_2$O$_6$ (SBN) ················181
SrBi$_2$Ta$_2$O$_9$ (SBT) ················32, 54, 243
SrRuO$_3$ ································225
SrTiO$_3$ (STO)
 ················9, 30, 54, 80, 102, 150, 229, 232
STO18 ································83, 156

T
tail-to-tail ································199
$T_{1u}(\Gamma_{15})$ モード ································77, 177

Tb$_2$(MoO$_4$)$_3$ (TMO) ································63
TbMnO$_3$ ································117
TDGL (Time-Dependent Ginzburg-Landau) ································209
TEM ································162, 198, 216, 218
TGS ⟶ (CH$_2$NH$_2$COOH)$_3$·H$_2$SO$_4$
Ti の 3d 軌道 ································104
Ti-O の共有結合性 ································105
TMO ⟶ Tb$_2$(MoO$_4$)$_3$
TmMn$_2$O$_5$ ································134
top seeded solution growth (TSSG) ····23, 24
TO フォノン ································77, 176, 188
TSSG ································23

U
Up-up-down-down 構造 ································119

V
Vogel-Fulcher (V-F) 則 ················179, 181

W
WO$_3$ ································102

X
XRD ································141, 233

Y
YAG レーザーの 3 倍波 ································229
YAG レーザーの 4 倍波 ································229
YbFeO$_3$ ································233
YMnO$_3$ (h-YMO) ································121
yttria stabilized zirconia (YSZ) ········233

MSET : Materials Science & Engineering Textbook Series

監修者

藤原 毅夫　　　藤森 淳　　　勝藤 拓郎
東京大学名誉教授　東京大学教授　早稲田大学教授

著者略歴
上江洲　由晃（うえす　よしあき）
1942 年　東京都出身
1966 年　早稲田大学理工学部応用物理学科卒業
1968 年　同大学理工学研究科物理及応用物理学専攻修士課程修了
1968 年～1969 年　フランス政府給費留学生として CNRS 結晶学研究所に留学，有機結晶およびタンパク質結晶の X 線構造解析
1971 年　理学博士（早稲田大学）
　　　　早稲田大学理工学部物理学科助手，専任講師，助教授，教授を歴任
　　　　早稲田大学名誉教授
　　　　専攻は強誘電体物理，非線形光学

2016 年 6 月 30 日　第 1 版発行

検印省略

物質・材料テキストシリーズ
強　誘　電　体
基礎原理および実験技術と応用

著　者 ⓒ 上江洲　由晃
発行者　内田　学
印刷者　山岡　景仁

発行所　株式会社　内田老鶴圃　〒112-0012 東京都文京区大塚 3 丁目 34-3
　　　　　　　　　　　　　　　　電話（03）3945-6781（代）・FAX（03）3945-6782
http://www.rokakuho.co.jp/　　　　　　　　　　　　　　印刷・製本/三美印刷 K.K.

Published by UCHIDA ROKAKUHO PUBLISHING CO., LTD.
3-34-3 Otsuka, Bunkyo-ku, Tokyo 112-0012, Japan
U. R. No. 623-1
ISBN 978-4-7536-2305-1 C3042

物質・材料テキストシリーズ

藤原 毅夫・藤森 淳・勝藤 拓郎 監修

共鳴型磁気測定の基礎と応用　高温超伝導物質からスピントロニクス，MRIへ
北岡 良雄 著　A5・280頁・本体4300円

物質・物性・材料の研究において学際的・分野横断的な新しいサイエンスを切り拓く可能性を秘める共鳴型磁気測定について，その基礎概念の理解と応用展開をできるだけやさしく，分かりやすく，連続性を保ちながら執筆したテキスト．

はじめに／共鳴型磁気測定法の基礎／共鳴型磁気測定から分かること（I）：NMR・NQR／NMR・NQR測定の実際／物質科学への応用：NMR・NQR／共鳴型磁気測定から分かること（II）：ESR／共鳴型磁気測定法のフロンティア

固体電子構造論　密度汎関数理論から電子相関まで
藤原 毅夫 著　A5・248頁・本体4200円

本書は，量子力学と統計力学および物質の構造に関する初歩的知識で，物質の電子構造を自分で考えあるいは計算できるようになることを目的としている．電子構造の理解，そして方法論開発へ前進するに必携の書である．

結晶の対称性と電子の状態／電子ガスとフェルミ液体／密度汎関数理論とその展開／1電子バンド構造を決定するための種々の方法／金属の電子構造／正四面体配位半導体の電子構造／電子バンドのベリー位相と電気分極／第一原理分子動力学法／密度汎関数理論を超えて

シリコン半導体　その物性とデバイスの基礎
白木 靖寛 著　A5・264頁・本体3900円

本書は半導体物理，半導体工学を学ぼうとする大学学部生の入門書・教科書から大学院や社会で研究開発する方の参考書となるよう執筆されている．シリコン半導体の物性とデバイスの基礎を中心に詳述しているが，半導体に関する重要事項も網羅する．

はじめに／シリコン原子／固体シリコン／シリコンの結晶構造／半導体のエネルギー帯構造／状態密度とキャリア分布／シリコン結晶作製とドーピング／pn接合とショットキー接合／ヘテロ構造／MOS構造／MOSトランジスタ（MOSFET）／バイポーラトランジスタ／集積回路（LSI）／シリコンパワーデバイス／シリコンフォトニクス／シリコン薄膜デバイス

固体の電子輸送現象　半導体から高温超伝導体まで そして光学的性質
内田 慎一 著　A5・176頁・本体3500円

物理学の基礎を学んだ学生にとって固体物理学でわかりにくい事柄，従来の固体物理学の講義や市販の専門書に対して学生が感じる物足りなさなどについて，学生，院生から著者が得た多くのフィードバックを反映，類型的な項目の選び方と記述を極力避け，読者が持つであろう疑問に正面から答える．

はじめに：固体の電気伝導／固体中の「自由」な電子／固体のバンド理論／固体の電気伝導／さまざまな電子輸送現象／固体の光学的性質／金属の安定性・不安定性／超伝導

薄膜物性入門
L. Eckertová 著／井上 泰宣・鎌田 喜一郎・濱崎 勝義 訳
A5・400頁・本体6000円

強相関物質の基礎　原子，分子から固体へ
藤森 淳 著　A5・268頁・本体3800円

遍歴磁性とスピンゆらぎ
高橋 慶紀・吉村 一良 共著　A5・272頁・本体5700円

固体の磁性　はじめて学ぶ磁性物理
Stephen Blundell 著／中村 裕之 訳
A5・336頁・本体4600円

磁性入門　スピンから磁石まで
志賀 正幸 著　A5・236頁・本体3800円

人工格子入門　新材料創製のための
新庄 輝也 著　A5・160頁・本体2800円

表示価格は税別の本体価格です．　　　　　http://www.rokakuho.co.jp/